WOLFGANG WICKLER · MIMIKRY

Wolfgang Wickler

Mimikry

Nachahmung und Täuschung in der Natur

Mit einem Vorwort von Konrad Lorenz

verlegt bei Kindler

Illustrationen von Hermann Kacher

ISBN 3 463 00469 0

Korrekturen: Ludwig Petzenhauser
Umschlaggestaltung: Hannes Jähn
Druck: Librex Milano
Bindearbeiten: Librex Milano
Printed in Italy

Inhalt

Vorwort

von Konrad Lorenz

Wenn das Wort Mimikry im Titel dieses Buches mit k geschrieben steht, so legt dies Zeugnis davon ab, wie sehr ein bestimmter Kreis von Problemen, die durch die Erkenntnisse Charles Darwins in das öffentliche wissenschaftliche Interesse gerückt wurden, auch deutsche Biologen beschäftigt hat: Das Wort, das im Englischen Nachahmung oder Täuschung oder beides heißt, hat als Fremdwort in unserer eigenen Sprache eine speziellere Bedeutung angenommen und bezeichnet hier einen Vorgang der stammesgeschichtlichen Anpassung, durch den eine Tier- oder Pflanzenart eine im buchstäblichen Sinne »täuschende« Ähnlichkeit zu einer anderen gewinnt. Kein moderner Biologe kann annehmen, daß so unwahrscheinliche Ähnlichkeiten jemals durch Zufall entstehen. Wenn sie aber, wie jeder mit den Tatsachen der Abstammungslehre Vertraute zunächst annehmen wird, ihr Zustandekommen der Selektion, der natürlichen Zuchtwahl, verdanken, so muß sich zeigen lassen, daß mindestens eine der beiden ähnlichen Arten einen Überlebensvorteil aus ihrer Ähnlichkeit zieht. So wurde das Phänomen der Mimikry zum Prüfstein der Selektionslehre, was der große englische Biologe Henry Walter Bates schon 1862 klar erkannt hatte, als er den gewichtigen Satz aussprach: »Der Vorgang, durch den in der Natur eine mimetische Analogie bewirkt wird, stellt ein Problem, das die Fragen nach der Entstehung sämtlicher Arten sowie nach der aller Anpassungen mit in sich schließt.«

Wenn also der Erscheinungskreis der Mimikry jeden an stammesgeschichtlichen Fragen interessierten Biologen unmittelbar angeht, so gilt dies für den vergleichenden Verhaltensforscher außerdem noch in einer ganz bestimmten Hinsicht. Alle tierische Verständigung beruht auf Mechanismen der Signal-Sendung und des Signal-Empfangs, deren Analyse eine der fundamentalen Aufgaben aller Ethologie ist. Die sogenannten Auslöser sind Organe und Verhaltensweisen, die dem Aussenden von Signalen dienen, die an einen Artgenossen adressiert sind. Angeborene Auslösemechanismen sind physiologische »Apparate«, die dem sehr selektiven Empfang und der sehr spezifischen, arterhaltend sinnvollen Beantwortung von Außenreizen dienen. Über beide hat die Verhaltensforschung oder Ethologie in den letzten Jahrzehnten Neues zutage gefördert, was auch für die Mimikryforschung von Bedeutung ist. Umgekehrt aber kann die Mimikryforschung zu einem Hilfsmittel gemacht werden, das uns zu einem besseren Verständnis der Stammesgeschichte von Signalen verhelfen kann. Der Nachahmer äfft in vielen Fällen ein Signal des Nachgeahmten zum eigenen Vorteil und zum Schaden des Geäfften nach. Die junge Paradieswitwe, Steganura paradisaea, »lügt« ihrem Wirtsvogel, dem Buntastrild, Pytilia melba, vor, sie sei sein eigen Kind und wird von ihm großgefüttert; die australische Orchidee, Cryptostylis leptochila, verführt das Männchen der Wespe, Lissopimpla semipunctata, zu dem irrigen Glauben, sie sei ein Weibchen seiner Art, und heftet ihm, wenn es zu kopulieren versucht, ein Pollenkölbchen an den Hinterleib. Von solchen »Lügnern« kann man am besten die Wahrheit über die grundsätzlichen Vorgänge bei der Entstehung von Signalen erfahren. Dies gilt besonders für jene Fälle, in denen man wirklich genau weiß, welche Art nachahmt, welche nachgeahmt wird und welche auf diese Täuschungsmaßnahme »hereinfällt«. In den beiden eben genannten Beispielen ist der Nachgeahmte gleichzeitig der Getäuschte und vom Nachahmer Ausgenützte. Das ist keineswegs selbstverständlich und nicht immer der Fall: Der Getäuschte ist sogar sehr oft ein Dritter, z. B. wenn ein schutzloses, wohlschmeckendes Insekt ein giftiges oder stechendes nachahmt und so Schutz vor einem insektenfressenden Tier erlangt.

Eine ganze Reihe von Fragen müssen geklärt werden, ehe die ursächliche Analyse eines Falls von Mimikry in Angriff genommen werden kann. Welche Art hat von der bestehenden Ähnlichkeit Nutzen und worin besteht dieser? Hat der Nachgeahmte Nachteile durch die Existenz des Nachahmers? Hat der »Getäuschte« Nachteile und worin bestehen diese? Gibt es Fälle, in denen alle drei genannten nur Vorteile zu verzeichnen haben (wie im Falle echter sogenannter Müllerscher Mimikry) und kann man in solchen Fällen noch von Mimikry sprechen? Ist die Reiz-Beantwortung des Getäuschten erlernt, oder ist sie durch das Ansprechen eines angeborenen Auslösemechanismus bedingt? Ein Vogel meidet Bienen und alle Insekten, die solche nachahmen, erst, nachdem er beim Versuch, eine wirkliche Biene zu fressen, gelernt hat, wie schlecht sie schmeckt. Ein Fischchen, das der täuschenden Wurm-Nachahmung an der Zunge einer Geierschildkröte oder an der Rückenflosse eines Anglerfisches auf den Leim geht, hat keine Gelegenheit mehr, diesen Irrtum durch Lernen zu berichtigen.

Allen diesen Fragen geht Wolfgang Wickler in seinem Mimikry-Buch nach, sichtet und ordnet die verschiedenen

Möglichkeiten der Nachahmung und verfolgt mit ethologischer Fragestellung und Methode solche Fälle, die sich wegen ihrer Einfachheit zur Analyse eignen. Dabei zeigt sich klar, wie erfolgreich die Mimikryforschung und die vergleichende Verhaltensforschung einander ergänzen und aufhellen.

Als Doktorvater Wolfgang Wicklers seien mir ein paar Worte darüber gestattet, wie und wodurch sein Interesse für das Problem der Mimikry geweckt wurde. In unserer Abteilung untersucht seit Jahren mein Assistent Jürgen Nicolai vergleichend das Verhalten der Witwen (Viduinae). Das sind Webervögel, die ihre Jungen parasitisch, wie der Kuckuck, von anderen Vogelarten aufziehen lassen. Im Gegensatz zum jungen Kuckuck werfen aber die kleinen Witwen ihre Ziehgeschwister nicht über Bord und brauchen dies auch nicht zu tun, denn sie ähneln ihnen so sehr, daß sie von den Eltern nicht von eigenen Kindern unterschieden und mit ihnen aufgezogen werden (siehe S. 193).

Der zweite Fall von Mimikry kam erheiternderweise dadurch in unser Institut, daß ich selbst vom Nachahmer getäuscht wurde: Ich brachte von unserem Fischimporteur Andreas Werner in München neben einigen Exemplaren des Putzerfisches Labroides, der andere Fische von Parasiten und anhaftendem Schleim reinigt, auch einige seines Nachahmers Aspidontus mit, der sich jenen unter der Maske des Symbionten nähert, um ihnen Löcher in die Haut und die Flossen zu beißen. Wolfgang Wickler untersuchte dann beide Arten gründlich. Der besondere Fall von Mimikry war deshalb so interessant, weil der Nachahmer den Putzer so ungeheuer genau nachahmen muß: Die zu täuschenden Fische sind nämlich nicht nur scharfsichtige, sondern auch kluge und lernfähige Wesen, und um sie zu überlisten, muß Aspidontus nicht nur Form und Farbe, sondern auch das Verhalten von Labroides haargenau imitieren.

Der dritte Nachahmer, und der interessanteste, schneite uns ebenfalls von ungefähr ins Haus. Es war dies der »Eierfleck-Maulbrüter«, Haplochromis burtoni. Ein amerikanischer Arbeitsgast, Dr. John Burchard, bemerkte als erster von uns die merkwürdigen gelben Flecke auf der Afterflosse der Männchen (S. 216) und fragte mich verschmitzt lächelnd, wozu wohl diese merkwürdige Zeichnung diene. Ich beantwortete die Rätselfrage sofort richtig, ebenso wenige Minuten später Wolfgang Wickler. Er war es, der anschließend die Richtigkeit unserer Vermutung nachwies, daß die gelben Flecke Nachahmungen der Eier dieser merkwürdigen Fischart seien. Damit war sein Interesse auf die Erscheinung der inner-artlichen Mimikry gelenkt, die bis dahin unbemerkt geblieben war und für die er später so manche weiteren bedeutsamen Beispiele auffand.

Durch die Entdeckung der inner-artlichen Mimikry, durch die begriffliche Klärung und die exakte Analyse der verschiedenen, zu Ähnlichkeit führenden Evolutionsvorgänge hat Wolfgang Wickler nicht nur ganz erhebliche Beiträge zur Mimikryforschung geleistet, sondern er hat, durch Beseitigung so mancher noch bestehender Einwände, auch wesentlich zur Festigung der Darwinschen Selektionstheorie beigetragen. Charles Darwin hat, wie sich wieder einmal zeigt, durchaus richtig gesehen.

Einleitung

In den Jahren 1849 bis 1860 streifte der englische Naturforscher Henry W. Bates in den brasilianischen Urwäldern umher. Unter anderem sammelte er Schmetterlinge. Im Jahr 1862 veröffentlichte er in den *Transactions* der Linnean Society zu London seine Erkenntnisse in einer Arbeit, die in den seither vergangenen hundert Jahren immer wieder heftigen Streit ausgelöst hat, und zwar nicht nur unter seinen Fachkollegen, sondern auch unter Geisteswissenschaftlern, Theologen, Lehrern und Naturfreunden. Schon allein diese Auseinandersetzungen weisen darauf hin, daß Bates etwas behauptet haben muß, worüber sich wunderbar streiten läßt, weil es weder einfach zu beweisen noch einfach zu widerlegen, aber von allgemeinem Interesse ist. Was hatte er nun behauptet?

In den elf Jahren seiner Freilandforschungen im Amazonasgebiet hatte er 94 Schmetterlingsarten gefangen, die er zu den Heliconiden rechnete; heute zählt man 67 davon zu den Ithomiinae und 27 zu den Heliconiinae. Als er seine Ausbeute sortierte, ordnete er – wie das jeder Sammler tut – die gleich aussehenden zusammen. Zu seiner Überraschung ergaben sich dabei aber einige Unstimmigkeiten. Obwohl sie fast völlig gleich aussahen, erwiesen sich einige Schmetterlinge aufgrund ihres sonstigen Körperbaues als Mitglieder nicht nur verschiedener Arten, sondern sogar verschiedener Familien. Vor allem ein seltener Weißling, *Leptalis*, aus der Familie der Pieridae sah den häufig vorkommenden Heliconiden außerordentlich ähnlich. »Es ist mir nie gelungen, die *Leptalis*-Arten im Flug von den ihnen ähnlichen Arten zu unterscheiden«, schreibt Bates.

Um die Überraschung zu verstehen, die dieser Tatbestand bei den Zoologen auslöste, muß man wissen, was es heißt, daß zwei Schmetterlinge zu verschiedenen Familien gehören. Man ordnet die heute lebenden Tiere nach ihrer natürlichen Verwandtschaft in verschieden große Verwandtschaftsgruppen. Hausratte und Wanderratte beispielsweise sind nächstverwandte Arten, die beide zur Gattung *Rattus* gehören; die ihnen nächstverwandte Gattung ist die der Hausmäuse (*Mus*); mit den Gattungen Feldmäuse (*Microtus*) und vielen anderen faßt man sie zur Familie der Mäuse (Muridae) zusammen; diese stehen gleichrangig neben den Familien der Hamster (Cricetidae), Bilche (Gliridae) und einiger weiterer in der Unterordnung der Mäuseverwandten (Myomorpha);

gleichrangig daneben stehen wieder die Unterordnungen der Hörnchenverwandten (Sciuromorpha) und der Stachelschweinverwandten (Hystricomorpha) in der Ordnung der Nagetiere (Rodentia); gleichrangig neben dieser Ordnung steht die der Hasentiere (Lagomorpha), die wir gewöhnlich einfach mit zu den Nagetieren rechnen. 18 solcher Ordnungen (Beuteltiere, Insektenfresser, Wale, Raubtiere, Paarhufer usw.) gehören zur Klasse der Säugetiere; alle sind wiederum in Unterordnungen, Familien (teils auch Über- und Unterfamilien), Gattungen usw. unterteilt. Sechs solcher Klassen gehören zum Stamm der Wirbeltiere und 26 Stämme zum ganzen Tierreich.
Alle diese verschiedenen systematischen Einheiten sind mit lateinischen oder griechischen Namen belegt; an deren Wortendung kann man erkennen, um was für Einheiten welch höheren Grades es sich handelt. Der Artname, z. B. *brassicae* beim bekannten Großen Kohlweißling, wird klein geschrieben und steht hinter dem Gattungsnamen *Pieris,* der häufig einfach mit dem ersten Buchstaben abgekürzt wird, wenn mehrere Arten der gleichen Gattung behandelt werden; der Kleine Kohlweißling heißt *P. rapae,* der Rübenweißling *P. napi,* der Baumweißling jedoch gehört zu einer anderen Gattung und heißt *Aporia crataegi.* Gattungsnamen werden groß geschrieben und haben keine feststehende Endung. Familiennamen enden auf -idae (Pieridae), Unterfamilien auf -inae (Pierinae), Ordnungen auf -oidea oder -formes oder einfach auf -a (Lepidoptera = Schmetterlinge). Jedoch kommt -a auch als Endung von Unterordnungs- und Überfamiliennamen vor; solche Ungenauigkeiten lassen sich kaum vermeiden.
Normalerweise hat jedes Lebewesen einen aus zwei Worten bestehenden Namen (binäre Nomenklatur), wobei das erste Wort die Gattung, das zweite die Art angibt. Man braucht aber häufig eine noch feinere Unterteilung und fügt dann ein drittes Wort zur Bezeichnung einer geographisch oder sonstwie abgegrenzten Unterart an; Beispiele dafür werden wir bei den Schmetterlingen und den Schlangen kennenlernen.
Es ist wichtig, das Prinzip dieser Einteilung zu kennen, um die in diesem Buch angeführten Argumente zu verstehen, wenn von der Ähnlichkeit zwischen bestimmten Tieren gesprochen wird. Denn im allgemeinen sind nächstverwandte Tiere einander besonders ähnlich oder umgekehrt einander besonders ähnliche auch nächstverwandt. Es gibt jedoch Aus-

nahmen von dieser Daumenregel, und das bemerkte auch Henry Bates. Auf zwei handkolorierten Tafeln seiner Veröffentlichung bildet er Schmetterlinge ab, die zu den Weißlingen (Pieridae) und zu den Heliconiden (Heliconiidae) gehören. Merkwürdigerweise sind einige Weißlinge sehr bunt (s. Abb. 18) und bestimmten Heliconiden viel ähnlicher als ihren Weißlingsverwandten. Nun ließ es Henry Bates nicht beim erstaunten Kopfschütteln über dieses Wunder der Natur bewenden. Nach dem naturwissenschaftlichen Grundsatz »Wunder gibt es keine«, suchte er nach einer Erklärung für diese unerwarteten Übereinstimmungen. Die von ihm vorgeschlagene Erklärung ruft bis auf den heutigen Tag Begeisterung und heftigen Widerspruch hervor.
Bates' Argumentation lautet etwa folgendermaßen: Die nahe verwandten Heliconiden sind einander ziemlich ähnlich. Das war zu erwarten. Bei den Weißlingen tanzen aber einige ganz erheblich aus der Reihe. Für diese »Außenseiter« muß sich der Aufwand für die Abweichung von der Verwandtschaftsnorm aber doch irgendwie lohnen. Das heißt, sie müßten bessere Überlebensaussichten haben. Bessere Überlebensaussichten hätte ein Insekt etwa dann, wenn es weniger leicht gefressen würde.
Nun hatte Bates schon beobachtet, daß die Heliconiden außerordentlich häufig vorkamen und in ihrer Buntheit sehr auffallend waren, aber erstaunlich langsam flogen, leicht zu fangen waren und dennoch von Vögeln offenbar nie gefressen wurden, »obwohl sie – soweit man feststellen kann – keine Verteidigungsmittel haben und an Stellen leben, wo insektenfressende Vögel in ganzen Schwärmen jagen«. Bates nahm deshalb an, daß diese Heliconiden den Vögeln einfach nicht schmecken, daß sie für Vögel ungenießbar sind. Wenn sich nun ein für die Vögel genießbarer Falter als Heliconide ausgibt, müßte er den gleichen Vorteil haben. Das legte die Vermutung nahe, einige Weißlinge täuschten Heliconiden vor und genössen unrechtmäßigerweise einen Schutz, den nur die unschmackhaften Heliconiden wirklich verdienen.
Wenn unschmackhafte Tiere für mögliche Feinde leicht zu erkennen, also etwa auffällig gefärbt sind, dann muß diese Färbung bei Räubern, die sich von der Unschmackhaftigkeit einmal überzeugt haben, die Bedeutung einer Warnfarbe bekommen; das heißt, nach einem so ekelhaft schmeckenden Bissen schnappen sie wahrscheinlich nie wieder. Gab es

das, dann war es aber auch möglich oder sogar wahrscheinlich, daß ein an sich genießbares Tier, das einem ungenießbaren und warnfarbigen hinreichend ähnlich ist, vom Feind mit diesem verwechselt und gleichfalls gemieden wird. Solche ungenießbar aussehenden, obwohl schmackhaften Tiere tragen also eine falsche Warntracht, sie schauspielern. Ein Schauspieler ist ein Mime, die Schauspielerei mit falschen Warntrachten nannte man deshalb Mimikry. Da Bates als erster auf dieses Phänomen aufmerksam gemacht hatte, nannte man es ihm zu Ehren »Batessche Mimikry«. Man unterscheidet heute noch andere Formen der Mimikry, auf die wir später eingehen werden. Ganz allgemein nennt man das zu Recht gemiedene Tier das »Vorbild« (oder auch Modell) und dasjenige, das nachahmt, den »Nachahmer«.

Verfechter der Mimikry-Lehre behaupten also, die vorgefundene Ähnlichkeit komme zumindest einem der beiden ähnlichen Lebewesen zugute, sei also »sinnvoll«. Dagegen wurde von verschiedenen Seiten argumentiert, z. B. von Francé in seinem 1906 erschienen Buch *Das Leben der Pflanze*. Er behauptet, »daß es Mimikry gibt, die ganz sinnlos und doch sehr vollendet ist«, und führt als Beweis an, daß Moostierchen und Blumentiere (Seerosen, Seenelken usw.) Pflanzen nachahmen, daß unter den Pflanzen Euphorbien (Wolfsmilchgewächse, etwa der bekannte Christusdorn) Kakteen nachahmen, daß Meeresalgen (vor allem die Blatt-Tange der Gattung *Caulerpa*) Farne, Moose und Bärlappgewächse nachahmen; er nennt die Herbstzeitlose *(Colchicum)* eine Nachahmung des Krokus – allerdings sind beides Liliengewächse, und welche man dann Nachahmer nennen will, scheint Geschmackssache zu sein. Tatsächlich gibt es viele Pflanzen, die man leicht verwechseln kann – aber ist das für die Pflanzen vorteilhaft? Kälberkopf und Hundspetersilie sehen wie Schierling aus, der (wenn auch nicht überall) giftig ist. Wenn Schierling von Pflanzenfressern gemieden würde, könnten ähnlich aussehende Pflanzen denselben Schutz genießen; bisher ist darüber aber nichts bekannt.

Der Unterschied zwischen den »sinnlosen« und den möglicherweise sinnvollen, das heißt nützlichen, Ähnlichkeiten liegt darin, daß im letzten Fall vermutlich jemand da ist, der diese Ähnlichkeit bemerkt und für den es außerdem wichtig ist, das Aussehen der giftigen Pflanzen oder Tiere zur Kenntnis zu nehmen, weil es ihm selbst Vorteile bringt, sie zu meiden.

Schlüsselfigur in allen Mimikry-Fällen ist also ein »Jemand«, der schon aus eigenem Interesse dasjenige Merkmal beachtet, das die uns auffällige Ähnlichkeit zwischen verschiedenen Lebewesen ausmacht. Ein solches Merkmal, das von einem Lebewesen beachtet wird, können wir Signal nennen; und das betreffende Lebewesen, das auf dieses Signal achtet, bezeichnen wir ganz neutral als Signalempfänger. Häufig ist es ein Räuber, aber durchaus nicht immer, wie aus den einzelnen Beispielen noch deutlich werden wird.

Ein wichtiger Gesichtspunkt wird durch die Bezeichnung »Tracht« (in Warntracht, Tarntracht, Schutztracht) verschleiert. Der Mensch ist ein vorwiegend optisch orientiertes Lebewesen, ihm fallen deshalb vor allem sichtbare (optische, visuelle) Signale auf. Viele Tiere sind jedoch vorwiegend geruchlich orientiert, und was bisher für die Farb- und Formmerkmale gesagt wurde, gilt sicher ebenso für Gerüche (olfaktorische Signale), das heißt, es gibt sicher Warn-, Tarn-, mimetische Gerüche usw. Und abermals dasselbe dürfen wir im Bereich der hörbaren (akustischen) Signale erwarten. Deswegen ist es wohl ratsam, einfach von Warn-, Tarn- oder mimetischen Signalen zu sprechen und dann jeweils dazuzusagen, ob es optische, akustische oder olfaktorische Signale sind. Für alles das werden wir Beispiele kennenlernen; auch das ist wichtig, weil mitunter eine Kombination von sichtbaren und hörbaren Signalen zur Täuschung eines Räubers führt, die man nicht versteht, solange man die eine Art von Signalen nicht beachtet. Als Beispiel für akustische Mimikry wird z. B. angeführt, daß in Baumhöhlen nistende Kleinvögel, etwa Meisen, wenn man sie auf dem Nest stört, unter langsamem seitlichem Hin- und Herschwanken mit offenem Schnabel ähnlich wie eine Schlange zischen. Am lautesten ist dieses Zischen im Frequenzbereich von 8 bis 12 kHz, für den das menschliche Ohr nicht so empfindlich ist wie das vieler Tiere. Sibley hat diesen Vorgang selbst beobachtet und viele Berichte anderer Forscher darüber gesammelt; er kommt zu dem Schluß, daß es sich hier um eine abschreckend wirkende Nachahmung des Schlangenzischens handele. Bei den in einem anderen Kapitel erörterten Versuchen, Bienen und Schwebfliegen an Kröten zu verfüttern, zeigte sich, daß entflügelte, nichtsummende Schwebfliegen häufiger gefressen werden als summende; auch hier scheint das Geräusch mitzuwirken. Drohend summen auch Hummelsammlerinnen, die draußen nächtigten und morgens noch durch

1 Harmlose Fliegen (Zweiflügler) sind häufig genannte Nachahmer von Stachel und Gift tragenden Wespen, Bienen oder Hummeln (Hautflügler). Viele Vögel lernen Wespen nach wenigen Versuchen an ihrer Färbung kennen und meiden und lassen dann auch die gleich aussehenden, ganz ungefährlichen Fliegen in Ruhe, die sie fressen könnten. Gezeigt sind Hautflügler (links) und Fliegen (rechts) von Borneo. Von oben nach unten: *Xylocopa latipes* und *Hyperechia fera, Macromeris violacea* und *Midas n. sp., Vespa cincta* und *Milesia vespoides.*

den Tau flugunfähig sind, wenn sie in Gefahr kommen: Sie lassen sich auf den Rücken fallen, machen Stechbewegungen und sondern Flüssigkeit aus dem After ab – ganz genau wie der Totengräber *(Necrophorus investigator)* es immer tut, wenn er bedroht wird: Auch er liegt auf dem Rücken, macht mit dem Abdomen Pseudostechbewegungen (obwohl er gar keinen Stachel hat), sondert aus dem After einen widerlichen Schaum ab und summt fast genauso wie eine Hummel, indem er einen Chitinkamm am Hinterleib gegen die Flügeldeckenspitzen striduliert, was schon Darwin in seiner *Abstammung des Menschen* beschrieben hat. (Lane und Rothschild halten das für Müllersche Mimikry [s. S. 76 ff.], da der Käfer durch widerlichen Geschmack ebenfalls geschützt ist.)

1 Beispiele für Batessche Mimikry

Eine Aufstellung im Jahre 1963 ergab, daß bis zu diesem Zeitpunkt rund 1500 Arbeiten über Mimikry (dafür oder dagegen) veröffentlicht wurden; das war genau 100 Jahre nachdem das Mimikry-Konzept erstmals durch Bates klar formuliert worden war. Es entfallen also etwa 15 Arbeiten auf jedes Jahr, mehr als eine auf den Monat. Es ist unmöglich, in diesem Buch alle bisher angeführten Mimikry-Beispiele durchzugehen; außerdem existiert eine solche Zusammenstellung bereits (viele Beispiele findet man bei Cott in seinem Buch *Adaptive Coloration in Animals*). Die meisten Beispiele betreffen Insekten; einige sind auf den folgenden Farbtafeln dargestellt.

Es gibt viele Insekten, die aussehen wie Wespen, aber keine sind und dennoch denselben Schutz genießen. Am auffälligsten werden solche Parallelen, wenn sie sich nicht auf eine Art beschränken, sondern wenn im gleichen Gebiet mehrere, möglichst noch untereinander recht verschiedene Artenpaare vorkommen. Ein solches Beispiel erwähnt Shelford von Borneo. *Xylocopa latipes* ist eine gewöhnlich aussehende Holzbiene: Sie ist dick, ohne Wespentaille und mit behaarten Beinen. *Macromeris violacea* ist eine Spinnen jagende Wegwespe mit unbehaarten, langen Beinen, und *Vespa cincta* schließlich sieht schon wegen des rötlichgelben Farbbandes um den Hinterleib einer uns gewohnten Wespe recht ähnlich. Alle drei Wespen haben unter den Fliegen je einen Doppelgänger, der zumal als lebendes und sich bewegendes Tier gar nicht so leicht von der Wespe zu unterscheiden ist. *Hyperechia fera* sieht noch am ehesten wie eine Fliege aus. Bei *Midas* muß man schon etwas genauer hingucken: Wespen haben vier, Fliegen nur zwei Flügel, die Hinterflügel sind zu »Schwingkölbchen« reduziert, die als Flugstabilisatoren dienen; die Vorderflügel von *Midas* sind aber allein fast so groß wie die Vorder- und Hinterflügel der Wespe. *Milesia vespoides* schließlich ist noch wespenartiger und hat auch gelbliche Flügel wie die wirkliche Wespe.

Wer auf den Philippinen Käfer sammelt, kann einige Überraschungen erleben. Marienkäfer (Coccinellidae) und Blattkäfer (Chrysomelidae) sind regelmäßig recht auffällig und außerdem von Art zu Art recht verschieden gefärbt; sie sind für Insektenfresser ungenießbar. Nun gibt es auf den Philippinen eine ganze Anzahl von Schabenarten, alle zur Gattung *Prosoplecta* gehörend, die sich ganz anders benehmen als unter Schaben sonst üblich. Schaben lieben Spalten und Ritzen als Verstecke, viele tropische Arten sehen grün aus wie die Pflanzenteile, zwischen denen sie hocken. Sie werden von insektenfressenden Tieren verschiedenster Klassen, vor allem von Eidechsen, gern gefangen. Die *Prosoplecta*-Arten sitzen nun weder in sicheren Verstecken noch haben sie Tarnfarben, sie sind vielmehr ganz auffallend bunt. Und zwar gleichen viele Arten je einer Marienkäferart recht genau; zu unterscheiden sind sie an ihren Antennen (»Fühlern«), die sie jedoch in Ruhehaltung anlegen. Drei solcher Artenpaare sind auf Abb. 2 gezeigt, in der oberen Reihe eine Blattkäferart, die in zwei Varianten vorkommt, und eine Schabe, deren Männchen der einen und deren Weibchen der anderen Variante gleichen. Bemerkenswert ist eine anatomische Besonderheit: Diese Schaben sind gute Flieger und haben große Flügel. Die Hinterflügel werden aber auf eine ganz spezielle Weise zusammengelegt. Der häutige hintere Teil (der »Analfächer«) wird nicht nur unter den derberen vorderen gefaltet, sondern das äußere Ende beider Flügelteile rollt sich in Ruhehaltung auch noch ein. Durch diese unter Schaben einmalige Methode, den Flügel zu verkleinern, kommt das Tier der kurzen, runden Marienkäferform gleich.

Pheropsophus agnathus ist ein Bombardierkäfer, der bei Störung oder wenn man ihn gar ergreift, einen Drüsensaft ausstößt, der auf dem Finger beißt und auf Papier oder Tuch einen braunen Fleck hinterläßt, der nicht weggeht. Der Käfer ist recht auffällig. Seine Beine sind einfarbig orange, die der sonst fast gleich gefärbten, aber größeren und harmlosen Heuschrecke *Gryllacris* sind gebändert. Beide Tiere kommen nebeneinander im krautigen Bewuchs des Dschungels vor.

Tricondyla ist eine Gattung der bekannten Sandläufer (Cicindelidae), die alle räuberisch leben und ziemlich kräftig beißen, kleineren Feinden gegenüber also wehrhaft sind. Die *Tricondyla*-Arten leben am dunklen Urwaldboden und sind recht scheu. In Borneo sind sie sehr häufig und kommen in mehreren Arten, die sich vorwiegend durch ihre Größe unterscheiden, nebeneinander vor. Man findet sie im Dschungel am Boden, wo sie zwischen welken Blättern und anderem abgestorbenen Pflanzenmaterial umherlaufen. Genau an den gleichen Stellen findet man aber auch die Heuschrecke *Condylodera tricondyloides*, die sogar in der Laufweise dem Laufkäfer so weitgehend gleicht, daß man sie lange Zeit überhaupt nicht von ihm unterschied, sondern in Sammlungen in

2 Blattkäfer (dicke Fühler) und Marienkäfer (kurze Fühler) sind durch schlechtschmeckende Körpersäfte weitgehend geschützt. Sie dienen als Vorbilder zum Beispiel für Schaben (lange Fühler), die durchaus genießbar, aber ihren Vorbildern so ähnlich sind, daß sie von Feinden irrtümlich ebenfalls gemieden werden. Die Ähnlichkeitspaare in der oberen Reihe zeigen jeweils links stehend die dunkle und die helle Form des Blattkäfers *Oides biplagiata* (Chrysomelidae, Galerucinae), rechts davon die Schabe *Prosoplecta trifaria*, deren Männchen die helle und deren Weibchen die dunkle

Form des Vorbildes imitiert. Ursprünglich galt das Weibchen als eine eigene Art, *P. megaspila.* In der unteren Reihe stehen links *Leis dunlopi* (Coccinellidae) und *Prosoplecta semperi*, rechts *Coelophora formosa* (Coccinellidae) und *Prosoplecta coelophoroides.* Alle Paare wurden an der gleichen Stelle und zur selben Jahreszeit auf den Philippinen gefangen. Die Schaben (natürliche Größe 9–10 mm) sind etwas kleiner als die Käfer.

Museen unter die Laufkäfer einsortierte. R. Shelford, der diese Tiere erstmals zusammenstellte, war Kurator am Museum in Sarawak auf Borneo, und nachdem er einmal durch Zufall die Laufkäferheuschrecke entdeckt hatte, sah er die Laufkäfersammlungen sorgfältig durch und fand tatsächlich jüngere und deshalb kleinere Tiere jeweils bei den in der Größe und feineren Färbung ihnen entsprechenden Laufkäferarten. Man muß hier beachten, daß die Käfer sich verpuppen und als fertiges Tier ihre Größe nicht mehr ändern, die Heuschrecken aber ohne Verpuppung durch mehrmalige Häutungen von kleinen zu großen Tieren heranwachsen.

Bemerkenswert ist, daß die ganz jungen *Condylodera*-Heuschrecken nicht am Boden sondern an den Blüten eines Baumes zu finden sind, wo auch der ihrer Größe und Färbung entsprechende Cicindelide, *Collyris sarawakensis,* vorkommt. Diese Heuschrecke hat also im Laufe ihres Lebens mehrere Vorbilder, mit denen sie verwechselt wird. Etwas Ähnliches gibt es bei einer Fangheuschrecke, *Hymenopus bicornis,* deren Larve genauso aussieht wie die einer Raubwanze, die sehr schlecht schmeckt und von Insektenfressern gemieden wird, während die ausgewachsene Fangschrecke einer Blüte sehr ähnlich sieht (vgl. Abb. 8). Eine andere Fangschreckenlarve sieht aus wie eine Ameise und verhält sich auch so, d. h. sie sitzt nicht ruhig wartend da, wie es Fangheuschrecken gewöhnlich tun, sondern läuft umher.

Die auf Abb. 3a gezeigten Arten sind so gezeichnet, wie sie im Museum aufgenadelt aussehen. Gegen derartige Abbildungen wird häufig eingewendet, daß diese Ähnlichkeiten Kunstprodukte seien und überhaupt erst durch das Aufstecken in Insektensammlungen zustande kämen. Vertreter dieser Meinung vergessen gern nachzusehen, ob der Verfasser der betreffenden Veröffentlichung sich die Tiere nicht auch im natürlichen Lebensraum angesehen hat, was durchaus nicht so selten vorkommt, wie manche Mimikry-Gegner glauben. Ich bringe deshalb hier zum Vergleich auch noch die Lebendporträts eines *Tricondyla*-Käfers und einer *Condylodera*-Heuschrecke (Abb. 3b). Man darf nicht vergessen, daß viele ganz hervorragende alte Farbabbildungen von Tieren und speziell Insekten von Künstlern ohne die Hilfe von Farbfotos hergestellt wurden; Genauigkeit und Zeitaufwand erlaubten dann keine Arbeiten im Freiland, und man mußte auf konservierte Vorlagen zurückgreifen. Be-

3a Obere Reihe: Links der säurespritzende Bombardierkäfer *Pheropsophus agnatus*, daneben die ungeschützte Grille *Gryllacris spec.* Untere Reihe: Die ebenfalls ungeschützte Heuschrecke *Condylodera tricondyloides*, die den geschützten Laufkäfer *Tricondyla gibba* (rechts) imitiert. Alle sind etwa 2 cm groß. Die *Condylodera*-Heuschrecke wurde im Museum entdeckt, wo sie unter die Laufkäfer eingeordnet war.

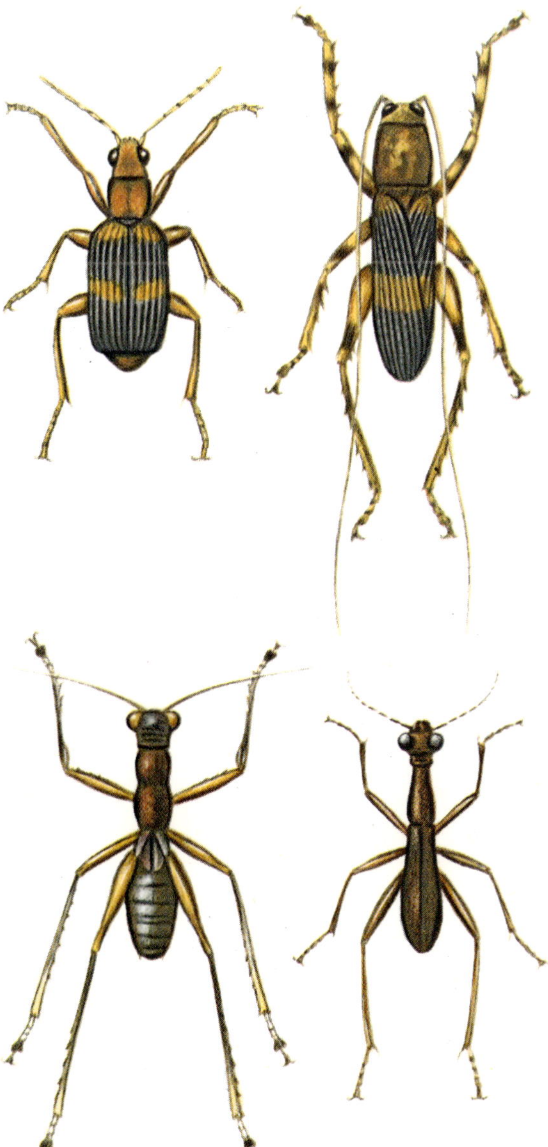

kanntlich sind regelmäßig die oft handkolorierten Stiche in Werken aus früheren Jahrhunderten um vieles genauer als die heute mit raffinierten technischen Hilfsmitteln angefertigten Illustrationen.
Außerdem spielt das nur am lebenden Tier sichtbare Verhalten oft eine entscheidende Rolle. Die brasilianische Heuschrecke *Scaphura nigra* wirkt deswegen so wespenähnlich, weil sie wie eine Pepsiswespe mit ausgebreiteten Flügeln herumläuft. Insekten, die Wespen oder Hummeln imitieren, machen oft mit ihrem unbewaffneten Abdomen so täuschende Stechbewegungen, daß selbst erfahrene Sammler sich Mühe geben müssen, sie nicht aus der Hand zu werfen.
Am seltensten sind Mimikry-Beispiele von Wirbeltieren. Den auffälligsten angeblichen Mimikry-Fall unter Säugetieren schildert R. Shelford 1916 in seinem Buch *A naturalist in Borneo*: Die bekannten Spitzhörnchen oder Tupaias – eine systematisch ganz isoliert stehende Säugergruppe – haben widerlich schmeckendes Fleisch, das von allen Versuchstieren abgelehnt wurde; wahrscheinlich sind sie dadurch geschützt. Merkwürdigerweise sieht nun vielen *Tupaia*-Arten je eine Eichhörnchen-Art so ähnlich, daß sich oft am Fell allein ohne den Schädel nicht entscheiden läßt, ob es ein Eichhörnchen oder ein Tupaia war. Shelford nennt folgende Ähnlichkeits-Paare:

Spitzhörnchen	Eichhörnchen
Tupaia ferrugineus	*Sciurus notatus*
T. minor	*S. jentinki*
T. gracilis	*S. tenius*
T. montana	*S. everetti*
Tana tana	*Funambulus insignis diversi*
Tupaia belangeri lepcha	*Tomentes locroides*

(Das letzte Beispiel stammt von Shebbeare aus Malaya).

3b Die Ähnlichkeit beschränkt sich aber nicht auf Museumsexemplare, sondern ist im Leben genauso groß. Die Abbildung zeigt den Laufkäfer *Tricondyla,* darunter die Heuschrecke *Condylodera.*

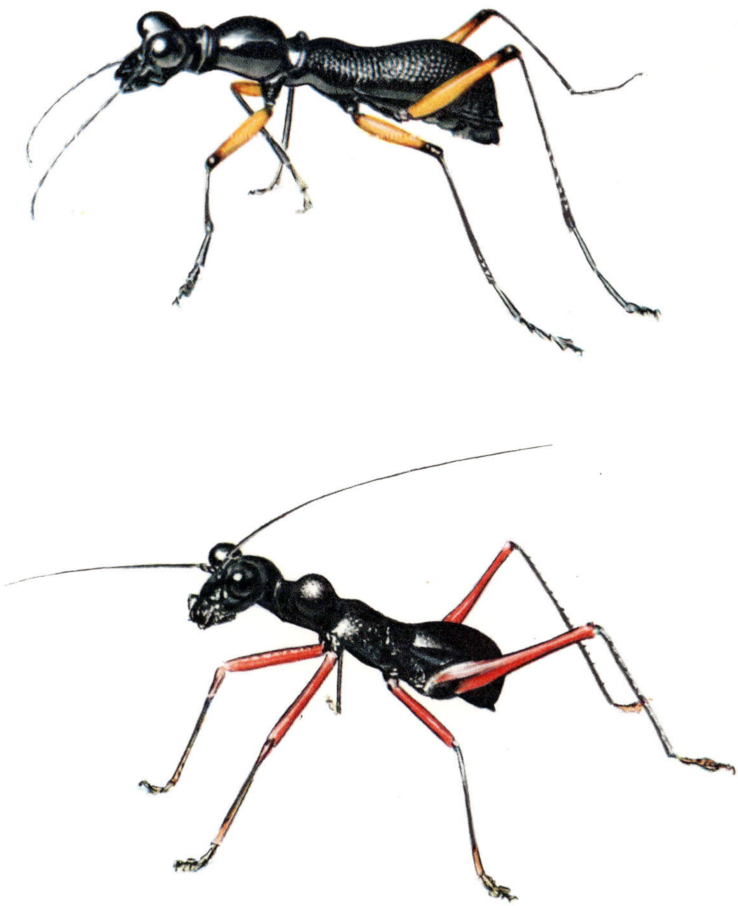

2 Polymorphismus bei mimetischen Schmetterlingen

Sehr oft ist eine »unberechtigte Warnfarbe«, also die Mimikry, bei Schmetterlingen auf das weibliche Geschlecht beschränkt. Die Ursachen dafür sind umstritten. Einerseits sind Schmetterlinge sowieso oft sexualdimorph, das heißt in beiden Geschlechtern verschieden gefärbt; aber bei der vorhandenen Fülle an Farbvarianten wäre es sicher auch möglich, die Männchen ebenfalls in die Mimikry einzubeziehen, wenn das vorteilhaft sein sollte. Andererseits mag es eher vorteilhaft sein, das Männchen nicht einzubeziehen und damit die Zahl der Nachahmer geringer zu halten. Schließlich muß man auch damit rechnen, daß die Farben der Männchen eine Signalbedeutung für die Weibchen haben und nicht beliebig abgeändert werden können, ohne das Erkennen der Geschlechtspartner zu beeinflussen. Wir werden darauf noch zurückkommen. Unbestreitbar ist jedenfalls die Tatsache, daß bei ganz verschiedenen Schmetterlingsgruppen die Weibchen allein mimetisch geschützt sind und wie Vertreter ganz anderer Schmetterlingsfamilien aussehen. Man findet das zum Beispiel bei folgenden Familien:

Papilionidae (Schwalbenschwänze), Gattung *Papilio*

Nymphalidae (Fleckenfalter), Gattungen *Hypolimnas, Euripus, Argynnis*

Pieridae (Weißlinge), Gattung *Pareronia*

Acraeidae, Gattung *Acraea.*

Damit aber noch nicht genug. Es ist bei Schmetterlingen häufig der Fall, daß innerhalb einer sexualdimorphen Art die Weibchen noch einmal verschiedene Typen (man sagt »Morphen«) bilden; diese Arten nennt man dann weiblich-polymorph. Das kommt vor bei den Gelblingen (*Colias*, Familie Pieridae) oder beim Kaisermantel (*Argynnis paphia*, Familie Nymphalidae). Bei Arten mit mimetischen Weibchen, die überdies noch polymorph sind, findet man dann innerhalb derselben Art mehrere Weibchenmorphen, die jede ein anderes Vorbild haben. Die berühmtesten Beispiele stellt die Gattung *Papilio;* in Afrika hat *Papilio dardanus* – den Poulton für den schönsten Schmetterling der Welt hielt – viele Weibchenmorphen, von denen einige nicht einmal Nachahmer sind, andere ganz verschiedenen ungenießbaren Schmetterlingen gleichen (s. dazu den nächsten Abschnitt und Abb. 4). Eine Parallele dazu bildet in Südamerika die Art *Papilio lysithous*, eine weitere in Ceylon *Papilio polytes.* Polymorphismus findet man auch unter anderen mimetischen

Insekten, z. B. (allerdings in beiden Geschlechtern) bei den Schwebfliegen *Eristalis intricarius* und *Volucella bombylans,* die jede mit den verschiedenen Morphen Arbeiterinnen der kleinen Hummeln *Bombus terrestris, B. agrorum* oder *B. lapidarius* nachahmen.
Alle genaueren Untersuchungen über dieses Problem beziehen sich auf die körperbaulichen Merkmale. Falls sich aber die Vorbilder zusätzlich im Verhalten unterscheiden, sollte man erwarten, daß die Nachahmer diese Verhaltensunterschiede kopieren. Bisher sind Verhaltensuntersuchungen – weil sie viel zeitraubender als Färbungsvergleiche sind – noch kaum angestellt worden. Es gibt aber einige Beobachtungen über mimetischen Verhaltenspolymorphismus, z. B. an *Hypolimnas dubius* (s. Abb. 4b). Von dieser Art gibt es zwei Morphen, *mima* und *wahlbergi,* von denen die erste einige *Amauris*-Arten (z. B. *echeria*) nachahmt, die zweite die Unterart *Amauris niavius dominicanus.* Die Morphe *wahlbergi* liebt die Sonne, hat einen langsamen, wie »gleitenden« Flug, ruht auf der Oberseite von Blättern und schlüpft morgens aus der Puppe; *mima* liebt den Schatten, fliegt kurz und schnell, ruht auf der Unterseite von Blättern und schlüpft nachmittags aus der Puppe. In allen diesen Einzelheiten entsprechen sie genau ihrem jeweiligen Vorbild. G. G. Leigh, der diese Unterschiede als erster bemerkte, glaubte deshalb nicht, daß *wahlbergi* und *mima* zu ein und derselben Art gehörten.

Der Fall Papilio dardanus

Einer der erstaunlichsten Fälle von zwischenartlicher Ähnlichkeit wurde in Afrika an einem Schmetterling aus der Familie der Papilionidae, der Schwalbenschwänze, entdeckt, und zwar an der Art *Papilio dardanus.* Sie kommt von Äquatorial- bis Südafrika vor. Von ihr gibt es sehr viele Rassen, die ganz verschieden aussehen; genauer gesagt: Die Weibchen sehen ganz verschieden aus, die Männchen aber nicht. Die Männchen sehen alle so aus, wie man es von einem Schwalbenschwanz erwarten würde; vor allem haben sie an den Hinterflügeln das bekannte »Schwänzchen«. Manche Weibchen sehen ebenso aus, andere aber sind nur durch sorgfältige Untersuchungen überhaupt als Papilioniden zu erkennen und sehen ganz anderen Schmetterlingen zum Verwechseln ähnlich. Und darin liegt der Schlüssel zum Verständnis des Ganzen: Sie se-

4a In der Familie der Schwalbenschwänze (Papilionidae) gibt es in Malaysia ungenießbare und genießbare Arten. Die Raupen der *Atrophanura*-Arten fressen an giftigen Osterluzeigewächsen, und noch der Schmetterling enthält von daher Giftstoffe, die ihn schützen. *Papilio memnon* ernährt sich als Raupe von Citrus-Pflanzen und bleibt ungeschützt; die Weibchen dieser Art sehen anders aus als die Männchen

und bilden verschiedene Morphen, die je einer »pharmakophagen« *Atrophanura*-Art gleichen. Gegenübergestellt sind hier jeweils die linke Hälfte eines Vorbildes und die rechte des (etwas größeren) Nachahmers *Papilio memnon*; seine ungeschwänzte Weibchenform gleicht dem blauen *Atrophanura nox*, während eine geschwänzte Form (rechts) die Art *Atrophanura coon* zum Vorbild hat.

hen immer solchen Schmetterlingen ähnlich, die für Insektenfresser ungenießbar sind und zu den Gattungen *Danaus* und *Amauris* (Familie Danaidae) gehören. Die Raupen dieser Arten fressen an Pflanzen, die einen giftigen Milchsaft haben, vor allem an Schwalbenwurzgewächsen (Asclepiadaceae). Die von der Pflanze stammenden Giftstoffe (Herzgifte, Cardenolide; neueste Literatur bei Reichstein 1967) machen die Raupen ungenießbar, die auch entsprechend warnfarbig sind, darüber hinaus aber auch noch den Schmetterling, der ebenfalls auffällig gefärbt ist. Die verschiedenen ungenießbaren Arten sehen verschieden aus, ihre Männchen gleichen den Weibchen. Dennoch gibt es auch unter ihnen polymorphe Arten. Ein besonders schönes Beispiel sind die folgenden drei Arten: *Danaus chrysippus* und *Acraea encedon*, beides ungenießbare Vertreter der Familie Danaidae, und *Hypolimnas misippus*, ein Nachahmer aus der Familie Nymphalidae, bilden genau parallel je drei gleichartige Formen, so daß drei Mimikry-Ringe entstehen, die nebeneinander in gleichen Gebieten (aber mit unterschiedlicher Häufigkeit) vorkommen.

Von *Papilio dardanus* sind neun Rassen bekannt:
dardanus an der Westküste Afrikas von Sierra Leone bis Angola, *cenea* südlich davon, *tibullus* an der Ostküste vom Limpopo bis nördlich von Mombasa, *meseres* im Gebiet des Viktoria- und Albert-Sees, *polytrophus* in den Gebirgen Tansanias und Kenias östlich vom Viktoriasee, *byatti* in Somaliland, *antinorii* in Abessinien, *humbloti* auf den Komoren und *meriones* auf Madagaskar. Innerhalb dieser Rassen tritt nun der Polymorphismus der Weibchen auf; diese Weibchenmorphen haben ihrerseits auch wieder bestimmte Namen. Keine kommt bei allen Rassen vor.

Von den Rassen *byatti* und *humbloti* ist so wenig bekannt, daß wir sie hier unbeachtet lassen können; die Rasse *polytrophus* wird gesondert behandelt. Da sich die ersten vier Rassen in ihren Weibchenmorphen gleichen, will ich sie hier zusammen besprechen:

1. *Rassen* dardanus, cenea, tibullus, meseres:

a) die Weibchenmorphe *hippocoonides* (Abb. 4b, mittlere Reihe ganz unten) gleicht dem ungenießbaren *Amauris niavius dominicanus*. Dieser ist in Südafrika selten, nördlich der Delagoa-Bucht aber häufig; entsprechend gehören nur 10% der *cenea*-Weibchen, aber 85–90% der *tibullus*-Weibchen zur *hippocoonides*-Morphe. (Mit der *hippo-*

coonides-Morphe zusammen kommt der an das gleiche Vorbild angepaßte *Hypolimnas dubius wahlbergi* vor.)

b) die Weibchenmorphe *hippocoon* ist im Gebiet der Rassen *dardanus* und *meseres* häufig; sie gleicht einer im gleichen Gebiet ebenfalls häufigen dunklen Rasse des gleichen Vorbildes, *Amauris niavius.* (Damit zusammen kommt *Hypolimnas wahlbergi anthedon* vor.)

c) die Weibchenmorphe *trophonius* (Abb. 4b, mittlere Reihe, zweiter von oben) kommt im ganzen erwähnten Gebiet neben den anderen vor, doch selten; nur 5% der Weibchen gehören zu dieser Morphe. Sie gleicht einem anderen Vorbild, *Danaus chrysippus chrysippus.*

d) die Weibchenmorphe *trophonissa* ist von der Morphe *trophonius* kaum zu unterscheiden, hat das gleiche Vorbild und kommt nur an der Westküste vor; etwa 1% der Weibchen gehören dieser Morphe an.

e) die Weibchenmorphe *cenea* (Abb. 4b, mittlere Reihe, dritter von oben), ist leider gleichnamig mit einer Rasse, was leicht zu Verwechslungen führt. Diese Morphe gleicht mehreren, untereinander fast gleichen *Amauris*-Arten *(A. echeria, A. albimaculata, A. crawshayi)*; nur etwa 4% der Weibchen der *tibullus*-Rasse, aber 85% der *cenea*-Rasse gehören zu dieser Morphe.

f) die Weibchenmorphe *planemoides* (Abb. 18, Mitte unten) gleicht dem ungenießbaren *Bematistes poggei* und den Männchen von *B. macarista* (Familie Acraeidae). Zu ihr gehören 15 bis 30% der Weibchen der *meseres*-Rasse, aber nur wenige der *dardanus*-Rasse.

g) die Weibchenmorphe *niobe* gleicht dem ungenießbaren *Bematistes tellus.* Beide leben im Gebiet Kamerun—Angola—Kongobecken. Wenige Prozent der Weibchen aus der *dardanus*-Rasse gehören dieser Morphe an, ganz wenige kommen sogar weiter nördlich noch vor, wo *B. tellus* fehlt.

Darüber hinaus gibt es noch einige weitere Weibchen-Morphen, die nicht mimetisch sind, das heißt in ihrem Gebiet keine geschützten Vorbilder haben; dazu gehören:

h) die Weibchenmorphe *salaami;* sie sieht aus wie *niobe* (siehe g), kommt aber im Gebiet der *tibullus*-Rasse vor, und zwar als seltene Variante.

i) die Weibchenmorphe *leighi,* ein Mittelding zwischen *cenea* und

4b Ein Beispiel für die verschiedenen Möglichkeiten des Polymorphismus bei mimetischen Schmetterlingen in Afrika. Im gleichen Gebiet vorkommende Arten und Morphen stehen nebeneinander. Die linke senkrechte Reihe zeigt drei ungenießbare Vorbilder, bei denen jeweils Männchen und Weibchen gleich aussehen: oben *Danaus c. chrysippus* (L.), in der Mitte *Amauris crawshayi* Butler, unten *Amauris niavius* (Trimen). Die mittlere Reihe zeigt untereinander verschiedene Morphen des Nachahmers *Papilio dardanus:* oben ein Männchen von *tibullus* Kirby, darunter Weibchen der Formen *trophonius* Westwood, *cenea* Stoll und *hippocoonides* Haase (die Form *planemoides* Trim., s. Abb. 18 Mitte unten). In der rechten Reihe stehen ebenfalls Nachahmer, und zwar im oberen Kästchen die Art *Hypolimnas misippus* (L.), bei der nur das Weibchen (unten) mimetisch ist, das Männchen (darüber) nicht; im unteren Kästchen steht die Art *Hypolimnas dubius wahlbergi*, bei der Männchen und Weibchen mimetisch sind, verschiedene Vorbilder haben und in zwei Morphen vorkommen, nämlich oben als Form *mima* (Trimen) und darunter als Form *wahlbergi* (Wallengren). Diese beiden Morphen unterscheiden sich außerdem, wie ihre Vorbilder, im Verhalten, wie im Text erläutert.

4c Verbreitung der 8 wichtigsten Rassen von *Papilo dardanus.*

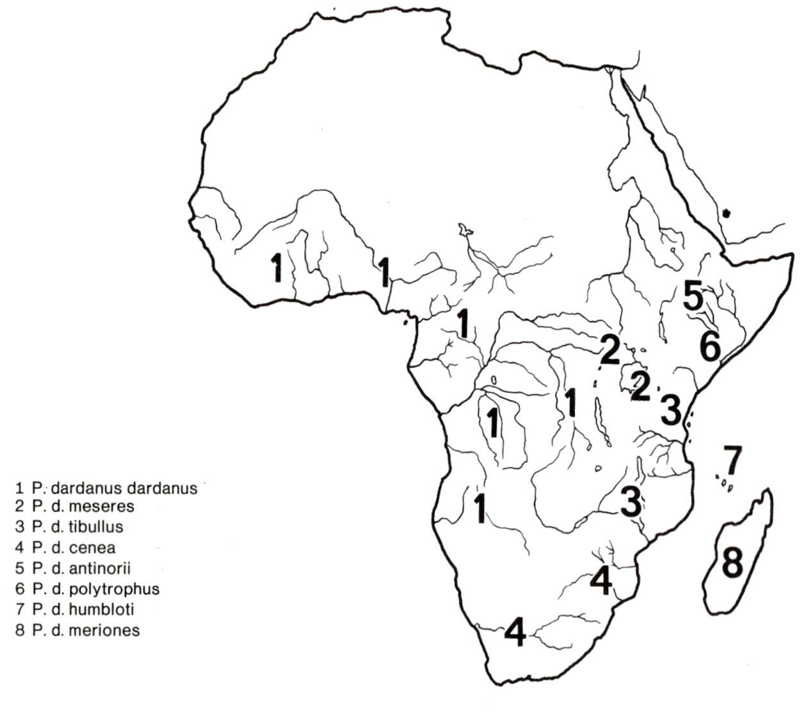

hippocoonides. Etwa 0,5% der Weibchen im Gebiet der *cenea*-Rasse gehören zu dieser Morphe, im Gebiet der *tibullus*-Rasse ist sie noch seltener.

j) die Weibchenmorphe *natalica;* sie ähnelt *hippocoonides,* doch sind die hellen Flügelflächen ockerfarben. Kaum 1% der Weibchen der *tibullus*-Rasse gehören zu dieser Morphe, noch seltener ist sie in der *tubullus*-Rasse.

k) die Weibchenmorphe *dionysos;* eine seltene, vorwiegend gelb-weiße Variante, die nur innerhalb der *dardanus*-Rasse vorkommt.

2. *Rasse* meriones:
Diese Rasse ist auf Madagaskar beschränkt. Alle Weibchen sehen gleich aus (sind monomorph) und gleichen überdies den Männchen, haben also auch die Schwänzchen an den Hinterflügeln. Vermutlich entspricht das dem ursprünglichen Zustand der Art.

3. *Rasse* antinorii:
Die Weibchen dieser Rasse sind von denen der anderen Festlandrassen ziemlich verschieden. 80% der Weibchen gehören zu einer Morphe, die den Männchen weitgehend gleicht, auch geschwänzt ist, aber einen zusätzlichen schwarzen Streifen auf den Vorderflügeln hat. Neben dieser treten noch einige andere Morphen auf, die mimetisch, aber zusätzlich geschwänzt sind; die häufigste ist *niavioides*, seltener ist *ruspinae*.

Ich habe mich bemüht, die Sachlage möglichst übersichtlich darzustellen. Dennoch wird man fragen, ob es bei dieser starken Variation innerhalb der Art einen Sinn hat, von Mimikry zu sprechen; wenn die Flügelmuster so stark wechseln, muß dann nicht ab und zu eines auch mal einem anderen Schmetterling gleichen? Nun, selbstverständlich kann das geschehen, und niemand hat ja auch behauptet, der Schmetterling habe sich nach reiflicher Überlegung und eingehenden Vorbild-Studien diese oder jene Färbung beschafft. Entstanden sind sie alle zufällig im Rahmen der arteigenen Variationsbreite. Wichtig zu wissen wäre aber, ob mehr Varianten möglich sind als vorkommen und ob die nicht realisierten solche sind, zu denen es kein Vorbild gibt. Danach könnte man beurteilen, ob das Vorhandensein eines Vorbildes irgendeinen Einfluß auf die Häufigkeit und auf das Erhaltenbleiben einer der Varianten hat. Welche Varianten möglich sind, muß man durch Züchtungsexperimente klären; darauf komme ich gleich zu sprechen. Wie die vorkommenden Varianten

mit Vorbildern zusammenhängen, kann man nur im Freiland untersuchen. Das ist auch geschehen und brachte folgende Ergebnisse:
Es wurde schon erwähnt, daß die Weibchenmorphe *hippocoonides* regional um so häufiger auftritt, je häufiger ihr Vorbild dort ist. Noch deutlicher wird der Zusammenhang im Gebiet der Rasse *polytrophus,* etwa im Bergland um Nairobi. Dieses Gebiet liegt zwischen den Gebieten der Rassen *meseres* und *tibullus,* die schon erörtert sind; aber hier im Bergland fehlen die entsprechenden Vorbilder fast oder ganz. In der Rasse *trophonius* treten nun zwar die schon bekannten Morphen auf, aber weit seltener neben allen möglichen anderen, für die es auch in anderen Regionen kein bekanntes Vorbild gibt und die zudem viele Übergänge und Zwischenformen untereinander zeigen. Neben der einigermaßen häufigen Morphe *cenea* tritt eine ähnliche, nichtmimetische Morphe *protocenea* auf; neben *hippocoonides* kommt in mehreren Variationen die ebenfalls nichtmimetische Morphe *proto-hippocoonides* vor; die nichtmimetische *proto-trophonius* (auch *lamborni* genannt) ist viel häufiger als die mimetische Morphe *trophonius,* beide sind seltener als alle bisher genannten; außerdem kommen *proto-salaami, planemoides* und *protoplanemoides* vor. Proto- heißt immer, die betreffende Morphe ist so abgewandelt, daß sie nicht mehr dem Vorbild gleicht, mit dem diese Morphe anderswo übereinstimmt. Diese Weibchen haben manchmal angedeutete Schwänze an den Hinterflügeln, teilweise auch das für die Männchen charakteristische gelbe Pigment, das im ultravioletten Licht fluoresziert.
Im Gebiet um Nairobi kommen auf 32 Vorbilder 133 *Papilio dardanus*-Weibchen; 32% der Weibchen sind Typen, zu denen es überhaupt kein Vorbild gibt. Im Gebiet der *meseres*-Rasse um Entebbe (in Uganda, am Nordufer des Viktoriasees) kommen auf 1949 Vorbilder 111 *Papilio dardanus*-Weibchen, von denen nur 4% zu keinem Vorbild passen. Entsprechend sind in vorbildarmen Gebieten auch die nichtmimetischen Weibchenmorphen häufiger; so kann die Morphe *natalica* (s. oben j) stellenweise bis zu 10% der Weibchen ausmachen. Das heißt, je häufiger die Vorbilder, desto weniger *P. dardanus*-Varianten gibt es und desto seltener sind unter diesen die nichtmimetischen. Dasselbe fand Carpenter für *Pseudacraea eurytus* auf der Bugalla-Insel im Viktoriasee im Vergleich zum Festland. Wo Vorbilder fehlen, bricht die Mimikry zusam-

men; also haben die Vorbilder einen Einfluß auf die ebenso aussehenden Nachahmer. Daß das kein direkter Einfluß ist, sondern den Umweg über Raubfeinde nimmt, wurde schon erörtert.

Der Einfluß könnte entweder so aussehen, daß Räuber alle nichtmimetischen Schmetterlinge fressen; das ist aber unwahrscheinlich, weil sie ja in vorbildarmen Gebieten auch nicht alle gefressen werden. Die andere Möglichkeit ist, daß die nichtmimetischen Morphen in vorbildreichen Gebieten gar nicht erst produziert werden. Das müßte dann am Erbgut liegen, das heißt, der Einfluß der Vorbilder auf die Nachahmer müßte im Erbgut erkennbar sein.

Für Untersuchungen über die Vererbung der mimetischen Merkmale sind nun polymorphe Arten besonders geeignet. Über die Erbanlagen kann man ja immer nur etwas aussagen, wenn sich die zu vergleichenden Formen untereinander kreuzen lassen. Das aber geht oft schon nicht, wenn es sich um noch ganz nah verwandte Arten handelt, und erst recht natürlich nicht bei Mitgliedern verschiedener Gattungen, Unterfamilien usw. Bei *Papilio dardanus* aber handelt es sich um Rassen, die man zumindest künstlich mühelos kreuzen kann. Ihre Nachkommen haben dann gemischtes Erbgut und damit auch entsprechend gemischte Merkmale. Durch Rückkreuzungen mit den beiden Ausgangsformen kann man dann das eine oder andere Erbgut unter den neuerlichen Nachkommen anreichern und dadurch ziemlich sichere Schlüsse auf die genetischen Grundlagen der in Frage stehenden Merkmale ziehen. Da die Mimikry und ihre genetischen Grundlagen so lange Zeit heftig »vom grünen Tisch her« diskutiert worden waren, lockte die Möglichkeit, endlich klare Ergebnisse zu bekommen. Allerdings hieß das, die verschiedenen, teils weit verstreuten Formen von *Papilio dardanus* lebend in hinreichender Zahl zu sammeln und in mehreren Generationen samt ihren Kreuzungen zu züchten. Wer einmal versucht hat, Schmetterlinge zu züchten, weiß, wie anfällig Raupen und Puppen sind und wie »eigensinnig« sie manchmal ganz bestimmte Futterpflanzen und Versteckplätze fordern. Außerdem kommt es bei den Vererbungsexperimenten auf die Verhältniszahlen zwischen den Bastard-Schmetterlingsgeschwistern an; es dürfen also möglichst gar keine Verluste im Raupen- und Puppenstadium eintreten. Trotz aller zu erwartenden Schwierigkeiten unternahmen die Forscher C. A. Clarke und P. M. Sheppard in Liverpool diese abenteuerliche genetische Untersuchung. Und ihre jahrelangen Bemühungen hatten einen außerordentlichen Erfolg. Sie holten die verschiedenen Rassen nach Liverpool und züchteten sie dort weiter; M. Wells machte für sie im Jahre 1959 mit Unterstützung der Nuffield-Foundation eine eigene Expedition von Südafrika bis Madagaskar und sammelte Raupen und fertige Schmetterlinge. Glücklicherweise fraßen die Raupen, die normalerweise von Citrusgewächsen leben, ebenso gern oder sogar noch lieber die Blätter eines mexikanischen Rautengewächses, *Choisya ternata,* das in England als Gartenstrauch angepflanzt wird.

Es ist unmöglich, hier im einzelnen vorzuführen, wie die Rassenkreuzungen und -rückkreuzungen ausfielen oder wie das Vererbungssystem genau funktioniert. Hervorzuheben sind folgende Ergebnisse:

– man bekommt mehr Weibchentypen, als aus der Natur bekannt sind;

– die Färbungen (ob mimetisch oder nicht) sind genetisch festgelegt; ob sich diese Erbanlagen auswirken, hängt vom Geschlecht ab;

– unabhängig davon ist das Flügelschwänzchen genetisch verankert (in Abessinien sind sogar mimetische Weibchen geschwänzt, z. B. *trophonius* oder *cenea*);

– äußerlich gleiche Morphen können auf genetisch verschiedene Weise zustande kommen, so etwa *niobe als* Variation von *trophonissa* im Westen und *salaami* als Variation von *trophonius* im Osten.

Das wichtigste Ergebnis all dieser Kreuzungsexperimente ist aber der Nachweis, daß die Mimikry von *Papilio dardanus* nicht auf eine Mutation zurückgeht, deren Auswirkungen dann unverändert blieben, sondern daß es zusätzliche genetische Modifikatoren gibt, welche die Funktion der für das Muster verantwortlichen Gene regulieren, etwa deren Tätigkeit ein- oder ausschalten oder deren Wirkungsgrad verändern und so die Übereinstimmung des Nachahmers mit dem Vorbild verbessern, vor allem die Variationsbreite auf wenige mimetische Formen begrenzen. Die Modifikatoren einer Rasse übernehmen aber diese Aufgabe nicht in anderen Rassen, in die man sie durch Kreuzung hineinbringt; das heißt, sie sind ihrerseits jeweils auf den Genkomplex abgestimmt und offenbar mit dem zusammen entwickelt, in welchem sie natürlicherweise vorkommen. Diese Abstimmung verschiedener Genkomplexe aufeinander, die die Variabilität einschränkt und dadurch den Mimikry-Effekt verstärkt, ist nun aber der Einfluß der Vorbilder auf die Nachahmer, den wir im Erbgut der Nachahmer vermuten. (Mehr Einzelheiten über die genetische Seite der Mimikry findet man in der Darstellung von E. B. Ford, *Ecological Genetics*, London und New York 1964.)

Durch die Untersuchung von Clarke und Sheppard ist erstmals – in diesem einen Fall – entschieden worden, welcher von verschiedenen vermuteten Wegen der Mimikry-Entstehung tatsächlich von der Natur beschritten wurde. Andere, ähnliche Untersuchungen sind inzwischen gefolgt, und alle bringen dasselbe Ergebnis: Nachahmer tauchen nicht plötzlich fertig auf, sondern wenn eine zufällig auftretende Mutation einer »ungeschützten« Art eine leichte Ähnlichkeit mit einer geschützten verleiht, breitet sich das mutierte Gen, weil es Vorteile mit sich bringt, immer mehr in der Population aus; seine Auswirkungen aber werden allmählich modifiziert, und damit wird die mimetische Ähnlichkeit, die es verursacht, verbessert.

Paarfindung, Polymorphismus und Mimikry

Wenn in polymorphen Arten Artgenossen ganz verschieden und umgekehrt in Mimikry-Fällen Fremde wie Artgenossen aussehen, stiftet das dann nicht Verwirrung beim Zusammenfinden der Geschlechter? Wie schon erwähnt, ist bei mimetischen Schmetterlingen häufig das Männchen in der Färbung konservativ, sieht also aus wie verwandte Formen, und nur das Weibchen weicht davon ab und gleicht irgendeiner fremden Art. Genetische Untersuchungen haben gezeigt, daß die Ursache dafür nicht in einer größeren Variationsfähigkeit der Weibchen liegt. Schon 1874 vermutete Belt, der als Forscher Nicaragua bereiste, daß die Weibchen daran schuld wären, wenn das Männchen konservativ bleibt, weil sie beim Zusammenfinden der Partner eben diese Männchen bevorzugen. Das würde heißen, daß die Weibchen ihr Männchen vorwiegend an optischen Merkmalen erkennen. Erst in jüngerer Zeit, seit die moderne Verhaltensforschung die Methoden dafür entwickelt hat, hat man herauszufinden versucht, ob das stimmt. Um es gleich vorweg zu sagen: Warum die Männchen nichtmimetisch aussehen, ist immer noch nicht befriedigend erklärt. Folgendes hat man aber inzwischen gelernt:

Damit zwei verschiedengeschlechtliche Tiere derselben Art zusammenfinden, muß jeweils mindestens einer der Partner Artgenossen von Artfremden und Männchen von Weibchen unterscheiden können. Dazu sind Sinnesorgane und Signale nötig; zur Verfügung stehen Gesichtssinn, Gehör, Tastsinn, sowie die chemischen Sinne Geschmack und Geruch. Welche davon in der betreffenden Situation benutzt werden, muß man von Fall zu Fall untersuchen. D. Magnus aus Darmstadt hat am Kaisermantel, *Argynnis paphia*, Freilandversuche dazu gemacht. Kaisermantel-Männchen sitzen und warten auf Weibchen oder suchen in charakteristischem Zick-zack-Flug nach ihnen. Sie fliegen auf alle Objekte zu, die so aussehen und sich so bewegen wie die Weibchen. Männchen und Weibchen sind oberseits gelbbraun, unterseits dunkel. Beim Fliegen werden beide Seiten abwechselnd sichtbar. Magnus machte seine Versuche auf Waldwiesen, wo er ein Karussell aufbaute: An zwei langen Armen saß je eine Attrappe, deren Größe, Farbe und Flattergeschwindigkeit verändert werden konnte. Diese Attrappe wurde durch Drehen des Karussells zum »Fliegen« gebracht. Sehr wirksam war eine horizontal liegende, abwechselnd dunkel und hell gestreifte Walze, die sich drehte und dabei das Hell-und-Dunkel-Werden des fliegenden Weibchens imitiert. Es zeigte sich, daß größere Attrappen besser wirkten als normale und daß sie überdies um so wirksamer wurden, je schneller Hell und Dunkel abwechselten; die Steigerung hielt an, bis das zeitliche Auflösungsvermögen des Männchen-Auges erreicht war. So schnell, wie das Männchen es am liebsten hätte, kann aber kein Weibchen die Flügel bewegen. Man kann also übernormale Attrappen herstellen, die besser wirken als die echten Weibchen. Umgekehrt kommt in dieser Art neben den normalen Weibchen noch die auch oberseits dunkle Weibchenmorphe *valesina* vor. Diese wirkt auf das Männchen weit weniger anziehend als das normalfarbige Weibchen; sie könnte das durch schnellere Flügelbewegungen wettmachen, scheint es aber nicht zu tun. Die Männchen merken allerdings, wenn sie zu kopulieren versuchen, daß Attrappen keine Weibchen sind, weil in der Nähe zusätzlich Geruchsreize eine Rolle spielen.

Ähnliche Untersuchungen hat man inzwischen auch an den Schmetterlingen angestellt, die als Vorbild oder Nachahmer in Mimikrysystemen auftreten. Wieder zeigte sich, daß die Männchen zunächst nach dem optischen Erscheinungsbild ein vermutetes Weibchen anfliegen. Es ist also nicht verwunderlich, wenn hie und da berichtet wird, man habe die

Männchen einer mimetischen Art den Weibchen des Vorbildes nachfliegen sehen oder umgekehrt. Die Untersuchungen zeigten aber auch, daß in der Nähe Düfte eine besondere Rolle spielen und der Artunterscheidung dienen, so daß dann die Balz mit einem falschen Partner schnell abbricht. Die Männchen von *Hypolimnas misippus* etwa starten von ihrem Sonnenplatz aus auf alles zu, was vorbeifliegt; sie versuchen es sogar mit hochfliegenden Vögeln. Sie bewerten die Musterung der Hinterflügel des Partners mehr als die der Vorderflügel, und zwar bevorzugen sie braune Hinterflügel; weiße Hinterflügel hemmen ihre Balz. Deshalb kann es sich kein Weibchen leisten, die mit weißen Hinterflügeln versehene Form *alsippus* des Vorbildes *Danaus chrysippus* gut nachzuahmen, was genetisch vermutlich möglich ist. Es kommt nur zu einer Aufhellung der Hinterflügel, was Stride für einen Kompromiß zwischen Nachahmung des Vorbildes und der notwendigen »Rücksichtnahme« auf die Vorliebe der Männchen hält.

Außerdem gibt es auch deutliche Unterschiede im Verlauf der Balz etwa vom Vorbild *Danaus chrysippus* und seinem Nachahmer *Papilio dardanus* (s. Abb. 4b): Das *P. dardanus*-Männchen fliegt unter das Weibchen und zwingt es, auf seinem Rücken zu landen; dann fliegt es mit dem Weibchen auf dem Rücken abwärts auf einen Busch, wobei ein paarungsunwilliges Weibchen wieder fliehen kann. *D. chrysippus*-Männchen dagegen fliegen über ein entdecktes Weibchen und stürzen auf es herab, wobei sie mit dem Hinterleib das Weibchen zu schlagen versuchen und sofort wieder hochsteigen. Bei diesem Verhalten spielen Geruchsstoffe eine wichtige Rolle. Die Männchen der *Danaus*-Arten haben nämlich am Ende des Hinterleibs zwei ausstülpbare, mit langen Haaren besetzte Duftpinsel. Mit stark nach oben gekrümmtem Hinterkörper schieben sie in der Balzzeit mehrmals täglich diese Pinsel in besondere Dufttaschen auf der Oberseite der Hinterflügel. Soweit bekannt, wirken chemische Stoffe des Pinsels und der Tasche zusammen und erzeugen einen von Art zu Art (manchmal sogar von Unterart zu Unterart) verschiedenen Duft. Den Duft präsentieren die Männchen dem Weibchen, wenn sie ihm die Duftpinsel im Flug an den Kopf streichen. Die Beobachtungen von Stride und Brower haben ergeben, daß Duftsignale für die Paarfindung bei den Arten der Unterfamilie Danainae (wozu auch *Amauris*, s. Abb. 4b, gehört) eine besonders große Rolle spielen. Von einigen kennt man auch schon die chemischen Komponenten der Geruchsstoffe. Optische Signale scheinen bei den Arten mit auf das Weibchen beschränkter Batesscher Mimikry wichtig zu sein.

Man weiß also, daß die Färbung der Weibchen für die Männchen nichtmimetischer und mimetischer Arten ein wichtiges Erkennungszeichen ist und daß sogar bestimmte Weibchenfärbungen bevorzugt werden können. Man weiß, daß die Balz von Vorbild und Nachahmer – wenigstens in einigen Fällen – recht verschieden aussieht und daß Geruchssignale hinzukommen, die im Falle Müllerscher Mimikry schließlich die Hauptrolle spielen. Man weiß aber fast noch nichts über die Bedeutung der Männchenfärbung für das Weibchen; das liegt zum guten Teil daran, daß entweder beide Geschlechter anderen Arten gleichen und sich dann geruchlich orientieren, oder aber zwar die Weibchen verschieden, die Männchen jedoch immer gleich aussehen und man keine Wahlversuche mit Weibchen anstellen kann, ohne die Männchen künstlich zu färben. Daß die Männchen den Weibchen zuliebe so konservativ in der Färbung sind, ist bislang nur eine plausible Annahme.

Aus der Bevorzugung bestimmter Sexualpartner gewann Burns (1966) ein weiteres Argument für die Wirksamkeit der Mimikry. In Nordamerika kommt als Nachahmer des ungenießbaren Schmetterlings *Battus philenor* eine schwarze Weibchenform von *Papilio glaucus* vor. Diese schwarze Morphe ist allerdings auf das Verbreitungsgebiet des Vorbildes beschränkt. Wo das Vorbild fehlt (z. B. in Florida), sind die *P. glaucus*-Weibchen schwarz-gelb gezeichnet wie die Männchen, welche diese ihnen gleichsehende Weibchenmorphe bei der Paarung deutlich bevorzugen. Diese Bevorzugung wird aber in Gegenden, wo der *Battus philenor* vorkommt, durch die Auslesewirkung der Vögel übertrumpft, die gerade die wenig angesehenen Weibchen leben und in Ruhe Nachkommen erzeugen lassen, die bei den Männchen beliebteren Weibchen aber auffressen.

3 Mimikry und Darwinismus

In den Jahren 1858 und 1859 hatten Charles Darwin und A. R. Wallace ihre Ansichten über die Wirkung der sogenannten Selektion oder Auslese auf die evolutorische Veränderung der Lebewesen veröffentlicht. Schlagworte wie »Kampf ums Dasein«, »Überleben des Geeignetsten oder am besten Angepaßten« gingen um und waren natürlich heftig umstritten. Diese ganze Theorie von der Evolution der Lebewesen stieß teilweise auf erbitterten geistlichen Widerstand; sie bot nämlich eine Erklärung für spezielle Anpassungen, welche vorher das »Beweismaterial« für teleologische Ideen abgegeben hatten, also für Ideen, die eine übernatürliche oder wenigstens außernatürliche Einwirkung auf das Lebensgeschehen forderten. Natürlich ist es unsinnig, anzunehmen, daß irgendwo in den naturwissenschaftlichen Erklärungen oder Kausalanalysen der Natur eine Lücke bleiben müsse und diese Lücke dann der Beweis für das Vorhandensein übernatürlicher Kräfte sei. Das heißt, die Teleologen, diejenigen also, die die oft so raffinierten Anpassungen der Lebewesen an speziellste Zustände der Umwelt, die überall anzutreffenden erstaunlichen Zweckmäßigkeiten, als Beweis für einen zielstrebig schaffenden Schöpfer ansahen, machten einen methodischen Fehler; man kann auf diese Weise mit naturwissenschaftlichen Methoden einen Schöpfer weder beweisen noch widerlegen. Dennoch fühlten sich diese Teleologen getroffen und glaubten nun, die neue Theorie mit allen Mitteln bekämpfen zu müssen, um ihre Beispielsammlung zu retten. Weithin faßte man Darwins Evolutionstheorie als Absetzung einer zielstrebigen, die Anpassung hervorrufenden Schöpferkraft auf; das tat sogar Darwin selbst. Richtig daran war, daß es zur Erreichung solcher Anpassungen einer Schöpferkraft im damaligen Sinne nicht bedurfte; falsch war, daraus einen Beweis gegen die Existenz eines Schöpfers ableiten zu wollen.

Nun kam in diesen Streit hinein die Mimikry-Hypothese. Sie mußte ja ein ideales Prüffeld für die Darwinsche Theorie sein.

Um die bis heute andauernde heftige Diskussion um das Mimikry-Problem zu verstehen, muß man daran denken, wie heftig weite Kreise noch immer die Evolution einfach ablehnen. Musterbeispiele dafür findet man ausgerechnet in den Vereinigten Staaten. Im Jahre 1925 kam in Dayton in Tennessee der Lehrer John Scope vor Gericht, weil er in einer mit Steuergeldern subventionierten Schule die Evolutionstheorie erörtert hatte. Heute, 40 Jahre später, ist die Lage noch immer nicht anders; in außerordentlich vielen Schulbezirken – die in den USA weitestgehend autonom sind – wird das Lehren von Evolutionsfragen durch strenge, zwar nicht gesetzlich vorgeschriebene, aber dafür oft noch wirksamere Methoden unterbunden; so z. B. in unmittelbarer Nachbarschaft von Chicago im Staate Indiana. Der berühmte Phylogenetiker George Gaylord Simpson forderte erst vor wenigen Monaten eine genaue Untersuchung der Hintergründe für den heutigen Antievolutionismus. Andererseits ist es für jemanden, der offenen Auges durch die Welt geht, kaum möglich, durch Evolution verursachte Änderungen zu übersehen. Evolution ist eine unausweichliche Konsequenz, falls 1. Nachkommen ihren Eltern ähnlich sind, 2. Änderungen in der Umwelt irgendwelchen Gesetzen folgen und 3. individuelle Unterschiede sich in der Wahrscheinlichkeit, mit der das Einzelindividuum zu Fortpflanzung kommt, auswirken. Unter diesen Umständen ist sogar ein adaptiver Prozeß unausweichlich, das heißt eine Anpassung der Lebewesen an die Bedingungen ihrer Umwelt. Das besagt jedoch nicht, daß alle überhaupt auftretenden Variationen adaptiv sein müssen. Man darf auch die oft genannte Auslese nicht für eine metaphysische Kraft halten; sie ist eine Konsequenz eines ganz bestimmten Wirkungsgefüges, der Ausleseeffekt stellt sich unbeabsichtigt, ganz automatisch ein. Dafür ein Beispiel von Wallace und Srb: Ganz unbeabsichtigt ging in Taufliegenzuchten eine bestimmte Auslese vor sich: Die Taufliege *(Drosophila)*, ein wichtiges Forschungsobjekt für die Genetiker, züchtet man in großen Mengen in Glasgefäßen, die oben mit einem Stopfen verschlossen werden. Diesen Stopfen muß man natürlich aufmachen, wenn das Gefäß neu mit Futter beschickt wird. Dabei entkommen zunächst immer ziemlich viele Taufliegen, die normalerweise nach oben und dem Licht entgegenstreben. Nach einiger Zeit aber hört das auf. Es gibt nämlich in jeder Population einige abnorme Individuen, die angeborenermaßen eher nach unten als nach oben und kaum dem Licht entgegenstreben. Diese und ihre Nachkommen bleiben natürlich beim Öffnen des Gefäßes drin und schließlich allein übrig, als Ergebnis einer unbewußten Auslese auf solche Tiere, die aus erblicher Anlage »freiwillig« eingesperrt bleiben.

Weitere Beispiele, die schon zum Mimikry-Bereich gehören, liefern manche unserer Kulturpflanzen, deren Entstehung im folgenden Kapitel besprochen wird.

4 Mimetische Unkräuter

Eine Reihe wichtiger Nutzpflanzen begleiten den Menschen schon seit Urzeiten. Die ältesten hat er wahrscheinlich wegen ihrer ihm nützlichen Eigenschaften gesammelt und ihre Samen dann in der Nähe seiner Wohnungen ausgestreut. Sie gediehen besonders gut, wenn sich dort auch Abfälle häuften und wurden schließlich planmäßig ausgesät. Zu diesen ältesten Kulturpflanzen gehören Weizen, Hirse, Reis, Mais, Lein, Soja, Raps, Baumwolle. Alle sind ökologisch gesehen Ruderalpflanzen, d. h. solche, die auf Schutt und Abfall wachsen; alle brauchen viele Nährstoffe, also »Dünger«. Sobald solche Pflanzen vom Menschen versorgt und in Kultur genommen werden, setzt eine bestimmte Auslese ein. Das Hauptmerkmal aller Kulturpflanzen ist der sogenannte »Gigas-Charakter«; zwar sind die Größenunterschiede zwischen Kultur- und Wildform nicht immer »gigantisch«, aber doch recht auffällig, und sie betreffen immer die genutzten Organe, von denen der Mensch natürlich die größten bevorzugt, seien es die Früchte (Obst, Tomaten), die Blätter (Kohl, Salat), die Wurzeln (Möhren, Zuckerrüben, Rettich), die unterirdischen Sprosse (Kartoffel, Topinambur), die oberidischen Sprosse (Kohlrabi, Zuckerrohr) oder die Blüten, die verzehrt werden (fleischige Blütenstände von Blumenkohl oder Artischocke) oder zur Zierde dienen. Häufig werden dabei aber auch andere, nicht genutzte Teile derselben Pflanze größer; unsere Getreidearten haben auch dickere Stengel und breitere Blätter, die Leine haben neben größeren Samen auch größere Blüten. Dieser Gigas-Charakter kann auf Polyploidie beruhen, aber auch anders zustandekommen. Außerdem können als Kulturpflanzen innerhalb einer Art Formen gezüchtet werden, an denen ganz verschiedene Teile der Pflanze verändert sind: Beim Kohl (*Brassica oleracea*, ein Kreuzblütler) können die Blätter verändert (gekraust beim Grünkohl), zu lockeren (Wirsing, Butterkohl) oder zu festen Köpfen (Weiß-, Rotkohl) geschlossen sein, die Zahl der Sprosse kann vermehrt sein (Rosenkohl), der Sproß kann verdickt (Kohlrabi) oder der Blütenstand verdickt und fleischig (Blumenkohl) sein. Vom wilden Feldkohl *(Brassica campestris)* stammt der Rübsen *(Brassica rapa)* ab: davon ist eine Form auf Ölreichtum gezüchtet *(var. silvestris)*, eine auf verdickte, rübenartige Wurzel (Stoppelrübe; *var. rapifera)* und eine auf zart verdickte Stiele und zarte Blätter (Stielmus; var. *esculenta communis*). Diese bekannten Beispiele sind ein Beweis für die Wirkung der Selektion.

Der Mensch, der hier bewußt ausliest, fördert zunächst die von ihm bevorzugten Formen, die anderen werden vernachlässigt und bleiben von allein zahlenmäßig immer mehr zurück. Das betrifft die verschieden guten Varianten derselben Pflanze, wobei immer das Bessere der Feind des Guten ist. Der Mensch betreibt aber auch eine strenge Selektion gegen alle Pflanzen, die mit diesen Nutzpflanzen zusammen wachsen, jedoch unbrauchbar sind; sie heißen Unkräuter und werden nicht einfach vernachlässigt sondern vernichtet. Für unser Problem ist nun sehr bedeutsam, daß es auf dem Wege über die Mimikry zu einer Entstehung von Nutzpflanzen aus Unkräutern gekommen ist. Unterschiedlich behandeln kann der Mensch Nutzpflanzen und Unkräuter natürlich nur, wenn er sie unterscheiden kann. Das ist manchmal sehr schwer, denn es gibt immer verschiedene Pflanzen, die einander recht ähnlich sehen. Auch muß man eine Möglichkeit haben, die Unkräuter selektiv zu vernichten – was etwa in einem Weizenfeld fast unmöglich ist. Hier muß man später Unkrautsamen und Erntegut zu trennen suchen.

Der Leindotter, *Camelina sativa linicola,* ist mit seinem dünnen, unverzweigten Stengel und den kleinen, blassen Blättern dem Lein oder Flachs, *Linum usitatissimum,* sehr ähnlich; der Flachs gehört zu den Leingewächsen (Linaceae), der Leindotter zu den Kreuzblütlern (Cruciferae). Beide Pflanzen kommen zusammen vor, der Leindotter also in Leinfeldern. Er stammt von einer wilden, nicht so hochwüchsigen Pflanze, *Camelina gabrata* ab, die als Unkraut in den Lein geriet, aber nicht sehr auffiel und sich so, zufällig als geschützte Kulturpflanze »getarnt«, in die Pflege des Menschen einschlich. Sie wurde natürlich ebenso behandelt wie der Lein. Längere Stengel mit weniger Verzweigungen sind in einem Feld hochwüchsiger Pflanzen wichtig; der Flachs-Leindotter zeigt dieses Merkmal heute erblich auch da, wo er allein wächst. Aber auf diese Ähnlichkeit kommt es gar nicht an, wo es um die Pflege durch den Menschen geht; denn man kann aus einem Flachsfeld selbst auffällige Unkräuter nicht entfernen (ebensowenig wie Mohn oder Kornblumen aus Getreidefeldern); die Felder sind zu groß und man würde zuviel zertreten, wollte man hingehen, und das Unkraut herausziehen. Etwas anderes ist viel wesentlicher: Ursprünglich springen die Klappen der reifen Früchte glatt und leicht vom kräftigen Rahmen der Scheidewand ab; das ist für die Pflanze unter natürlichen Bedingungen zum

Ausstreuen und zur Verbreitung notwendig. In den Feldern aber wurden vom Menschen gerade diejenigen Samen zusammen mit dem erntereifen Flachs eingesammelt, die noch in den Früchten saßen. Diese Samen gelangten dann beim Dreschen in die Leinsaat und damit unter die Obhut des Menschen, hatten also unter diesen Bedingungen viel größere Verbreitungs-Chancen als die Wildform. Beim Flachs-Leindotter bleiben die Klappen der Früchte geschlossen; die schlaffen Fruchtwände bleiben zart, was aber nichts ausmacht, weil das ehemals als Schutz wichtige Hartgewebe überflüssig wurde, sobald der Mensch das Unkraut mitbeschützte. In die Aussaat kamen natürlich solche Samen vom Flachs-Leindotter, die unter die Flachs-Samen kamen. Man benutzt Worfelmaschinen, um die Körner von der Spreu zu trennen; nun stimmen die Leindotter-Samen weder in der Größe noch im Gewicht mit denen des Flachses überein; wichtig beim Worfeln ist aber die Kombination von Größe und Gewicht – und die ist beim Leindotter gerade so abgestimmt, daß die Worfelmaschinen Leindotter-Samen genauso weit schleudern wie die Flachssamen. »Abgestimmt« heißt einfach: es kommen diejenigen Samen automatisch in die Flachs-Saat, die von der Maschine entsprechend weit geworfen werden. Bei diesem Zusammenwirken von Faktoren stellt sich die Ähnlichkeit im ausgelesenen Merkmal ganz von selbst ein, ohne irgendeine Absicht von seiten der Pflanzen, der Maschine oder des Menschen. Rückkreuzungen des Leindotters mit seinen Verwandten zeigten, daß auch hier die mimetischen Merkmale genetisch verankert und mehrere Gene dafür verantwortlich sind.
Die Samen des Flachs-Leindotters *(var. alyssum)* sind 2,0 bis 2,5 mm groß. Bemerkenswert ist nun, daß es Leindotter auch bei anderen Kultur-Feldpflanzen gibt, nämlich im Getreide. Das Getreideunkraut hat Samen von 1,0 bis 1,5 mm Länge und kommt sogar in zwei Rassen vor, von denen eine in der Wintersaat wächst und überwintert *(var. pilosa)*, die andere aber *(var. sativa)* in der Sommersaat wächst und nicht überwintert. Das erinnert an die später beschriebenen Anpassungen der Kuckuckseier oder der Witwen-Jungen; man wertet die verschiedenen Leindotterformen zuweilen auch schon als eigene Arten.
Das klassische Beispiel eines »bekehrten Unkrautes« ist der Roggen. Eine besondere Grasart, der Bergroggen *(Secale montanum)*, der im ganzen Mittelmeergebiet von Spanien bis Innerasien verbreitet ist, geriet mit

einer Rasse (dem anatolischen Wildroggen) in der jüngeren Steinzeit zusammen mit Kornrade, Kornblume und Ackermohn als Unkraut in die Weizen- und Gerstenfelder. Der Weizen, *Triticum*, ist eine der ältesten Kultur- und Getreidepflanzen des Menschen. Er hat von Natur her kleine Körner und eine leicht zerbrechliche Ährenspindel (die Ährenspindel ist das Ende des Halmes, woran die Körner sitzen). Der Mensch war selbstverständlich an größeren Körnern, außerdem aber auch an einer festen Ährenspindel interessiert, die verhindert, daß Teile davon auf dem Heimtransport abbrechen und verlorengehen. Für die Pflanze ist unter natürlichen Bedingungen beides unsinnig; kleine Körner keimen genausogut wie große, die also nur Materialverschwendung sind; und eine feste Ährenspindel verhindert die natürliche Aussaat – festspindelige Formen können sich wild nicht erhalten. Wo aber der Mensch Pflege und Aussaat übernimmt, setzt er diese natürlichen Selektionsmaßstäbe außer Kraft und übertrumpft sie durch seine eigenen. Dem unterlag nun auch der im Weizenfeld mitwachsende Unkrautroggen. Obwohl der Mensch es nicht auf ihn abgesehen hatte, so kamen doch auch von ihm große Körner eher zur Aussaat und festere Ährenspindeln sicherer unter die vorteilhafte Pflege des Menschen, so daß der Roggen in dieselbe Richtung gezüchtet wurde wie der Weizen. Dem stand zunächst aber noch ein anderes Hindernis entgegen: Die Urform des Weizens ist einjährig, der Ackerbau war also auf einjährigen Betrieb eingestellt; der Wildroggen aber ist ursprünglich ausdauernd, wurde also mit den anderen mehrjährigen Unkräutern bei der Bearbeitung des Bodens auf den Äckern regelmäßig vernichtet. Nun treten am Wildroggen selten einmal auch einjährige Formen auf. Kam eine solche, schon im ersten Jahr fruchtende Roggenform als Ackerunkraut zwischen den Weizen, so wurde sie mitgeerntet und erst dann unbeabsichtigt nach denselben Gesichtspunkten wie der Weizen ausgelesen. So entstand vom Menschen unbemerkt aus dem ausdauernden und brüchigen Wildroggen der einjährige, zähspindelige Unkrautroggen; ihn gibt es heute noch in Turkestan und Persien. Mit dem Weizen kam nun dieser Unkrautroggen nach Westen und drängte sich hier dem Menschen geradezu auf, weil er anspruchsloser und härter als sein Vorbild, der Weizen, ist. Je ungünstiger Klima und Boden für den Weizen sind, desto eher bleibt der Roggen allein übrig, und zwar sowohl wenn beide nach Norden verbreitet werden als auch im ursprünglichen Verbreitungsgebiet bei der Kultur in höheren Gebirgslagen. Da der Roggen sich schon Kulturpflanzeneigenschaften »erschlichen« hatte, wurde er jetzt vom Menschen absichtlich weitergezüchtet und zu einer selbständigen Kulturpflanze.

Ebenso ging es mit dem Hafer (*Avena*), der mit geringen Böden vorliebnimmt, aber ein sehr wichtiges Futter- und Nahrungsmittel ist. Auch er kam als wilde Graspflanze, als Flughafer *(Avena fatua)* in Westasien in die Weizen- und Gerstenfelder und wurde dort zum Unkraut, das zunächst wenig auffiel und sich auch nicht bekämpfen ließ. Mit dem Edelgetreide kam er immer weiter nach Nordwesten bis nach Mitteleuropa. Langsam wandelte sich der Wildhafer zum ständig anzutreffenden Unkrauthafer, der schließlich bei schlechtem Klima allein übrigblieb, wenn das Edelgetreide »auswinterte«. Da man seine Früchte gebrauchen konnte, wurde er zunächst in Notfällen geerntet, schließlich aber um seiner selbst willen angebaut und zum Saathafer.

Beim Flughafer sind die Ährenstiele brüchig, was die natürliche Aussaat begünstigt. Außerdem hat er derbe Spelzen, die als Schutz während der Winterruhe am Boden dienen und steife, lange Haare tragen, die das Forttragen der Körner durch den Wind erleichtern; kräftige Grannen helfen beim Einbohren in den Boden. Unter der Pflege des Menschen kamen aber diejenigen Halme bevorzugt zur Ausbreitung, deren Ährenstiele zäh waren, so daß sich die Körner erst beim gewaltsamen Dreschen lösten. Haare, Grannen und Spelzen sind überflüssig geworden, weil der Mensch Schutz und Aussaat übernommen hat; sie sind sogar für die Überlebens-Aussichten der Pflanze schädlich, weil der Mensch sie negativ bewertet – sie sind beim Saathafer weitgehend verschwunden. Als weitere Unkräuter aus ganz verschiedenen Pflanzenfamilien, die sich unter Kulturpflanzen mischten, mitgepflegt wurden und schließlich selbst Kulturpflanzeneigenschaften erlangten, nennt Schwanitz die Ölrauke *Eruca sativa* (Kreuzblütler), der Spörgel *Spergularia maxima* (Nelkengewächs), der Tatarenbuchweizen *Fagopyrum tataricum* (Knöterichgewächs) als ursprüngliches Unkraut im angebauten Buchweizen, der Koriander *Coriandrum sativum* (Doldengewächs) sowie verschiedene Wickenarten (Schmetterlingsblütler), etwa die Mauswicke *Vicia narbonensis*, die Ungarische Wicke *V. pannonica* oder die Saatwicke *V. sativa*. Immer konnten sich in den Kulturen von Nutzpflanzen nur solche Unkräuter halten, deren Entwicklungsrhythmus und sonstige biologische Eigentümlichkeiten weitgehend mit denen der entsprechenden Kulturpflanze übereinstimmten. In Kulturen von Getreidearten mit fester Spindel, von Leguminosen mit nicht platzenden Hülsen oder von Schließmohn bleiben nur solche Unkräuter bestehen, deren Samen ebenfalls nicht schon auf dem Felde ausfallen, sondern erst bei der Aufbereitung der Ernte aus den Früchten oder Fruchtständen herausgelöst werden. Reinigt man das Saatgut durch Worfeln, so bleiben nur solche Unkrautsamen darin, die in Korngröße und -gewicht den Kulturpflanzen nahekommen. Diese Form der Mit-Auslese gleicht die Unkrautsamen den Kulturpflanzensamen an; manchmal werden aus Unkräutern, die für den Menschen wertvolle Eigenschaften besitzen oder entwickeln, sekundäre Kulturpflanzen, die der Mensch unbewußt gezüchtet hat. Aber durchaus nicht alle mitgezüchteten Unkräuter werden zu Kulturpflanzen. Viele erschleichen sich nur durch bestimmte Eigenschaften, die sie von Kulturpflanzen ununterscheidbar machen, die Pflege des Menschen. Die Roggentrespe (*Bromus secalinus*) ist ein Gras mit großen Samen und zäher Spindel, ein Roggenunkraut, aber keine Kulturpflanze. Im Lein oder Flachs kommt aus ähnlichen Gründen das Flachs-Leimkraut, *Silene linicola,* ein Nelkengewächs als Unkraut vor.

Sogar ein Pflanzenparasit, der zu den Windengewächsen gehörende sogenannte Teufelszwirn, hat sich in die Pflege des Menschen begeben: Die Flachsseide *Cuscuta epilinum* wächst als Schlingpflanze um Flachs- oder Leinpflanzen und schädigt sie. Ihre kleinen Samen ließen sich von den größeren des Leins noch trennen. Aber auch hier gerieten größere Samenkörner automatisch mit in das Saatgut. Heute pflegt und verbreitet der Mensch ungewollt und gegen seine eigenen Interessen eine eigenartige Mutante der Flachsseide, welche die notwendige Korngröße dadurch erreichte, daß ihre Samenkörner nicht einzeln, sondern als Doppelkörner ausgebildet sind. Hier imitiert ein echter Parasit das wichtigste Erkennungszeichen einer vom Menschen geschützten Pflanze und bleibt deshalb weitgehend unbehelligt, obwohl er für den Menschen ein Schädling ist. Die Übereinstimmungen mit dem Brutparasitismus liegen auf der Hand. Bei den Kulturpflanzen kann man aber Vor- und Nachteile bestimmter Merkmale bei Vorbild und Nachahmer eindeutig beurteilen, weil der Mensch bestimmt, was vorteilhaft ist, und bewußte Auslese treibt.

5 Definitionen und Einwände

Bates bezog die Mimikry auf »äußere Ähnlichkeiten in Form und Färbung zwischen Vertretern verwandtschaftlich weit voneinander entfernter Familien«. Vor allem in Lehrbüchern findet man häufig die Formulierung: »Mimikry ist die Nachahmung einer geschützten Tierart durch eine ungeschützte.« Auf dem Internationalen Zoologen-Kongreß in Washington im Jahr 1963 hieß es: »Mimikry ist die große Ähnlichkeit eines Lebewesens mit einem anderen, welches ungenießbar und auffällig ist und deshalb zumindest von einigen Feinden und zu bestimmten Zeiten erkannt und gemieden wird.« Das klingt sophistischer, ist aber auch nur als Überschrift über die zu behandelnden Fälle gemeint und nicht eigentlich als abgrenzende Definition, es ist ein Programm, aber kein Fazit, eine Behauptung, aber kein Ergebnis. Man könnte fast so boshaft sein und sagen, diese Definitionen seien selber Mimikry, nämlich in das Gewand eines Lehrsatzes gekleidete Vermutungen. Freilich lagen diese Vermutungen sehr nahe, und vermutete Beispiele häuften sich bald in unübersehbaren Mengen; noch heute kommen immer neue hinzu. Das Mimikry-Konzept wurde beinahe totgeritten, noch ehe es zum Leben kam. Die größte Gefahr drohte ihm von seiten der allzu Denkfaulen, die das Schlagwort Mimikry als Ersatz für eine Erklärung ansahen. Demgegenüber stehen von Anfang an Versuche, einschränkende Zusatzforderungen aufzustellen. Am bekanntesten und bis heute immer wieder zitiert sind die von Wallace, die E. B. Poulton 1890 in seinem in London erschienenen Buch *The colours of animals, their meaning and use* nannte. Ich will sie hier aufzählen und gleich kritisch beleuchten:

1. »Der Nachahmer lebt im selben Gebiet und an denselben Stellen wie sein Vorbild.« Damit erhöht sich die Wahrscheinlichkeit, daß wirklich irgendein angenommener Räuber auf beide trifft. Dennoch könnte aber doch auch das Vorbild in Afrika, der Nachahmer in Europa leben (oder umgekehrt) und der getäuschte Räuber ein Zugvogel sein.

2. »Die Nachahmer sind wehrloser.« Wir werden bei der Korallenschlangen-Mimikry jedoch sehen, daß unter bestimmten Bedingungen der wehrhafteste der Nachahmer sein kann.

3. »Die Nachahmer sind immer seltener (an Individuenzahl) als die Vorbilder.« Gemeint ist wohl: Der zu Täuschende soll seltener auf den Nachahmer als auf das Vorbild treffen. Das ist richtig, wenn er Vorbild und Nachahmer kennenlernen muß und er positive und negative Er-

fahrungen gleich gut behält. Da wir aber aus verschiedenartigen Lern- und Dressurversuchen schon wissen, daß unter den Bedingungen, wie sie beim Erlernen von Warnfarben herrschen, negative Erfahrungen (»Strafreize«) kräftiger und länger wirken, dürfte es um soviel mehr Nachahmer als Vorbilder geben, als negative Erfahrungen nachhaltiger als die positiven sind. (Wenn allerdings der Nachahmer die negativen Erfahrungen setzt wie bei der aggressiven Mimikry [S. 114 ff], dann muß er seltener sein.) Wenn der zu Täuschende auf das Vorbild angeborenermaßen reagiert (Beispiele dafür werden wir kennenlernen), kann es sogar fast beliebig viele Nachahmer geben.

4. »Die Nachahmer unterscheiden sich deutlich von den meisten ihrer Verwandten.« Wenn sie es tun, wird man natürlich am ehesten auf eine Mimikry aufmerksam. Am schönsten sind Fälle, wo nächste Verwandte Divergenzreihen bilden (Abb. 1 u. 2), die zu ebenso verschiedenen Vorbildern passen. Dennoch können natürlich auch Gruppen nächst verwandter Arten übereinstimmende Nachahmer desselben Vorbildes sein, und selbstverständlich tanzen auch Arten wegen anderer Anpassungen, die nichts mit Mimikry zu tun haben, aus der Reihe ihrer Verwandten.

5. »Die Nachahmung beschränkt sich auf äußerlich wahrnehmbare Merkmale.« Dieses Kriterium zielt, wie auch das vorige, auf Nachahmung als spezielle Anpassung. Wo aber von zwei nächst verwandten, gleich warnfarbigen, giftigen Arten eine ihr Gift verliert, wird sie zwar Nachahmer, dem Vorbild aber in nahezu allen Merkmalen ähnlich sein. Überdies spricht Poulton nur von optischen Merkmalen; wo Geruchssignale mitspielen, können zur Erzeugung der Düfte auch innere Ähnlichkeiten nötig sein, die selbst keinen Signalwert haben.

Diese Forderungen erhöhen, falls sie erfüllt sind, zwar die Wahrscheinlichkeit, daß es sich im gegebenen Fall um Mimikry handelt, man darf sie aber nicht, wie es leider oft geschieht, zur Definition der Mimikry benutzen. Wir werden am Schluß, wenn wir anhand der Beispiele eine Übersicht gewonnen haben, auf die Definitionsfrage zurückkommen.

Warnung und Waffen

Merkwürdigerweise werden die hier genannten Einwände von den Mimikry-Gegnern selten oder nie erhoben. Ihre Argumente sehen anders

5 Der nordamerikanische Dunkelkäfer *Eleodes* stellt sich bei Störung auf den Kopf und spritzt aus besonderen Drüsen am Hinterleib ein Abwehrsekret auf den Angreifer. Ein sehr ähnlicher Käfer, *Megasida*, nimmt dieselbe Stellung ein, ist aber wehrlos.

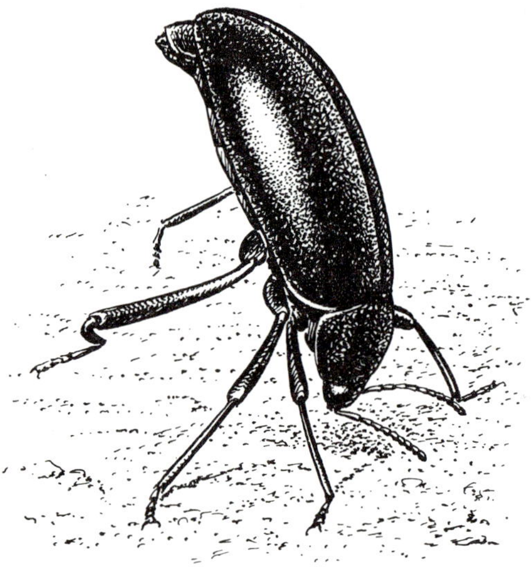

aus. Ungemein beliebt ist dieses: Warn- und Tarntrachten können keinen großen Vorteil bieten, denn es gibt noch mehr Arten, die ohne solchen Schutz auskommen.

In Amerika nennt man das kurz und bündig den Kühlschrank-Irrtum Denn natürlich kann man dasselbe Argument auf Kühlschränke anwenden: »Kühlschränke können keinen so großen Vorteil bieten, wie man gemeinhin annimmt, denn die meisten Menschen auf der Welt kommen auch ohne Kühlschrank aus.« Natürlich lassen sich hier gute Gründe angeben, warum so viele Menschen ohne Kühlschrank auskommen müssen, obwohl sie ganz gerne einen hätten. Wie aber will man herausbekommen, ob die giftige Kreuzotter oder der stachelige Igel ganz gern auch schwarz-gelb warnend gefärbt wären, sich das aber leider nicht leisten können? Es ist sehr schwer zu erklären, warum etwas *nicht* entwickelt wurde. Damit ist aber kein Gegenbeweis der Nützlichkeit dieses »Etwas« erbracht. Oder wer wollte im Ernst behaupten, das menschliche

Hirn sei nicht vorteilhaft, denn alle anderen Lebewesen kämen ja mit einem viel kleineren oder gar – wie die Pflanzen – ganz ohne aus?
Ein anderes Argument lautet etwa: »Tarnung von Soldaten, Waffen oder Gebäuden im Krieg ist überflüssig, denn es wurden auch getarnte Objekte gefunden und zerstört, auch getarnte Menschen getötet.« Natürlich ist das absurd; ebenso absurd aber ist es dann auch, gegen die Warnfarben ins Feld zu führen, daß der Bienenfresser (*Merops*) gerade die »angeblich geschützten« Bienen verzehrt. Einen hundertprozentigen Schutz gibt es nicht; aber auch ein teilweiser Schutz wird – wenigstens bei Versicherungsgesellschaften und Fluggästen – dankbar anerkannt. Es gibt immer irgendwelche Lebewesen, die andere fressen, die als giftig oder ungenießbar gelten. Kaninchen fressen den außerordentlich giftigen Knollenblätterpilz (*Amanita phalloides*), der Klippschliefer *Procavia abessinica* frißt die hochgiftige Pflanze *Phytolacca dodecandra*, die übrigens auch dem Haushuhn nicht schadet. Der Rotrückige Würger (*Lanius collurio*) kann Bienen und Wespen geschickt entstacheln. Die kaum ½ cm lange Raupe der Federmotte *Trichoptilus parvulus* in Florida frißt die gestielten Drüsen von den Blättern des Sonnentaus (*Drosera*, s. S. 141); wie Eisner und Shepherd entdeckten, beginnt sie jeweils beim klebrigen Sekrettropfen, mit dessen Hilfe die Pflanze andere Insekten fängt. Der Mungo frißt Giftschlangen, usw.
»Ungenießbar«, »wehrhaft«, »geschützt« – diese Bezeichnungen sind immer nur begrenzt gültig; es kommt nicht auf Alles-oder-Nichts an, sondern auf kleine, zusätzliche Vorteile in bestimmten Situationen. Das freilich macht es erforderlich, diese Situation genau zu erforschen, was sich die Alles-oder-Nichts-Fanatiker gern sparen möchten.
Besonders intensiv erforscht wurden in letzter Zeit – vor allem von Professor Schildknecht – die sogenannten Insektenabwehrstoffe, chemische Substanzen, die von Insekten ausgeschieden oder sogar gezielt gegen Angreifer gespritzt werden. Von vielen kennt man inzwischen die chemische Zusammensetzung, die Entstehung im Körper und die Wirkung auf mögliche Feinde. Die Schaumzikaden (Cercopidae) hüllen sich einfach in einen zuckerfreien und darum besonders für Ameisen uninteressanten Schaum. Die auf Espenblättern fressende Larve der Blattwespe *Lygaeonematus compressicornis* baut um sich herum Schaumpalisaden, die sie mit schützender Salizylsäure anreichert, die aus der Espe stammt.

Die sogenannten pharmakophagen Raupen vieler Schmetterlinge fressen von giftigen Nachtschattengewächsen (Solanaceae), Osterluzeigewächsen (Aristolochiaceae) und anderen und werden durch die aufgenommenen Giftstoffe selbst ungenießbar; das Gift kann sogar noch den fertigen Schmetterling schützen. Diese Tiere entwickeln zu den übernommenen Waffen eigene, auffällige Warnfarben; ebenso viele Meeresnacktschnekken (Nudibranchia), die die Nesselkapseln gefressener Hohltiere (Coelenterata) zur eigenen Verteidigung verwenden. Die schwarzgelbe Warnfarbe des Feuersalamanders (*Salamandra maculosa*), des kolumbianischen Kokoi-Frosches (*Phyllobates bicolor*) oder der australischen Unke *Pseudophryne corroboree* warnt vor den jeweils selbsterzeugten stark toxischen Alkaloiden der Hautdrüsen. Die auffällige Schwarzweißzeichnung vieler Marderartiger (Mustelidae), von denen die Skunks oder Stinktiere am bekanntesten sind, warnt vor dem außerordentlich unangenehmen (im Auge sogar gefährlichen) Saft der Stinkdrüsen. Der argentinische Zwerggrison *Lyncodon* ist zwar warnfarbig, aber wohl ungefährlich und vielleicht ein Nachahmer des größeren *Grison furax.* Pocock hat 1908 weitere Beispiele zusammengestellt, näher untersucht sind sie aber nicht.

Die auf Weiden und Pappeln lebende Gabelschwanzraupe (*Dicranura vinula*) spritzt bei Gefahr aus einer Hautfalte vor dem ersten Beinpaar einen feinen Strahl Ameisensäure; die Raupe des Schwalbenschwanzes *Papilio machaon* stülpt zur Verteidigung aus dem Nacken ein sekretüberzogenes Horn und wischt damit über den Angreifer; Ameisen fliehen sofort, wenn sie so beschmiert werden. Die Blattwanze *Dolycoris baccarum* verteidigt sich mit Hexenal, Octenal und Decenal. Der Ohrwurm *Forficula* ebenso wie der Mehlkäfer *Tenebrio molitor* und viele Tausendfüßer mit Hydrochinon, einige Aaskäfer (*Silpha, Phosphuga*) benutzen Ammoniak; viele Laufkäfer (*Carabus* und Verwandte) spritzen aus den Pygidialdrüsen am Hinterleib gezielt bis 20 cm weit ein Gemisch aus Methacrylsäure und Tiglinsäure, die verwandten *Pseudophonus*-Arten spritzen Ameisensäure, und zwar etwa 2 mg pro Käfer. Klar ist, daß diese Sekrete kleine Feinde abwehren; unklar ist oft, wie die Tiere selbst sich gegen die gefährlichen Stoffe absichern.

Strenggenommen befinden sich alle Schutztrachtengegner in einer schwachen Position: Ein Beweis gegen die Schutztrachten ist nämlich ebenso-

wenig möglich wie man beweisen kann, daß es die von der Astrologie behaupteten Einwirkungen von Gestirnkonstellationen auf menschliche Schicksale nicht gibt. Man kann aber immer unwahrscheinlicher machen, daß eine solche Hypothese, und sei es auch nur in vereinzelten Fällen, berechtigt ist, indem man zeigt, daß sie zur Erklärung derjenigen Tatbestände, die sie erklären will, überflüssig ist. Denn natürlich kann man für alles irgendwelche Erklärungen finden. Naturwissenschaftlich haltbar ist aber nur diejenige, die den zu erklärenden Tatbestand auf einfachste Weise und möglichst ohne Zuhilfenahme neuer Erklärungsprinzipien in das bestehende naturwissenschaftliche Erklärungsgebäude – manchmal auch naturwissenschaftliches Weltbild genannt – einordnet.
Ein Beweis für die Schutztrachten muß enthalten:
a) den Nachweis, daß ein Räuber oder sonstiger Signalempfänger auf diese Signale in der vermuteten Weise anspricht;
b) den Nachweis, daß dieses Ansprechen einen Vorteil für den Organismus bedeutet, der die Signale sendet.
Dabei ist es belanglos, ob es sich bei der vermuteten Schutztracht um Tarnung, Warntracht oder – wie in der Mimikry – um falsche Warntracht handelt. Der Nachweis, daß überhaupt ein Signalempfänger darauf anspricht, ist in allen Fällen zu erbringen. Viel mit der Mimikry gemeinsam hat die Tarnung. Tarnfarben richten sich ganz nach dem Untergrund: In den Schnee- und Eisfeldern der Polargebiete lebende Tiere (Eisbär, Eisfuchs, Schneehase, Schneehuhn, Schnee-Eule, Grönlandfalke) sehen weiß aus, Spannerraupen sehen wie kleine Ästchen aus, der Wurmmollusk *Neomenia corallophila* (zoologisch zu den Solenogastres zählend) ist rot und weiß gezeichnet wie die Edelkorallen, zwischen deren Ästen er sich versteckt. Wir wollen die Tarnung kurz besprechen, um später den Unterschied zur Mimikry genauer fassen zu können.

6 Tarnen und Irritieren

Industriemelanismus

Melanin ist ein schwarzer, im Tierreich häufiger Farbstoff, Melanismus die Schwarzfärbung eines Tieres durch solchen Farbstoff; von Industriemelanismus spricht man, wenn diese Schwarzfärbungen in Industriegebieten vorherrschen. Dabei sind die betreffenden Tiere also nicht etwa schmutzig, sondern erblich weitgehend schwarz. Die Färbung vieler Tiere variiert etwas innerhalb einer Art; häufig gibt es helle, mehr oder weniger dunkle und ganz dunkle Individuen, so auch bei der nordamerikanischen Weißfußmaus *Peromyscus*. Wie zu erwarten, kann jede dieser Färbungen von Vorteil sein, etwa das Tier vor Räubern tarnen, wenn es sich auf entsprechendem Untergrund aufhält. Man hat helle und dunkle Weißfußmäuse in Räumen mit hellem und mit dunklem Erdboden von verschiedenen Eulen-Arten jagen lassen: Die Eulen fingen vorwiegend die dunklen Tiere auf hellem und die hellen auf dunklem Untergrund. Die melanistische Form des arktischen Erdhörnchens *Citellus undulatus osgoodi* ist wohl eine Anpassung an die durch häufige Brände geschwärzten Gebiete. Ähnlich ist es mit vielen tarnfarbigen Insekten, die auf bestimmtem Untergrund kaum zu entdecken sind – regelmäßig ist dieser Untergrund ihr bevorzugter Ruheplatz. Nun gibt es ziemlich viele Nachtfalter, die tagsüber auf hellem Untergrund ruhen, und zwar mit ausgebreiteten Flügeln etwa auf heller Baumrinde, die zuweilen mit Flechten bewachsen ist. Diese Falter zeigen auf den Flügeln Farbe und Musterung ihres bevorzugten Ruheuntergrundes oft so genau, daß man sie kaum oder gar nicht entdecken kann. Berühmt wurde in den letzten Jahrzehnten der Birkenspanner, *Biston betularia*, der normalerweise weiß mit dunklen Punkten und Streifen ist – oder besser war. Immer wieder traten vereinzelt melanistische, also ungewöhnlich dunkle, Exemplare auf, doch waren es ausgesprochene Seltenheiten. Man nannte die dunkle Form *carbonaria*. Sie unterscheidet sich von der normalen *betularia*-Form durch ein einzelnes, dominantes Gen. Die dunklen Birkenspanner setzen sich auf dieselben Ruheplätze wie die normalen, fallen da aber natürlich sehr auf. So jedenfalls war es in England um 1850. Aber schon 1895 waren dunkle Tiere keine Seltenheit mehr; im Gegenteil, in der Umgebung von Manchester waren 95% aller Birkenspanner dunkel. Da der Birkenspanner nur eine Generation pro Jahr hat, konnte man ausrechnen, daß die dunkle Form, um sich in 50 Jahren so weit durchzusetzen, einen Überlebensvorteil von 30% über die Normalform haben mußte. Das konnte fast nur an verschiedener Gefährdung durch Räuber liegen.

Tatsächlich hatte die am Ende des vorigen Jahrhunderts aufkommende Industrie im Umkreis von Industriezentren durch in der Luft verteilten Ruß alles mehr oder weniger geschwärzt, vor allem waren die hellen Birkenstämme verschwunden. Wenn sich nun helle wie dunkle Birkenspanner auf den dunklen Flächen zur Ruhe setzten, dann fielen die hellen auf und wurden gefressen. Das jedenfalls war die einfachste Erklärung. Es gab aber auch andere. Schließlich griff 1953 Professor Kettlewell das immer noch ungelöste Problem experimentell auf, und zwar auf verschiedene Weise. Er beschaffte sich insgesamt 3000 Birkenspannerpuppen, von der hellen und der schwarzen Form. Die schlüpfenden Spanner markierte er auf der Unterseite, wo es also ohne Einfluß auf etwaige Feinde blieb, mit Farbtupfen, um sie von »wilden« unterscheiden zu können. Diese Tiere ließ er frei an Baumstämme, etwa 50 pro Tag, helle und dunkle; waren alle einer Sorte verschwunden, ersetzte er sie durch weitere. Von Verstecken aus wurde beobachtet, was mit den Tieren geschah, solange sie in Sichtweite waren. Schnell stellte sich heraus, daß insektenjagende Vögel tatsächlich die Birkenspanner fingen, vor allem Fliegenschnäpper (*Muscicapa striata*), Kleiber (*Sitta europaea*), Goldammern (*Emberiza citrinella*), Rotkehlchen (*Erithacus rubecula*), Rotschwänzchen (*Phoenicurus phoenicurus*), Heckenbraunellen (*Prunella modularis*) und Singdrosseln (*Turdus ericetorum*) beteiligten sich daran. In einer ländlichen Gegend mit vielen hellen flechtenbewachsenen Stämmen, in der es frei keine dunklen Birkenspanner gab, fingen die Vögel in kurzer Zeit 190 der ausgelassenen Spanner, und zwar 164 dunkle und 26 helle. Für optisch jagende Vögel waren die dunklen Tiere also wohl ebenso auffällig wie für uns.

Aber natürlich wurden nicht alle freigelassenen Spanner unter Beobachtung gefressen. Um nun einen Anhaltspunkt zu bekommen, wie viele der übrigen noch lebten, baute Kettlewell nachts Quecksilberdampflicht-Fallen auf und dazu eine Reihe kleiner Käfige mit unbegatteten Weibchen darin. Da auch das stark ultravioletthaltige Licht auf Männchen stärker anlockend wirkt als auf Weibchen, ließ er nur Männchen frei. Mit beiden Methoden fing er 4,7% der dunklen und 13,7% der hellen Form wieder. Beide Teile des Experiments wurden ebenso in einer Industriegegend ausgeführt, wo die Bäume schmutzig und völlig ohne Flechtenbewuchs waren. Von den frei lebenden Spannern gehörten in dieser Gegend 85% zur dunklen Form. Unter Beobachtung wurden von Vögeln mehr helle als dunkle Spanner gefressen. In den Wiederfängen fanden sich etwa doppelt so viele dunkle Tiere wie helle. Diese Untersuchungen wurden zwei Jahre später mit gleichem Ergebnis wiederholt.

Daß eine Form in den Fängen überwiegt, könnte verschiedene Ursachen haben; sie könnte auf Licht und Weibchen stärker reagieren, länger leben oder weiter wandern. Das alles ist zwar schon aus verschiedenen Gründen recht unwahrscheinlich; die gerade entgegengesetzten Ergebnisse der Versuche in rußigen und rußfreien Gegenden lassen sich damit aber gar nicht erklären, es bleibt nur übrig, daß – wie schon beobachtet – beide Formen in verschiedenem Maße unter Räubern leiden. Weitere Untersuchungen brachten dann noch mehr Unterschiede zwischen den beiden Formen des Birkenspanners zutage. Die Raupen der hellen Form fressen schneller und verpuppen sich früher als die der dunklen Form; wahrscheinlich nutzen die »hellen« das noch unverschmutzte, junge Laub aus, während die »dunklen« viel Zeit aufwenden, um die mitgefressenen Giftstoffe auszuscheiden. Vom Beginn dieses Jahrhunderts bis heute hat sich ferner die Lebenszähigkeit der schwarzen Form (*carbonaria*) vergrößert; sie lag ursprünglich unter der der weißen, liegt heute aber etwas darüber. Auch war *carbonaria* vor 100 Jahren noch nicht so intensiv schwarz wie heute, die *carbonaria*-Gene haben ihre Dominanz also wohl gesteigert. Näheres über diese Untersuchungen findet der interessierte Leser bei E. B. Ford.

Der Industriemelanismus der Schmetterlinge ist eines der eindrucksvollsten Beispiele für die Wirkung bestimmter Auslesefaktoren auf die Weiterentwicklung der Tiere, in diesem Falle ihrer Schutztracht-Anpassung. Von 780 englischen Schmetterlingsarten sind jetzt 70 auf dem Weg zum Industriemelanismus (etwa *Gonodontis bidentata, Lymantria monacha, Polia nebulosa, Selenia bilunaria, Abraxas grossulariata*). Bei einigen gibt es auch melanistische Raupen. Erbgang und Auslesewirkung der Schwärzung sind in verschiedenen Fällen wie beim Birkenspanner eingehender untersucht worden. Die Ergebnisse sind im Grunde gleich, doch

6 Musterbeispiele für Anpassung der Körperfärbung an die Umgebung bieten viele Plattfische. Im Verlauf weniger Stunden gleichen sie sich der Unterlage an. Dazu sind die Augen notwendig, sie brauchen aber den eigenen Körper nicht zu sehen; das richtige Farbmuster wird auch erreicht, wenn der Körper mit Sand bedeckt ist. Die hier gezeigte, etwa 11 cm lange Seezunge, *Solea solea,* ist auf dem Sand fast nicht zu entdecken; oben wird sie auf dunklem Grund gezeigt.

ist die Lebenszähigkeit von Homo- und Heterozygoten und die Dominanz von Schwarz verschieden. Industriemelanismus tritt auch anderswo auf, z. B. um die Industriegebiete Nordamerikas, wo mitunter heute bis zu 90% der Schmetterlingspopulation melanistisch sind. Die entsprechenden Daten hat Owen 1961 zusammengefaßt.
In einigen Industriegebieten nimmt neuerdings die Umweltschwärzung wieder ab, weil die Fabriken gezwungen werden, die Luft sauberer zu halten. Tatsächlich wächst jetzt wieder der Prozentsatz weißer Birkenspanner in diesen Gebieten.

Tarnverhalten

Jede Tarnfarbe muß zum Untergrund passen. Tiere, die ihren Aufenthaltsort und ihren Ruheplatz wechseln, müssen diese Übereinstimmung jeweils neu wieder herstellen. Dafür gibt es zwei Möglichkeiten: Entweder sie passen ihre Färbung dem jeweiligen Untergrund an, oder sie suchen einen zu ihrer Färbung passenden Untergrund auf.
Die erste Möglichkeit setzt voraus, daß das Tier seine Färbung ändern kann. Farbwechsel ist bei Tieren tatsächlich weit verbreitet; häufig dient er als Stimmungsanzeiger und geht ohne Rücksicht auf die Umgebung vor sich, wohl ebensooft aber dient er der Anpassung der Körperfarbe an den Untergrund. Der Farbwechsel wird auf verschiedene Weise bewerkstelligt: Die Weibchen der einheimischen Krabbenspinne *Misumena vatia* können flüssigen Farbstoff aus den Eingeweiden in die Haut schaffen und gelb werden oder den Farbstoff wieder zurückziehen und weiß werden. Sie sitzen auf gelben oder weißen Blüten und fangen dort ohne Netz Insekten, vor allem Bienen. Bei *Epicadus heterogaster* aus dem tropischen Amerika trägt der blütenfarbige Hinterleib zusätzlich noch Hörner, die wie Staubgefäße wirken. Diese Tarnung ist mit derjenigen der Fangheuschrecke *Hymenopus* (s. S. 131) vergleichbar.
Extrem anpassungsfähig sind viele Plattfische. In ihrer Haut finden sich mehrere Systeme verschiedenfarbiger Zellen, deren farbiger Inhalt auf eine große Fläche ausgebreitet (wirksam) oder auf engsten Raum zusammengezogen (ausgeschaltet) werden kann. Reguliert wird das durch Nervenverbindungen. Die auf die ganze Körperoberfläche verteilten Farbzellen sind zu Aktionsgemeinschaften zusammengeschlossen,

7 Die asiatische Spinne *Cyclosa mulmeinensis* führt Spinnenjäger irre, indem sie außer der normalen Warte in der Mitte des kaum sichtbaren Netzes noch mehrere Pseudowarten spinnt, die so aussehen, als säßen auch dort Spinnen. Die Chance für einen naiven, auf die Warte zielenden Feind, wirklich eine Spinne zu erhaschen, ist im dargestellten Fall 1:3.

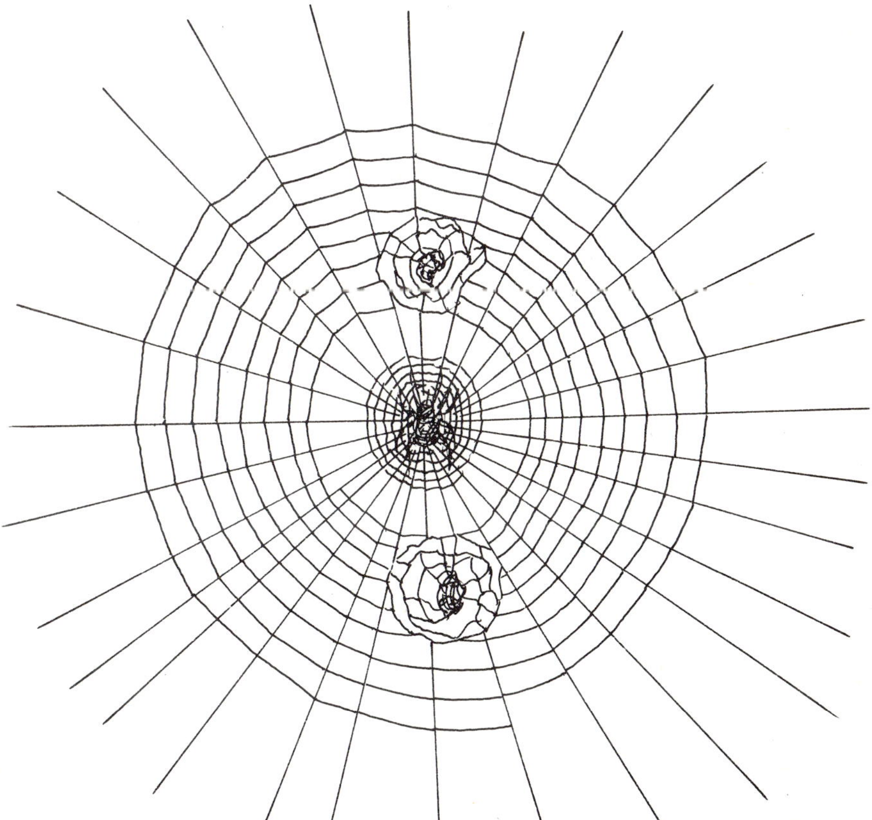

die unabhängig voneinander bedient werden können. Durch regional verschiedenes Zusammenspiel von Zellgruppen mit verschiedenem Farbinhalt können erstaunlich viele Farben und Muster zustande kommen. Das jeweils zum Untergrund passende Muster wird durch eine komplizierte Schaltung im Nervensystem gewährleistet. Das Tier betrachtet mit dem Auge den Untergrund, vergleicht ihn aber nicht etwa mit seiner Körperfärbung und stellt so lange nach, bis es stimmt, sondern zieht nach Prüfung des Untergrundes sozusagen ein bestimmtes Musterregister. Das läßt sich leicht zeigen, wenn man dem Tier die mögliche Rückmeldung des Anpassungserfolges entzieht: Plattfische, deren Körper mit Sand bedeckt sind, so daß nur die Augen herausschauen, passen die Körperfarbe, die sie nicht sehen können, dennoch dem Untergrund richtig an. Manche Tiere beziehen die Tarnfarbe aus der Umgebung: Die Spinnenkrabben *Hyas* und *Maja* pflücken Algenstückchen in ihrer Umgebung ab und kleben sie entweder mit einem Mundsekret auf dem Rücken fest oder spießen sie dort auf kleine Dornen. Die Larven des zu den Blattkäfern (Chrysomelidae) gehörenden Lilienhähnchens *Crioceris lilii* kann man in unseren Gärten dabei beobachten, wie sie mit großem Appetit die Blätter von Lilien verspeisen. Die ziegelroten Tiere stecken unter einem selbstverfertigten Häufchen aus dunkelgrünen Kotballen, die sie sich auf den Körper laden. Man sieht nur Kothäufchen an der Pflanze, die sich aber bewegen können und weiterfressen. Wie die Larve sich ihre – vor allem gegen Ameisen und andere Insektenfeinde gerichtete – Tarnung anfertigt, kann man bequem verfolgen, wenn man ihr die vorhandene abstreift.

Die Angleichung der Färbung an den Untergrund hat in den genannten Fällen deutlich den Charakter einer »Tätigkeit«. Sie kann aber auch auf eine Weise zustandekommen, die uns »passiv« erscheint. Die überwinternden Puppen unseres Schwalbenschwanzes, *Papilio machaon,* sehen grün aus, wenn sie an Stengeln sitzen, aber grauweiß, wenn sie an Steinen oder Baumstämmen hängen. Welche Farbe auftritt, entscheidet die je nach Verpuppungsort verschiedene Belichtung während einer sensiblen Phase kurz vor der Verpuppung. Keine Raupe ist also von vornherein auf eine der Farben festgelegt.

In diesen Fällen gleicht das Tier sich der Umgebung an. Ausnahmsweise gibt es auch das Umgekehrte, daß ein Tier seine Umgebung an sich angleicht: Einige südamerikanische Raupen schneiden aus Blättern Stücke heraus, die gerade so groß sind wie sie selbst, und hängen sie an Fäden neben sich. Die malayische Spinne *Cyclosa insulana* ist in ihrer Jugend silbrig behaart und hat ein ebenso glänzendes Netz; im Alter wird sie braun und pudert dann ihr Netz mit braunem Holzmulm. Die Raupe des in Assam lebenden Kaiseratlas (*Attacus edwardsii*) spinnt sich, wie alle Raupen der Familie Saturniidae, zum Verpuppen ein; diese Art zwischen den zusammengefalteten Hälften eines Blattes. Der Stiel des Blattes wird durchgebissen, aber vorher am Zweig festgesponnen. Schließlich hängt die Raupe also in einem welken Blatt. Zuvor behandelt sie aber, wie Kuyten beobachtete, mehrere Blätter neben sich ebenso, die dann auch welk werden. Zwar fallen die welken Blätter zwischen den grünen durchaus auf, aber wenn ein Räuber sie neugierig untersucht, findet er in den meisten nichts und dürfte daraufhin wohl sein Interesse verlieren; findet er aber zufällig das Blatt mit der Puppe darin, und sucht er dann eifrig in den anderen weiter, so wird er jetzt enttäuscht und wohl darauf verzichten, anderswo wieder welke Blätter zu untersuchen. Ihm wird ein möglicherweise entstandenes »Suchbild« gleich wieder abdressiert. Dasselbe Prinzip benutzt die in Malaya und Siam häufige Spinne *Cyclosa mulmeinensis*. Sie sitzt mit angezogenen Beinen auffällig in der Mitte ihres Netzes auf der Nabe, die mit einer breiten Befestigungszone und dann mit einer von Spiralfäden freien Zone umgeben ist. Sie spinnt aber Beutereste zu Häufchen zusammen, die so groß sind wie sie selbst, hängt sie anderswo ins Netz und umgibt sie mit besonderen Fäden, so daß das Bild einer zweiten und dritten Nabe entsteht; und nun ist es gar nicht mehr so einfach zu entscheiden, wo wirklich eine Spinne sitzt und wo nicht.

Häufiger sucht ein Tier sich als Ruheplatz einen zur eigenen Farbe passenden Untergrund: Blattgrüne Tiere sitzen auf Blättern, borkenfarbene an Stämmen, sandfarbene im Sand. Besonders augenfällig wird diese Übereinstimmung, wenn das Tier mit dem Alter Färbung und Aufenthaltsort wechselt. Die Raupe des Kiefernschwärmers, *Hyloicus pinastri*, ist in der Jugend (d. h. wenn sie 1 bis 3 cm lang ist) blaugrün gefärbt und trägt 6 dünne, weiße Längsstreifen. Sie ruht tagsüber der Länge nach an Kiefernnadeln, wo sie ihrer Färbung wegen kaum zu erkennen ist. Nach der letzten Häutung aber sieht die Raupe ganz anders aus: Sie ist jetzt etwa 5 cm lang, braun gefärbt und trägt unregelmäßige weiße und schwarze Fleckchen. In diesem Stadium ruht die Raupe auf dem braunen Trieb, an dem die Nadeln sitzen. Genau dasselbe geschieht bei einer anderen Raupe, *Ellopia prosapiaria*, die im letzten Stadium sogar außer der Rindenfärbung knotige Hautausbuchtungen und Falten aufweist. Dagegen sieht die Raupe des Kiefernspanners (*Bupalus piniarius*) immer gleich aus. Sie bleibt grün mit dünnen weißen Längsstreifen und ruht immer an einer Kiefernnadel. Herrebout und seine Mitarbeiter haben sich in diesen Fällen vergewissert, daß die Tarnfarbe nicht nur uns, sondern auch Raupen jagenden Vögeln das Auffinden der Raupen erschwert.

Tarnpolymorphismus

Clarke und Sheppard, die schon den Erbgang der mimetischen Merkmale des *Papilio dardanus* aufklärten, fanden ein ähnliches Problem bei den Raupen einer verwandten Art, *Papilio demodocus,* die ebenfalls in Afrika vorkommt. Die Raupen fressen vorwiegend an *Citrus* und verwandten Rautengewächsen, in bestimmten Gebieten Südafrikas, aber außerdem an Doldengewächsen (Umbelliferae). Beide Raupenformen sehen recht verschieden aus, was aber nachweislich nicht durch die verschiedenen Futterpflanzen verursacht wird, sondern genetisch festgelegt ist. Sitzen die Raupen »falsch«, so werden vor allem die Umbelliferen-Raupen auf *Citrus* rasch von Vögeln gefressen, weniger deutlich die *Citrus*-Raupen auf Umbelliferen. Es besteht deutlich eine dimorphe Anpassung der beiden Raupenformen an je eine Futterpflanze; unklar ist, wie sie sie finden. Dabei dürfte ein Verhaltensdimorphismus mitspielen. Einen solchen fand Curio auf Galapagos an den Raupen des Schwärmers *Erynnyis ello.* Die Raupen kommen in drei Farbtypen vor, die er vereinfacht Grau, Braun und Grün nennt. Alle fressen die Blätter des Mancanillo-Baumes. Die grüne Raupe ruht auch auf dem Blatt, die beiden anderen ruhen an den Zweigen. Alle sind da, wo sie ruhen, vorzüglich getarnt. Finken, Spottdrosseln und Waldsänger stellen ihnen so stark nach, daß sich eine so komplizierte Tarnung wohl lohnen dürfte. Warum aber sehen die Raupen überhaupt verschieden aus? Reichte eine einzige gute Tarnfarbe mit dem zugehörigen Verhalten nicht aus? Wenn man das Verhalten der insektenfressenden Vögel beachtet, läßt sich leicht zeigen, daß mehrere Tarnfarben besser sind als eine. Ab und zu findet nämlich ein solcher Vogel doch einmal eine Raupe, sei es rein zufällig, etwa weil er darauftrat, sei es weil die Raupe ungünstig saß. Dann beginnt er regelmäßig, nach ähnlich aussehenden Objekten zu suchen und findet dabei rasch weitere derartige Raupen, auch wenn sie gut getarnt sitzen. Weil dem Vogel aber ein ganz bestimmtes Suchbild »vorschwebt«, übersieht er die andersartig getarnten. Diese Erklärung vertritt auch Owen, der 1963 entdeckte, daß in Afrika zwei ganz verschiedene Lebewesen, die Schnecke *Limicolaria martensiana* und der Käfer *Philaenus spumarius*, einen sehr starken Färbungspolymorphismus aufweisen und daß gerade diese beiden Tiere in ungewöhnlicher Dichte vorkommen.

Mimetische Kollektive

Die meisten Beispiele für mimetische Merkmale beziehen sich auf Einzelindividuen, die in Färbung und Verhalten oder in beiden einem anderen Objekt gleichen. Es gibt nun einige Beispiele dafür, daß nicht ein Einzelindividuum, sondern eine Gruppe von Individuen einem Einzelobjekt gleicht.

Das bekannteste Beispiel liefern die Langkopfzirpen, Zikaden aus der Gruppe der Fulgoriden. In Ostafrika kann man, etwa in der Umgebung des Kibwezi-Flusses, eine Pflanze finden, die besonders hübsche Blütenstände hat. Die etwa 1/2 cm großen Blüten erinnern an Ginsterblüten und sitzen wie bei der Lupine um einen senkrechten Stengel (Abb. 8 und 9). Erfahrene Botaniker, die diese Pflanze für eine *Tinnaea* oder eine *Sesamopteris* hielten und sie abpflückten, hatten zu ihrer Überraschung einen kahlen Stengel in der Hand: Die Blüten waren nicht nur abgefallen, sondern sogar davongeflogen – es waren Zikaden, entweder die gelbe *Ityraea gregoryi* oder die weißliche *Oyarina nigritarsus*. Schon das einzeln sitzende Tier erinnert so sehr an eine Blüte, daß man immer wieder darauf hereinfällt. Einzeln oder in Gruppen und an waagerechten Zweigen, auch zwischen Blättern, sah sie Hinde bei Kitui (Abb. 8); als »Blütenstand« an senkrechten kahlen Stengeln sahen sie China und mehrere andere Forscher, z. B. Professor Leaky, der sie recht gut kennt, da er dabei war, als am Coryndon-Museum in Nairobi mehrere Generationen dieser Tiere gezüchtet wurden. *Ityraea nigrocincta* hat sogar in beiden Geschlechtern zwei Morphen, eine grüne und eine gelbe. Diese können gemischt sitzen; gerade an senkrechten Stengeln wurden mehrfach die grünen Tiere an der Stengelspitze, die gelben darunter sitzend gesehen.

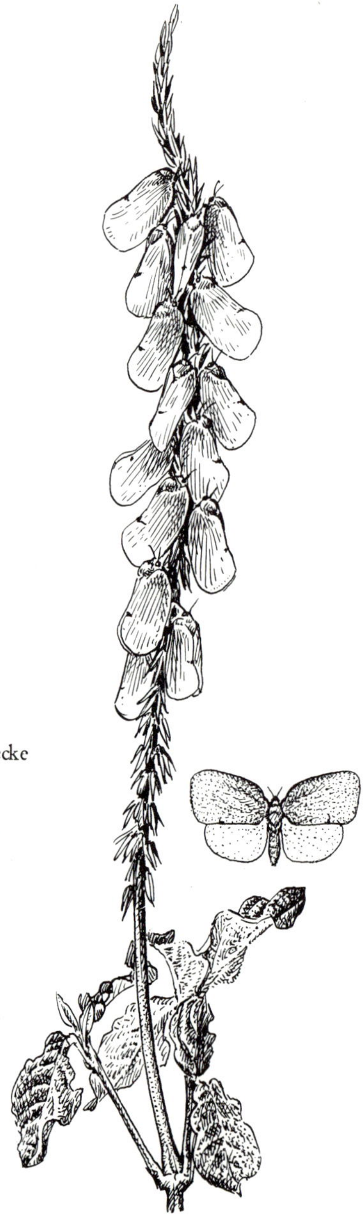

8 Rechts oben: Die insektenfressende Fangschrecke *Hymenopus coronatus* lebt in Malaysia auf den roten Blüten einer Orchidee, denen sie so weitgehend ähnelt, daß Insekten auch an ihr Nektar suchen; sie büßen ihren Irrtum mit dem Leben.

Unten links: Die Raupe des Schillerfalters *Apatura iris*, die an eine Schnecke erinnert, daneben die afrikanische Langkopfzirpe *Ityraea nigrocincta*, die in einer gelben und einer grünen Form vorkommt und, an Zweigen sitzend, Blüten vortäuscht.

9 Links: Die verwandte *Ityraea gregoryi* baut aus vielen Individuen sogar einen ganzen Blütenstand auf.

Dadurch entsteht ein außerordentlich naturgetreu erscheinender Blütenstand, weil ja oft die Blüten von unten nach oben fortschreitend aufblühen, so daß – wie etwa beim Fingerhut – unten Blüten und oben Knospen sitzen. In Farbabbildungen, die es von diesem Zikaden-Blütenstand gibt, hat ein Künstler in seiner Begeisterung sogar die oben sitzenden grünen Tiere kleiner dargestellt als die gelbroten; tatsächlich sind sie aber gleich groß. Daß die Natur solch wunderliche Dinge erfindet, nur um ein paar Botaniker an der Nase herumzuführen, darf man füglich bezweifeln. Welches Tier darauf hereinfällt, ist noch unbekannt.
Im folgenden Fall wissen wir zwar, wer getäuscht wird, dafür aber noch nicht, wie das mimetische Tier heißt. Ich wurde von Herrn Professor Koenig in Wien darauf aufmerksam gemacht. Er holte einmal von der Mittelmeerküste aus der Umgebung von Porto Fino in Oberitalien Meeressand für die Aquarien seiner biologischen Station. Dort entdeckte er dann im Becken eine schöne Seeanemone, die im Sand saß, deren Herkunft er sich aber nicht erklären konnte. Am nächsten Tag waren es statt dessen zwei halb so große Anemonen – das war wieder überraschend. Am folgenden Tag war es wieder nur eine größere Anemone – das war unmöglich; also übertrug er das Tier in ein kleineres Becken, um es genauer zu untersuchen. Dabei stellte sich heraus, daß es gar keine Anemone war. Vielmehr waren es eine große Anzahl *Tubifex*-ähnlicher Würmer, die unter dem Sand in geschlossener Gruppe dahinkrochen (ähnlich wie manche Raupen es tun). Dann kamen sie irgendwo nach oben aus dem Sand, ordneten sich zu einem Bündel schräg auseinanderweichender »Tentakeln« und bogen sogar das freie »Tentakel-Ende« leicht nach unten ab. Kleine Fische, die sonst eifrig Würmer fressen, machten um dieses Gebilde deutlich einen Bogen; den gleichen Bogen machen sie berechtigtermaßen um ebenso aussehende Seeanemonen, die durch Nesselkapseln und Nesselgift geschützt sind.

Augenflecke

Die sogenannten Augenflecke auf Schmetterlingsflügeln, Raupenkörpern, auf Pfauenfedern und an verschiedenen anderen Tieren sind allgemein bekannt. Es gibt alle Übergänge von einfach runden schwarzen Flecken, die sich vom Untergrund abheben, über ebensolche Flecke mit hellem

10 Plötzliches Vorweisen von Augenflecken bei Gefahr schreckt insektenfressende Vögel ab. Augenflecke sind deshalb an Insekten ungemein häufig. Als Beispiel dienen hier die Raupe des malayischen Schmetterlings *Ophideres fullonica* (links) und ein südamerikanischer Pfauenspinner, *Automeris memusae*, der die Augenflecken mit Hilfe der Vorderflügel verdecken und »öffnen« kann (rechts).

Kontrastring bis zu ganz verblüffend augenähnlichen Zeichnungen. Augenflecke sind eines der häufigsten Zeichnungsmuster. In umgekehrtem Verhältnis dazu steht, was wir über die Funktion dieser Augenflecke wissen. Der Name »Augenfleck« besagt zunächst nur, daß *wir* an ein Auge erinnert werden. Da diese Zeichnung aber sicher nicht uns zuliebe entwickelt wurde, brauchten wir objektive Angaben, wer eigentlich als Empfänger dieses Signals in Frage kommt und in welcher Beziehung er zum jeweiligen Augenfleckträger steht. Zunächst ist wichtig, daß nicht jeder runde schwarze Fleck ein unvollkommener Augenfleck zu sein braucht. Auch Tropfen sind rund, und der Russe Porschinsky vertrat 1893 sogar die Ansicht, alle augenartigen Flecken an Insekten sollten Drüsen mit einem hervortretenden Gifttropfen vortäuschen. Andererseits glauben manche Ichthyologen, die vielen kleinen, runden, hellen

Fleckchen auf den Körpern einiger Riffische sollten Bläschen gleichen und die Tiere in den von der Brandung unter Wasser gerissenen Luftblasenwolken tarnen helfen. Weder diese runden Flecke noch solche Erklärungsversuche wollen wir hier besprechen. Auch »negative Augenflecke« gibt es, z. B. bei Schmetterlingen, deren nächste Verwandte normale Augenflecken tragen; man kann annehmen, daß beide im Prinzip die gleiche Wirkung haben.

Man hat die sehr auffällige Zeichnung der Ohr-Rückseiten von Großkatzen (besonders deutlich beim Serval) ebenso Augenflecke genannt wie die merkwürdige Zeichnung am Hinterkopf des amerikanischen Sperlingsfalken (*Falco sparverius*) und das weniger auffällige, ähnliche »Occipital-Gesicht« des Sperlingskauzes (*Glaucidium*). In allen Fällen weiß man über die Funktion dieses Signals nichts. Verschiedentlich wurde behauptet, die sogenannten Augenflecke sähen nur zufällig wie Augen aus; es seien die Aufmerksamkeit auf sich ziehende Signale, weil runde Flecke mit kontrastierendem Rand auf uns und viele Tiere besonders überraschend wirken. Dann wären diese Flecken also nicht Nachahmungen von irgend etwas, sondern die bestmöglichen weil ungewöhnlichsten Blickfänger (s. S. 136). Das ist schwer zu widerlegen; dagegen spricht bislang eigentlich nur, daß Augenflecke häufig in der »Pupille« ein unsymmetrisches Glanzlicht haben. Untersuchungen darüber, welche Formen für den Menschen besonders auffällig sind, ergaben die besten Ergebnisse für runde Flecke mit zentralem Kontrastpunkt und konzentrischen Ringen (was zum Bau bestimmter Schlußlichttypen an amerikanischen Straßenkreuzern geführt hat); doch sind exzentrische Kontrastflecken oder Ringe selten dagegen getestet worden (s. u.). Fast ebenso auffällig wie runde sind aber gleichseitig-dreieckige Flecke, und die kommen an Tieren fast überhaupt nicht vor.

Unter Wasser gibt es weder Tropfen noch Glanzlichter, und entsprechend fehlen Glanzlicht-Imitationen bei allen mir bekannten Augenflecken an Wassertieren. Zur Entscheidung, ob es sich um Augen- oder Tropfen-Nachahmung handelt, taugt das Glanzlicht natürlich nicht. Dazu kann man nur Hilfsargumente heranziehen, und die sprechen bisher eher für Augen als Vorbilder. Wenn aber Augen, dann kommen nur die für Wirbeltiere typischen Linsenaugen in Frage, denn die Komplexaugen etwa der Insekten oder Krebse sind wenig auffällig und sehen

11 Blest benutzte Augenfleck-Attrappen, wie sie hier abgebildet sind, und projizierte sie im Versuch neben Mehlwürmer, nach denen Vögel gerade picken wollten. So imitierte er in etwa das Vorweisen von Augenflecken bei Schmetterlingen und konnte die wirksamsten Abschreckmuster ermitteln.

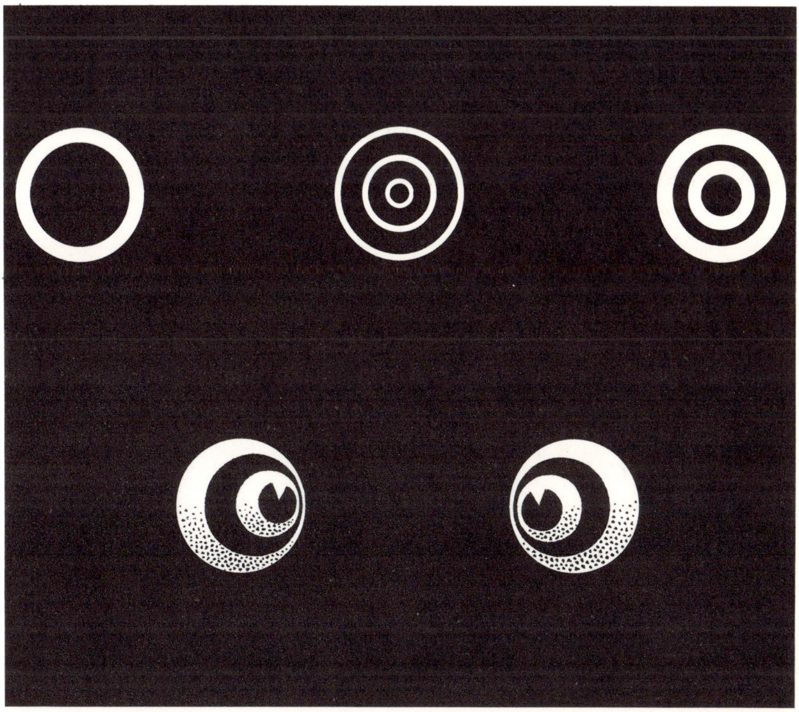

anders aus. Nur die Augen der Cephalopoden (Tintenfische) gleichen genau denen der Wirbeltiere; da die Cephalopoden Meeresräuber sind, könnten ihre Augen (neben denen der Fische) so als Schrecksignale wirken, wie man es von den Augen vieler Landwirbeltiere annimmt.
Folgt man dieser plausiblen, aber nicht beweiskräftigen Argumentation, dann kommen als mögliche Vorbilder und wahrscheinlich als abzuschreckende Räuber in erster Linie Vögel in Betracht, denn sie sind die Hauptfeinde augenfleckentragender Insekten. Blest hat 1957 dieses Problem experimentell aufgegriffen und in Käfigen handaufgezogene, also

12 Besonders schöne Augenflecken gibt es an verschiedenen Fischen, z. B. am hinterindischen Süßwasser-Messerfisch *Notopterus chitala* (links oben), auf der Oberseite des Plattfisches *Monochirus quadriocellatus* (links unten), ganz ähnlich bei verschiedenen Rochen (etwa *Torpedo ocellatus*), aber auch auf dem Panzer der Burmesischen Weichschildkröte *Trionyx hurum* (rechts).

unerfahrene, Goldammern mit verschiedenen, augenfleckentragenden Schmetterlingen zusammengebracht. Sie schreckten regelmäßig zurück, wenn etwa ein bedrohtes Tagpfauenauge (*Nymphalis io*) die Augenflekke (durch Aufklappen der Flügel und Vorziehen der Vorderflügel) plötzlich vorwies. Entfernt man die Farbschuppen am Schmetterling, dann zeigen die Vögel vor einem so »entäugten« Schmetterling keine Scheu und fressen ihn. Ähnliche Ergebnisse bekommt man mit anderen Insekten, etwa mit augenfleckentragenden Raupen. Blest machte nun auch noch Attrappenversuche; er legte Goldammern, Buchfinken und Kohlmeisen Mehlwürmer, die sie gern fraßen, auf eine Platte und projizierte rechts und links neben die Beute plötzlich, wenn der Vogel sich zu fressen anschickte, verschiedene Muster. Alle Vögel erschraken vor Kreisfiguren – einfachen und mehreren konzentrischen Ringen – stärker als vor Kreuzen oder parallelen Balken; am stärksten scheuchten je zwei exzentrische Ringe, die konvergierenden Wirbeltieraugen recht ähnlich waren (Abb. 11). Im Freien, wo der Vogel nahrungssuchend umherstreift, wird er sich von so einem Signal erst recht abwenden und anderswo weitersuchen. Man weiß aus anderen Untersuchungen an Vögeln auch schon, daß für sie beim Erkennen und Fliehen eines Räubers dessen Augen bedeutsame Schlüsselreize sind; demnach könnte man vermuten, daß die Augenflecken der Insekten den Vogel abschrecken, indem sie ihm seinen eigenen Freßfeind vortäuschen. Es ist aber nicht gesagt, daß diese Erklärung allgemein gilt. Soziale Rabenvögel etwa haben eine Hemmung, ihren Kumpanen ins Auge zu hacken (»Keine Krähe hackt der anderen ein Auge aus«); natürlich weiß man nicht, ob das etwas mit der Furcht vor den Augen der Raubfeinde zu tun hat, und ebensowenig weiß man, ob Raubvogelaugen wirklich das erste Vorbild abgeben oder ob Augenflecke etwa nur gemieden werden, weil der Vogel sowieso aus irgendwelchen noch unbekannten Gründen solche Muster meidet.
In den geschilderten Attrappenversuchen scheuchten größere Augenflecke besser als kleine. Ganz kleine runde, auch augenartige Flecke können sogar zum Picken reizen. Derartige Flecke kommen an den Flügelrändern vieler Schmetterlinge vor, und nach den bisher vorliegenden Versuchen scheinen sie das Zupicken des Vogels vom Schmetterlingskörper weg auf diese ziemlich neutrale Zone abzulenken. Ähnliches habe ich selbst an den Augenflecken verschiedener Korallenfische gefunden. Ein

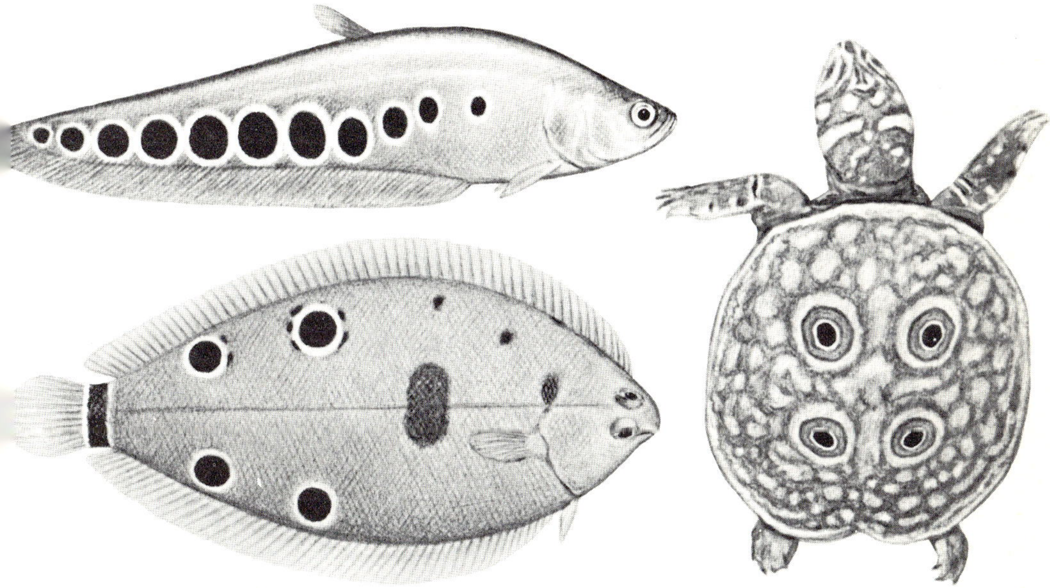

kleiner Fisch, *Runula*, der auf S. 157 noch genauer besprochen wird, beißt nämlich größeren Fischen bevorzugt auf oder neben den Augen Hautstücke ab und läßt sich in seinem Überraschungsangriff durch auffällige Augenflecken am Hinterkörper der Fische fehlleiten. Hinzu kommt in diesem Fall, daß diese Fische regelmäßig die echten Augen in einer dunklen Maske verbergen. Das tun auch viele andere Wirbeltiere, und man mag das als weiteres Argument dafür nehmen, daß Augen zumindest wichtige Signale sein können. Silbermöwenküken, die bettelnd nach dem roten Schnabelfleck der Eltern picken, bevorzugen im Attrappenversuch einen kokardenartig geringelten rot-weiß-roten Fleck, wenn er genausoviel Rot enthält. Kontrastierende konzentrische Ringe erhöhen also wieder die Wirksamkeit, hier allerdings schrecken sie keineswegs ab.

Unbekannt ist die Bedeutung vieler, auffällig »schöner« Augenflecken an manchen Fischen (s. Abb. 12). Die Kiemendeckel-Augenflecke etwa der Sonnenbarsche (Centrarchidae) und vieler Buntbarsche (Cichlidae) werden zum innerartlichen Drohen benutzt: Der frontal zum Rivalen stehende Fisch spreizt die Kiemendeckel, so daß von vorn gesehen ein übergroßer Kopf vorgetäuscht wird mit Augen, die gerade da sitzen, wo man sie an einem so großen Kopf erwarten würde. Bei manchen Buntbarschen gleicht der Ring um den Augenfleck farblich der Iris, bei anderen nicht; ob also manchmal nicht nur überhaupt ein Auge, sondern sogar das arteigene Auge nachgeahmt wird, bleibt zu untersuchen.

Der falsche Kopf

Augenflecke am Hinterende mancher Tiere haben Anlaß zu der Vermutung gegeben, es könne sich um eine Täuschung der Räuber handeln, die sich am Beutetier nach dem Vorderende orientieren, in einem solchen Fall aber ins Leere schnappen, weil die Beute plötzlich nach der falschen Seite flieht. Nun ist das aber für keinen Augenfleckenträger nachgewiesen, auch nicht für den immer wieder genannten westindischen Schmetterlingsfisch *Chaetodon capistratus.* Er hat seitlich am Hinterkörper jederseits einen ganz besonders auffallenden Augenfleck; man sagt ihm sogar nach, er schwämme im Meer langsam rückwärts, und wenn ein Raubfisch nach dem falschen Vorderende ziele, entwische er im letzten Moment nach der anderen Seite. Vielleicht tut er das wirklich, ich habe es aber von ihm nie gesehen und auch noch niemand kennengelernt, der es gesehen hat.

Die Annahme, der Augenfleck führe irre, setzt voraus, daß Räuber sich nach dem Auge ihres Opfers orientieren. Ob das wahr ist, kann man untersuchen. Tatsächlich spielt das Auge für mindestens zwei räuberische Fische als Zielpunkt eine wesentliche Rolle: Anglerfische (Antennariidae), die ihre Beute mit einer plötzlichen »Implosion« einsaugen, sind dabei meist nur dann erfolgreich, wenn sie den Beutefisch mit dem Kopf voran schlucken. Ob er »richtig« herum vor ihnen steht, erkennen sie an seinem Auge; gibt man ihnen Fische, deren Auge kaum zu erkennen ist und auch nicht in einem oft ebenso kennzeichnenden schwarzen »Tarnband« liegt, so schnappen sie diese – und unserer Erfahrung nach nur diese – zuweilen vom Schwanzende her, und der Beute gelingt es, mit äußerster Kraft vorwärtsstrebend zu entkommen. Ein weiterer Räuber, der aufs Auge seiner Opfer zielt, ist die S. 156 erwähnte *Runula.* Das Auge des Beutetieres dient also tatsächlich einigen Räubern als Zielpunkt. Andererseits weiß man aber auch, daß Augenflecke am Körper, vor allem auf den Kiemendeckeln einiger Süßwasserfische, wichtige soziale Signale für den Artgenossen sind. Auch mit dieser Möglichkeit muß man also rechnen, und es ist im gegebenen Fall ziemlich schwierig herauszufinden, welche von beiden Funktionen die Oberhand hat, da ja die eine die andere nicht ausschließt.

Ist in diesen Fällen unser Wissen noch reichlich mager, so gibt es doch einige gute Beispiele dafür, daß Tiere wirklich einen Kopf am falschen Körperende vortäuschen. »Kopf« ist in diesen Fällen gleichbedeutend mit »Vorderende des Tieres«, das bei der Fortbewegung voran geht. Imitiert wird also nicht so sehr ein Kopf als vielmehr das Kennzeichen für »vorn«.

Als ersten Schritt dazu kann man auffassen, was leicht an einer Katze kurz vor dem Sprung auf eine Maus zu sehen ist. Sie wackelt dann nämlich mit der Schwanzspitze – »vor mühsam unterdrückter Erregung«, wie es meist heißt. Dahinter steckt die Annahme, die Katze laufe damit unnötig Gefahr, bemerkt zu werden, und sie täte eigentlich besser daran, sich völlig zu beherrschen. Dasselbe Schwanzzucken kann man am Löwen, aber auch an einigen Eidechsen und Schlangen beobachten: Junge Mauereidechsen (*Lacerta muralis*), Krötenköpfe (*Phrynocephalus*), Krötenechsen (*Phrynosoma*) und manche Geckos schlängeln beim Beschleichen einer Beute die Schwänze ebenso wie manche Nattern und Ottern und zuweilen sogar junge Krokodile, wie Mertens genauer beschrieben hat. Das alles ist nun vielleicht nicht so unsinnig, wie es zunächst scheint. Das lauernde oder seine Beute vorsichtig beschleichende Tier bewegt sich möglichst unmerklich, bis es nahe genug an der Beute ist, um sie zu erhaschen. Dabei kommt es darauf an, von der Beute unbemerkt zu bleiben. Die meisten Beutetiere aber sind recht argwöhnisch, beachten alles Verdächtige in ihrer näheren Umgebung, vor allem das, was sich bewegt, und fliehen, sobald das sich Bewegende zu nahe kommt; sie bleiben aber in der Regel still sitzen, um sich nicht unnötig zu verraten, solange das verdächtige Etwas sich außerhalb der kritischen Entfernung hält. Ein unbemerkt heranschleichendes Tier, dessen Schwanzende sich bewegt, kann nun mit seinem gefahrbringenden Vorderende längst die kritische Entfernung zur Beute unterschritten haben, während die Aufmerksamkeit der Beute noch immer auf das vorerst in ungefährlicher

13 Viele Schlangen halten vor Gegnern und Beutetieren den Kopf ziemlich ruhig, bewegen aber das Schwanzende. Das lenkt die Aufmerksamkeit vom wahren Kopf weg. Oft ist der »falsche Kopf« noch auffällig gefärbt und wird emporgehoben, während der wahre Kopf versteckt bleibt, wie hier bei *Cylindrophis rufus*.

Entfernung sich bewegende Schwanzende gerichtet ist. So kann ein nervös zuckender Schwanz die Beute so lange ablenken, bis es um sie geschehen ist.

Bei den Schlangen gibt es zwei Spezialisierungsrichtungen dieser Schwanzbewegung. Die eine führte zur Ausbildung einer Schwanzrassel; damit wird das Rascheln, das die Schwanzbewegungen am Boden erzeugen, verstärkt und von der Art des Untergrundes unabhängig. Die raschen, schüttelnden Schwanzbewegungen, die dem zugrunde liegen, kommen außer beim Beschleichen einer Beute auch dann vor, wenn sich die Schlange von einem Feind bedroht »fühlt«. Die Rassel am Schwanzende besteht aus den letzten Endschuppen, die bei jeder Häutung an ihren Vorgängern hängenbleiben. Das Rasseln einer bedrohten großen Klapperschlange ist mitunter 30 m weit hörbar und wirkt zumindest auf manche Feinde abschreckend. Die andere Spezialisierungsrichtung führt zu einer auffälligen Färbung der Unterseite des Schwanzendes. Diese

14 Diese thailändische Langkopfzirpe noch unbekannter Art hat einen besonders überzeugenden »falschen Kopf«: Die auffälligen Antennen, die schwarzen Augen und der schwarze »Schnabel« sind alles Fortsätze der Flügelenden. Der wahre Kopf ist kaum zu sehen und wird vom Tier gerade an die Unterlage gedrückt. Stört man es, so scheint es rückwärts davonzuspringen.

Färbung wird erst sichtbar, wenn das Tier den Schwanz hochhebt. Das tun z. B. eine kleinere amerikanische Riesenschlange (*Charina bottae*) und einige Korallennattern (*Micrurus*, s. Abb. 24). Hier ist der Schwanz dem Kopf ähnlich, aber nicht auffälliger gezeichnet; ob die Schwanzbewegungen der Ablenkung einer Beute oder dem Irreführen eines Feindes oder beidem dient, ist noch unklar. Der Mensch jedenfalls ist häufig zunächst im Zweifel, wo bei dem Tier vorn und wo hinten ist. Noch vollendeter ist die Täuschung bei denjenigen Arten, die durchgehend unscheinbar gefärbt sind, aber auf der Unterseite der Schwanzspitze ein hervorstechendes Abzeichen, etwa einen roten Fleck, tragen, wie die kleine Giftnatter *Maticora intestinalis* oder die völlig harmlose *Cylindrophis rufus* (Abb. 13). Hier ahmt der Schwanz nicht eigentlich den Kopf nach, sondern ist einfach das durch Farbe und Bewegung ausgezeichnete Körperende, was nach allgemeiner Erfahrung zur Deutung »Kopf« oder »vorn« verführt.

Es gibt aber auch Schlangen, bei denen Kopf und Schwanzende gleich auffällig gekennzeichnet sind und von der übrigen Körperfärbung abstechen; meist wird dann in Gefahr der Schwanz stärker als der Kopf bewegt. Das gilt etwa für kleine Blindschlangen (*Leptotyphlops, Typhlops*), die von den Eingeborenen in verschiedenen Erdteilen deshalb »zweiköpfige Schlangen« genannt werden, ferner für die aethiopische *Chilorhinops* oder die ostasiatische *Calamaria*. Ehe man nicht weiß, welche Tiere darauf wie reagieren, ist es voreilig, hier von »Kopfmimikry« zu sprechen. Man weiß ja nicht einmal, welches Körperende das Vorbild abgibt; es könnte ebensogut eine »Schwanzmimikry« sein. Zwar sehen beide Körperenden in gleicher Weise auffällig aus, aber es ist auch nicht gesagt, daß überhaupt eins das andere nachahmt; das Ganze könnte einfach dazu dienen, beim möglichen Feind Verwirrung zu stiften, falls er nicht entscheiden kann, wo vorn ist; es könnte aber auch die doppelte Anzahl Schlangen vortäuschen, weil ja nicht sicher ist, daß der Gegner überhaupt merkt, daß beide Enden zusammengehören. Ob das nun seine Entscheidung für eine davon erschwert oder ihn sogar erschreckt, weil er nicht mit zwei möglicherweise giftigen Schlangen zugleich anbändeln kann, ist ebenfalls nicht untersucht. Diese Liste der Denkmöglichkeiten zeigt, welche Fragen noch der Klärung harren. Kaum zu bestreiten ist nur, daß die »falschen Köpfe« keine Spielerei der Natur sind, sondern eine biologische Funktion erfüllen, bei der es um die Irreführung eines anderen Tieres geht.
Eine ähnliche Irreführung gibt es bei manchen Insekten, am vollendetsten wohl bei der auf Abb. 14 gezeigten thailändischen Langkopfzirpe, die mit den Hinterflügelenden zwei Insektenantennen imitiert und am Hinterrand der Vorderflügel jederseits ein großes falsches Auge trägt. Die Langkopfzirpen (Fulgoridae) können sehr gut springen, natürlich in andere Richtung als der falsche Kopf erwarten läßt. (Eine nahe Verwandte ist die auf S. 55 ff besprochene, Blütenstände imitierende *Ityraea*.) Etwas mehr über das Verhalten solcher Insekten mit falschem Kopf wissen wir im Falle des Zipfelfalters *Thecla*, den Curio in Guayaquil beobachtet hat (Abb. 15). Zipfelfalter gehören zu den Bläulingen (Lycaenidae) und haben ihren Namen von Auswüchsen am Hinterflügel, die kurz und fadenförmig, aber auch mehr als körperlang, bandartig und gedreht sein können, wie beim ostafrikanischen *Hypolycaena*. Viele

Arten, namentlich in Südamerika, sind ungemein bunt. Beim nordamerikanischen *Strymon melinus* sind die Flügel unterseits unscheinbar braun, tragen aber vor dem kurzen, an Insektenfühler erinnernden Schwänzchen ein orangefarbenes Feld mit einem schwarzen Augenfleck darin, so daß man bei ungenauem Hinschauen dort einen Kopf vermuten kann. Ähnlich kopfartig sieht das Hinterflügelende des von Curio beobachteten *Thecla togarna* aus; vor allem, wenn man von oben auf den mit zusammengelegten Flügeln ruhenden Falter sieht, wirken die seitlich hochgebogenen Flügelecken wie halbkugelig vorspringende Augen, die obendrein helle Flecke als Pseudoglanzlichter tragen. Die falschen Antennen sind an der Spitze verbreitert und weißlich, was den Eindruck von Fühlern mit glänzendem Endkolben macht. Es kommen aber noch einige überraschende Verhaltenseigentümlichkeiten hinzu. Gleich nach dem Landen macht der Falter nämlich gegensinnige Auf-Ab-Bewegungen mit den falschen Antennen, indem er die Hinterflügel gegeneinander bewegt; die richtigen Antennen hält er still. *Thecla* läuft dabei noch einige Schritte weit, allerdings wohl immer in Richtung des echten Kopfes; ein Verwandter, *Deudoryx*, kann sogar in Richtung des falschen Kopfes (also rückwärts) laufen. Außerdem tut *Thecla* aber noch etwas höchst Verblüffendes: Im Moment der Landung dreht er sich nämlich blitzschnell um, so daß sein Hinterende mit dem falschen Kopf in die vorherige Flugrichtung weist. Wenn er dann wieder auffliegt, so in die Richtung, aus der er eben kam. Vermutlich wirkt das auf optisch jagende Räuber täuschend; denn wer einen sitzenden Falter mit dem Schnabel oder mit der Pinzette fangen will, muß in Erwartung des plötzlichen Fluchtstartes etwas »vorhalten«, und dazu ist es wichtig zu wissen, wo vorn ist. *Thecla togarna* verführt nun sowohl mit dem falschen Kopf als auch mit der Landewendung dazu, in die falsche Richtung vorzuhalten. Als Vorstufe dazu kann man die Gewohnheit mancher verwandter Arten auffassen, die an senkrechten Stämmen kopfabwärts sitzen, während Schmetterlinge gewöhnlich an allen senkrechten Flächen kopfaufwärts ruhen. Daß Vögel beim Fang fliegender Insekten der Beute den Weg abzuschneiden versuchen, ist bekannt.

Natürlich steht es jedem frei, die hier vorgetragene Interpretation dieser Eigentümlichkeiten als schützende Anpassungen abzulehnen. Ich will diese Beispiele auch nicht als Argument für irgendwelche Thesen be-

15 Die Zipfelfalter der Gattung *Thecla* ziehen die Aufmerksamkeit durch konvergierende Farbstreifen auf den Flügeln sowie durch fühlerartige Fortsätze an den Flügelenden vom wahren Vorderende weg auf einen vorgetäuschten Kopf am Hinterende des Tieres. *Thecla togarna* schwingt überdies beim Landen sein Hinterende in die bisherige Fortbewegungsrichtung und fliegt dann entgegengesetzt ab.

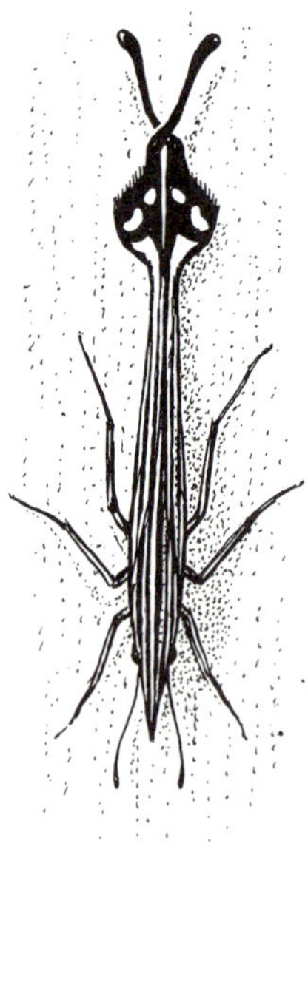

16 *T. linus* aus Trinidad sitzt an senkrechten Flächen wohl immer kopfabwärts und bewegt die Flügelfortsätze wie Antennen.

nutzen, sondern nur vorführen, was man bisher alles an Anpassungen gefunden hat, die möglicherweise oder wahrscheinlich vor Feinden schützen helfen. Akzeptiert man diese Annahme, so hat man eine Arbeitshypothese, die man prüfen kann und muß.

Viele Erscheinungen zwingen den Biologen geradezu, nach ihrem biologischen Sinne zu fragen. Der hier unten gezeigte Käfer, den Kistner beschrieb, *Coatonachthodes ovambolandicus* (ein Vertreter der Kurzflügler, die im Kapitel über Ameisenmimikry noch besprochen werden), lebt in den Nestern der Termite *Fulleritermes contractus*. Ähnlich leben viele seiner Verwandten. Er trägt seinen eigenen Hinterleib nach vorn über sich geklappt, und dieser Hinterleib ähnelt verblüffend einem Termitenarbeiter, wie die Abbildung zeigt, denn er hat bein- und fühlerartige Anhänge und erzeugt überdies in besonderen Drüsen Sekrete, die von Termiten abgeleckt werden. Termiten sind blind. Können sie Formen so genau ertasten, daß eine solche Imitation sich lohnt? Oder richtet sie sich – da sie besonders in Aufsicht auffällt – an ganz andere Tiere?

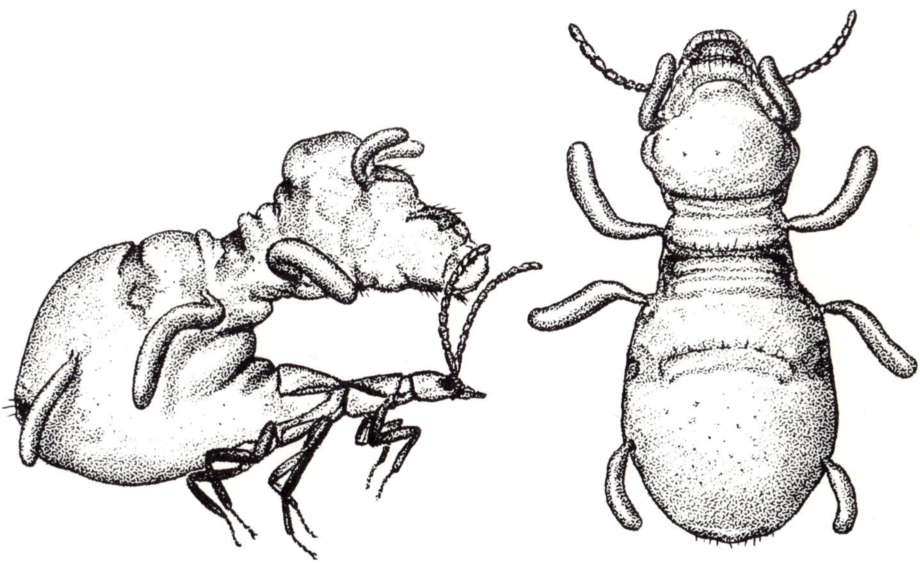

7 Auffällige Ergebnisse der Evolution

Viele der geschilderten und noch zu schildernden »raffinierten« Tarn- und Täuschungsmethoden der Tiere erscheinen uns als Spitzenleistungen der Evolution. Doch ist die Natur voll von solchen »Spitzenleistungen«. Die mit Büscheln langer Schutzhaare versehenen Raupen des Schmetterlings *Aethria carnicauda* aus Trinidad, die an Blättern von Riedgräsern fressen, rupfen sich vor dem Verpuppen mit den Mandibeln die langen Haare vom Rücken und pflanzen sie mit Klebetröpfchen auf vorher hingesponnene Seide vor und hinter sich in mehreren Ringen um den Halm und bauen dann noch aus weiteren Haaren ein reusenartiges Dach über sich. Dasselbe sah Beebe auch bei den Raupen von *Dinia aeagrus*.
Ein in der Lunge von Rindern parasitierender Fadenwurm, *Dictyocaulus viviparus*, gelangt als Larve mit dem Kot der Rinder nach außen, hat dann aber wenig Aussicht, von einem Rind aufgenommen zu werden, da Rinder bekanntlich beim Fressen die Umgebung der Kuhfladen meiden. Auf den Kuhfladen aber wächst regelmäßig ein kleiner Schimmelpilz, *Pilobolus*, dessen schwärzliche Sporenpakete einzeln auf besonderen Sporangienträgern sitzen und von da durch Überdruck weit weggeschossen werden. Die Fadenwurmlarven klettern nun, wie Robinson herausfand, auf diese Sporenpakete und gelangen nach einem »Ritt auf der Kanonenkugel« wieder vor die Mäuler weidender Rinder.
Fledermäuse orten ihre Beute, z. B. Nachtschmetterlinge, mit Ultraschallsignalen. Die bedrohten Schmetterlinge aus mehreren Familien haben am Thorax, nahe der »Taille« zwischen Brust und Hinterleib, jederseits ein Gehörorgan ausgebildet. Sobald sie damit eine Fledermaus herankommen hören, machen sie Ausweichbewegungen, das heißt fliegen Schleifen, Bögen oder landen im Sturzflug. Nun gibt es aber Milben (*Acari*), die ausgerechnet in diesen Gehörorganen ihre Eier ablegen und sie dabei zerstören. An einem Eulenfalter der Gattung *Pseudaletia* (Familie Noctuidae) bemerkte Professor Treat, daß die Milbe *Myrmonyssus phanaelodectes* immer nur in einem der beiden »Ohren« zu finden war. Das erste Milbenweibchen, das von einer Blüte auf einen *Pseudaletia*-Falter steigt, während er Honig saugt, entscheidet sich für eins der Ohren und läuft dann mehrmals zwischen diesem und dem Thorax-Rücken hin und her; dabei legt es eine Spur, auf der weitere Milben folgen, alle in dasselbe Gehörorgan. Zwar verteidigt die erste »ihr« Ohr zunächst, muß aber bald nachgeben. Selbst wenn so viele Milben da sind, daß sie sich

17 Unerklärt ist die Übereinstimmung in der Färbung verschiedener Formen afrikanischer Würger mit Vertretern verwandter Arten, die jeweils im gleichen Gebiet leben wie die kleinschnäbelige, gleichfarbige Form. Vom Verhalten dieser Tiere ist allerdings so gut wie nichts bekannt. In der oberen Reihe links *Malaconotus monteiri*, rechts *M. cruentus*, darunter die gelbe und die rote Form von *M. multicolor* (Weibchen).

kaum mehr bewegen können und der Platz für die Eier nicht reicht, geht keine in das andere Ohr. Setzt man eine Milbe hinein, so wandert sie aus, wenn das andere Ohr schon besiedelt ist. So wird stets nur ein Ohr außer Betrieb gesetzt, und das reicht für den Schmetterling noch aus, um sich und die Milben zu retten. Würden diese ihren Wirt ganz taub machen, so fielen sie rasch mit ihm einer Fledermaus zum Opfer.

Auch Ähnlichkeiten finden wir in der Natur in Hülle und Fülle. Willkürlich zusammengesehen sind die Sternbilder des Tierkreises, ein typisch menschliches Phantasieprodukt. Naturgegeben ist die Zeichnung auf dem Thorax des Totenkopffalters (*Acherontia atropos*), die uns an einen menschlichen Totenkopf erinnert; die Puppe des nordamerikanischen Bläulings *Feniseca tarquinius* sieht einer Affenkopf-Miniatur überraschend ähnlich – aber eben nur für uns. Kein anderes Lebewesen sammelt ja so viele Erfahrungen und stellt so viele gedankliche Querverbindungen her wie der Mensch. Es geht uns hier aber nicht um gedachte, sondern um in der Natur vorgegebene Querverbindungen. Die Raupe des europäischen Großen Schillerfalters, *Apatura iris*, der sich hoch oben in lichten Laub- und Auwäldern aufhält, ist (nicht in ihrer Farbe) einer Nacktschnecke verblüffend ähnlich (s. Abb. 8), vor allem weil sie hinten spitz und vorn mit zwei »Schneckenfühlern« versehen ist. Handelt es sich hier um eine Schneckennachahmung?

18 Nebeneinandergestellt sind Beispiele für Batessche und Müllersche Mimikry-Ringe bei Schmetterlingen (jeweils senkrecht angeordnet); oberhalb des grauen Querstrichs stehen die ungenießbaren Vorbilder, darunter die Nachahmer.

Ein Beispiel für zwischenartliche Ähnlichkeit, hinter der man wohl einen biologischen Sinn suchen darf, bieten die afrikanischen Würger der Gattung *Malaconotus*. Es gibt farblich weitgehend übereinstimmende Artenpaare, von denen jeweils eine Art großschnäbelig, die andere kleinschnäbelig ist. Die kleinschnäbelige Art *Malaconotus multicolor* hat mehrere Morphen, deren Unterseite gelb oder rot aussieht. Mit ihnen zusammen leben ebenso aussehende großschnäbelige Formen, die auch entweder unterseits gelb oder rot sind, die aber zu zwei verschiedenen Arten gehören (s. Abb. 17). Hall, Moreau und Galbraith fanden keine befriedigende Deutung dieser Beziehungen. Ziemlich sicher wirken die Farben als Signale. Allgemein scheint Rot von Waldbewohnern durch Gelb bei Bewohnern offener Landschaften ersetzt zu werden; da derselbe Unterschied bei den Karotinoidfarben der meisten Vögel ebenso auftritt wie bei den Papageien, deren Pigmentfarben keine Karotinoide sind, scheint es sich um eine allgemeinere Anpassung an irgendwas zu handeln.

Linke Gruppe (afrikanisch) von oben nach unten: *Acraea aleiope f. aurivillii* Staud. (Männchen), *Planema poggei welsoni* Dewitz (Weibchen), *Planema macarista* Sharpe (Männchen), *Pseudacraea kuenowi* Dewitz (Männchen), daneben *Precis rauana* Grose Smith (Männchen), *Pseudacraea hobleyi* Neave (Männchen), daneben der große *Papilio dardanus f. planemoides* Trimen (Weibchen).

Mittlere Gruppe (afrikanisch) von oben nach unten (gezeigt sind die Unterseiten der Flügel): *Mylothris agathine* Cram., *Belenois thysa* Hopff. (Männchen), *Phrissura phoebe* Butl. (Weibchen), *Pinacopteryx rubrobasalis* Lanz (Weibchen).

Rechte Gruppe (südamerikanisch) von oben nach unten: *Mechanitis lysimnia*, *Lycorea halia*, *Heliconius eucrate*, *Melinaea ethra*, *Perrhybris pyrrha* (Weibchen), *Dismorphia astynome* (Weibchen). Die beiden letztgenannten sind Weißlinge (S. 75).

8 Müllersche Mimikry

Schon Henry Bates hatte bemerkt, daß mitunter auch zwei nicht nah verwandte, aber doch beide ungenießbare Schmetterlingsarten einander zum Verwechseln ähnlich sehen. Eine Erklärung dafür bot bald danach im Jahr 1878 der deutsche Zoologe Fritz Müller an, der wie Bates in Brasilien Schmetterlinge beobachtete und fing. Auch Müller ging davon aus, daß Tiere lernen müssen, welche Beute ungenießbar ist. Wenn nun verschiedene ungenießbare Tierarten gleich aussähen, so daß der Räuber sie nicht auseinanderhalten kann, so lernt er eben nur eine Sorte kennen, gleichgültig, mit welcher Art er sich gerade beschäftigt. Hat er an Individuen einer Art gelernt, so aussehende Tiere zu meiden, so brauchen die anderen ebenso aussehenden Arten keine Individuen mehr zu opfern. Das heißt, die Zahl der insgesamt pro Räuber zu opfernden Individuen verteilt sich auf so viele Arten wie in der »Warngenossenschaft« vereinigt sind. Je mehr Arten mit demselben Warnsignal arbeiten, desto geringer sind die Verluste der einzelnen Art. Man fand viele solcher Müllerschen Mimikry-Ringe. Natürlich kann sich an eine solche Müllersche Mimikrygruppe noch eine Batessche daranhängen (s. Abb. 18), denn je mehr Arten zu einer Müllerschen Gruppe zusammengeschlossen sind, desto häufiger ist ja das Vorbild vertreten.

Dennoch hat die Sache verschiedene Haken. Einer davon ist schon früh genannt worden: Die Müllersche Mimikry ist um so wirkungsvoller, je mehr Arten in ihr zusammengeschlossen sind und je einheitlicher die Artgenossen untereinander aussehen. Dennoch gibt es innerhalb der Arten einen starken Polymorphismus, ähnlich dem bei *Papilio dardanus* (S. 17ff) besprochenen, nur daß hier beide Geschlechter betroffen sind. In Südamerika gibt es zum Beispiel ungenießbare, warnfarbige Schmetterlinge, die gleich aussehen, aber doch zu ganz verschiedenen Familien gehören, etwa zu den Danaidae, Ithomiidae, Acraeidae und Heliconiinae; ferner können innerhalb der Heliconiinae auch noch nah verwandte Arten ganz gleich aussehen. In einigen Fällen mehren sich die Anzeichen dafür, daß die Übereinstimmung mehrerer (manchmal bis zu zehn) Arten derselben Gattung sekundär zustandegekommen ist, daß sich diese Arten also früher einmal deutlicher voneinander unterschieden. Alles das paßt schön in das Konzept der Müllerschen Mimikry. Leider gibt es aber auch das Gegenteil: Die nach den Musen der Tragödie und der Liebeslyrik benannten Arten *Heliconius melpomene* und *H. erato*, die zu den variabelsten

Arten gehören, bilden innerhalb ihres Verbreitungsgebietes je etwa 30 verschiedene Morphen aus, und zwar parallel, so daß wieder gleich aussehende Falter von beiden Arten gestellt werden. In der Regel kommen diese gleich aussehenden Falter im selben Gebiet vor, manchmal aber auch nicht; außerdem sind einige Morphen nicht mimetisch.

Jedenfalls schmecken die Tiere tatsächlich schlecht und werden von vielen Räubern, von Fangheuschrecken bis zu den Rhesusaffen, gemieden, allerdings nicht von einigen Ameisen und Spinnen. Durch Kreuzungsversuche hat man außerdem, wie bei *Papilio dardanus*, die genetische Seite des Färbungspolymorphismus untersucht. Die Ergebnisse hat Turner kürzlich zusammengestellt: Es gibt an den Rändern des Verbreitungsgebietes von *H. melpomene* und *H. erato* monomorphe Populationen. Wenn man Tiere aus solchen entgegengesetzten Randpopulationen kreuzt, so bekommt man die polymorphe Vielfalt, wie sie im zentralen Verbreitungsgebiet natürlicherweise herrscht. Verschiedene Anzeichen deuten darauf hin, daß im Pleistozän das Verbreitungsgebiet beider Arten durch klimatische Schranken zerteilt war und die voneinander getrennten Populationen sich zu verschiedenen Unterarten entwickelt haben. Als sie dann nach späteren Klimaänderungen wieder zusammenkamen, entstand im Vermischungsgebiet der heutige große Formenreichtum. Damit ist aber noch nicht erklärt, warum diese verschiedenen Morphen erhalten bleiben; es ist nicht erklärt, warum zwei Arten genau parallele Morphen ausbilden; und es ist nicht erklärt, warum z. B. in Guayana bestimmte Formen, die man durch Kreuzung erhält, natürlicherweise nicht vorkommen. Man weiß, daß der Polymorphismus teils von einzelnen Genen, teils von Gengruppen verursacht wird und daß wieder Schaltgene (wie bei *Papilio dardanus* besprochen) eine Rolle spielen. Unbekannt ist jedoch, welcher Selektionsdruck dahintersteckt. Allen Erklärungsversuchen trotzt bisher der Polymorphismus der Art *Heliconius doris;* eine weit verbreitete grüne Morphe dieser Art ist nämlich nichtmimetisch, und es gibt nicht einmal Anzeichen dafür, daß hier Hybridisierung als Ursache des Polymorphismus in Frage käme; nirgendwo leben monomorphe Populationen. Man muß also zugeben, daß der Polymorphismus von Schmetterlingsarten mit Müllerscher Mimikry bislang nicht erklärt ist; man darf aber nicht sagen, er sei nicht erklärbar, denn dazu weiß man noch zu wenig über diese Arten.

Wesentliche Argumente gegen die Müllersche Mimikry kommen aber nicht aus solchen Problemen, sondern aus theoretischen Erwägungen über das allgemeine Mimikry-Konzept.

Grundsätzliches gegen die Müllersche Mimikry

Die Müllersche Mimikry hat mit der Batesschen gemeinsam, daß verschiedene Arten einander ungewöhnlich ähnlich sehen und daß die Ähnlichkeit zwischen weit entfernt oder gar nicht verwandten Arten größer sein kann als zwischen eng verwandten Arten. Allerdings kommt es bei der Müllerschen Mimikry oft vor, daß auch nächste Verwandte einander sehr ähnlich sehen, was nicht so sehr erstaunlich ist, weil sie die gleiche Warnfärbung einfach vom gemeinsamen Vorfahren übernommen haben. Dennoch werden auch sie als Beispiele für Müllersche Mimikry angeführt –, sie sind sogar die ersten Kronzeugen gewesen. Hier liegen nun aber ein paar gedankliche Fallstricke, über die die bisherigen Mimikry-Theoretiker einfach hinweggestolpert sind. Diese Fallstricke führen zum Problem der Verwandtschaft und zum Problem der Täuschung des Signalempfängers.

Auf Seite 234ff ist erörtert, welche Schwierigkeiten es macht, innerartliche Übereinstimmungen aus der Batesschen Mimikry auszuklammern. Bei der Müllerschen Mimikry entsteht im Grunde die gleiche Schwierigkeit, allerdings dann, wenn man innerartliche Ähnlichkeiten einbeziehen will. Denn natürlich haben auch alle gleich aussehenden Tiere derselben Art ihre übereinstimmende Färbung vom gemeinsamen Vorfahren übernommen. Daß alle Hornissen gleich aussehen, liegt eben daran, daß sie alle Hornisseneltern hatten. Ebenso sehen die Hornisse (*Vespa crabro*) und die gemeinen Wespen der Gattung *Vespa* einander ähnlich und haben die gleiche schwarz-gelbe Warnfärbung, weil sie von denselben schwarz-gelben Vorfahren abstammen. Ist das nun alles Müllersche Mimikry? Konsequenterweise muß man die Frage für das Hornissen-Wespen-Beispiel bejahen, genau wie für die aufgrund naher Verwandtschaft gleich aussehenden *Heliconius*-Arten. Die Wespen oder Bienen eines Stockes untereinander wird man aber kaum als Beispiel für Mimikry nennen wollen. Dennoch handelt es sich in allen Fällen darum, ein Signal zu normieren, das heißt, ein möglichst einheitliches Signal für dieselbe Bedeutung zu haben. Schwarz-gelb geringelt heißt einfach für Vögel: »Achtung, ungenießbar!«, und wer wirklich von Vögeln gefährdet und ungenießbar ist, tut gut daran, sich dieses Signals zu bedienen, ganz gleichgültig, ob er aus der gleichen Familie stammt oder nicht. Den Vogel interessieren nur das Signal und seine Bedeutung, nicht die Verwandtschaftsverhältnisse der Signalträger. Die Frage ist nun, ob der Biologe darauf Rücksicht nehmen oder aber nach anderen Gesichtspunkten klassifizieren will. Er könnte dann fordern, daß nach der Müllerschen Mimikry Arten sekundär in ihren Warnfarben einander ähnlicher werden, ihre Ähnlichkeit also unabhängig voneinander oder »konvergent« zustandekommt. Das wäre eine Besonderheit der Müllerschen Mimikry. Für die Batessche braucht man das nicht zu fordern, denn natürlich könnte es passieren, daß von zwei ungenießbaren, ganz nah verwandten und deshalb übereinstimmend warnfarbigen Arten eine ihre Ungenießbarkeit verliert und nun ganz von der warnfarbigen und geschützten Schwesterart abhängt. Das wäre ein typischer Fall Batesscher Mimikry, selbst wenn die übereinstimmende Färbung auf gemeinsamer Abstammung beruht.

Das gedachte letzte Beispiel bringt aber noch eine andere Schwierigkeit: Wenn eine Art ihre Ungenießbarkeit verliert, wird das wohl stufenweise vor sich gehen; es wird also zu irgendeiner Zeit gleich aussehende, aber voneinander verschiedene ungenießbare Arten geben. Das ist nun kein konstruierter Fall, sondern das gibt es tatsächlich, wenn auch die Geschichte der Arten unklar ist. Es wäre eigentlich kaum zu erwarten, daß zwei verschiedene Arten etwa genau gleich unangenehm schmecken. Ist dies nicht der Fall, dann sind sie ein Beispiel für Müllersche Mimikry, insofern sie beide geschützt sind, zugleich aber ein Beispiel für Batessche Mimikry, sofern die weniger geschützte Art einseitig Nutznießer der stärker geschützten ist. Batessche und Müllersche Mimikry schließen sich also nicht gegenseitig aus; vielmehr gibt es alle Übergänge oder Mischungen zwischen beiden, was schon Darlington 1938 betont hat.

Zum selben Schluß kommt man, wenn man die Häufigkeit der Begegnungen des Signalempfängers mit zwei solchen Arten betrachtet. Begegnet er einer Art häufiger, so wird die andere Nutznießer davon und demzufolge Batesscher Nachahmer sein – vorausgesetzt, daß sie nicht viel wehrhafter, ekliger schmeckend oder sonst geschützt ist. Eine seltene, sehr widerliche und eine häufige, weniger widerliche Art, die gleich aussehen, könnten wiederum durchaus gleichberechtigte Müllersche Partner sein.

Solange noch etwas Batessche Mimikry im Spiele ist, wird der Signalempfänger wenigstens geringfügig über die Genießbarkeit einer Art getäuscht. Im Falle reiner Müllerscher Mimikry aber meidet er alle Mitglieder dieser Warnfarbengemeinschaft völlig zu Recht, er wird nicht getäuscht, es gibt kein Vorbild und keinen Nachahmer und damit eigentlich – wenn man an die gewöhnliche Mimikry-Definition denkt – überhaupt keine Mimikry. Echte Müllersche Mimikry ist also gar keine Mimikry, sondern ein Fall der Normierung von Signalen mit gleicher Bedeutung

Die letzte Pointe der Geschichte wurde schon erwähnt: Natürlich müssen alle Mitglieder einer wehrhaften oder ungenießbaren Art dieselbe Warnfarbe haben; wenn etwa nur einige Hornissen schwarz-gelb geringelt, andere aber weiß-blau kariert und wieder andere silbern gepunktet wären, dann müßten Insektenfresser alle drei Warnfarbkleider lernen, die Hornissen müßten also dreimal so hohe Opfer bringen als jetzt, wo alle gleich aussehen und der Räuber nur ein Farbkleid zu lernen hat. Sind unterschiedliche Warnkleider schon an verschiedenen Arten, die denselben Feind haben, unsinnig, so wären sie es erst recht innerhalb ein und derselben Art. Und gerade dieser Unsinn kommt häufig vor, wie die schon behandelten polymorphen, ungenießbaren Schmetterlinge zeigen.

9 Das Bockkäfer-Rätsel

Die mit den Leuchtkäfern nahe verwandten Weichkäfer (Malacodermata) vor allem der Unterfamilie Lycinae sind sehr auffallend gefärbt, zumeist orange und schwarz oder orange und blau, haben eine eigentümliche Form (ihre Flügeldecken sind am Ende breiter als am Ansatz), sitzen oft offen auf Blüten, fliegen nur langsam, lassen aber bei Gefahr aus den Hinterschenkeln einen übelriechenden weißen Saft austreten und werden sowohl von Vögeln wie von insektenfressenden Säugetieren gemieden; nach Linsley, Eisner und Klots werden sie auch von Walzenspinnen (Solifugen), Mantiden, Ameisen und Polisten-Wespen verschmäht. Der »Schutzsaft« tritt nicht wie Blut aus einer Wunde, sondern wird aktiv vom intakten Tier ausgeschieden. Shelford beschreibt von Borneo mehrere ganz verschiedene Insekten, die wie ein solcher Weichkäfer aussehen, darunter auch eine Wanze, die selbst ungenießbar ist, *Serinetha abdominalis.* Mit dieser Wanze zusammen fing er sowohl im Botanischen Garten von Singapur wie in Sarawak einen ebenso aussehenden Schmetterling, *Phauda limbata,* der ruhig an Pflanzenstengeln in der Nähe der Wanzen saß. Ein Bockkäfer, *Erythrus rotundicollis,* sieht diesen allen ähnlich, doch weiß man nicht, ob er ungenießbar ist oder nicht.

Interessanterweise gibt es in Südafrika eine ganz parallele Ähnlichkeitsreihe aus genau den gleichen Insektengruppen (nur jeweils aus anderen Gattungen), die Wallace beschrieben hat; es handelt sich wieder um einen Weichkäfer, eine Wanze, einen Schmetterling und einen Bockkäfer, hinzu kommt noch eine ebenso aussehende, selbst geschützte Wegwespe (s. Abb. 19).

In den südlichen Vereinigten Staaten entsprechen dem einige ganz ähnliche Mimikry-Ringe, die nach Linsley, Eisner und Klots aus folgenden Arten bestehen: A) aus den Lyciden *Lycus fernandezi* und *L. arizonensis,* den Schmetterlingen *Seryda constans* (Pyromorphidae), *Ptychoglene coccinea* und *P. phrada* (Lithosiidae) und dem Bockkäfer *Elytroleptus apicalis*; B) aus den Lyciden *Lycus loripes* und *L. simulans*, den Schmetterlingen *Eubaphe unicolor* (Geometridae) und *Holomelina ostenta* (Arctiidae) und dem Bockkäfer *Elytroleptus ignitus. Seryda* ist wahrscheinlich selbst auch ungenießbar, bildet also mit den Lyciden zusammen ein Beispiel für Müllersche Mimikry, während die anderen als Batessche Nachahmer dazugehören.

19 Parallele Mimikry-Ringe aus Südafrika (obere Reihe) und Borneo (untere Reihe), die weitgehend übereinstimmend zusammengesetzt sind. Obere Reihe von links nach rechts: Weichkäfer *Lycus rostratus* Männchen und Weibchen, Bockkäfer *Amphidesmus analis*, Wanze *Lygaeus fureatus*,

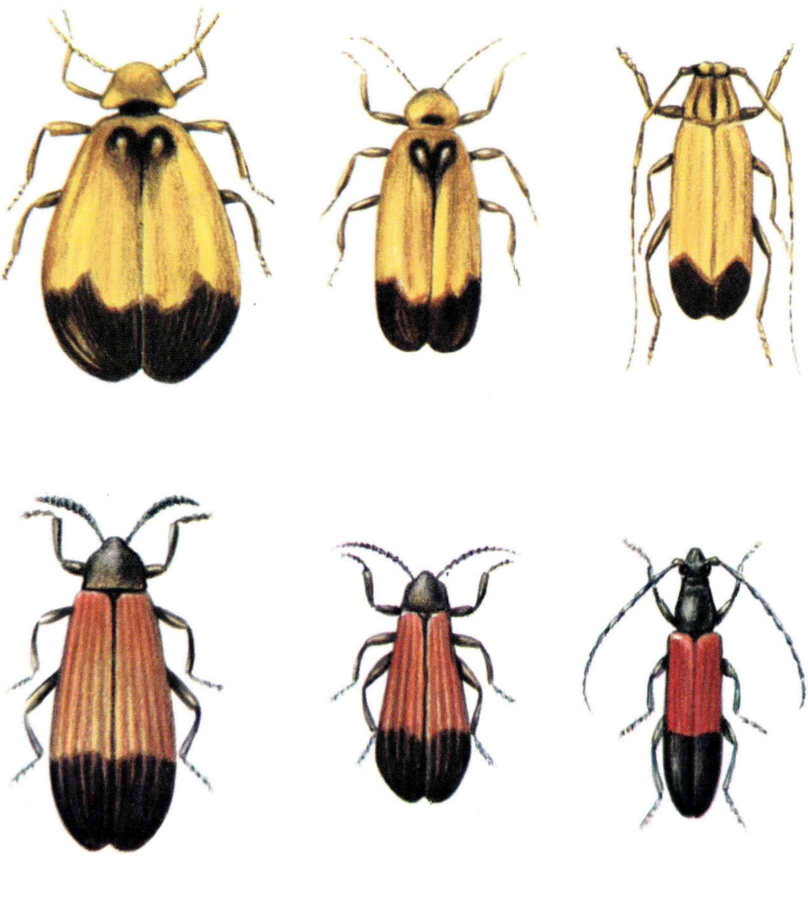

Schmetterling *Neurosymploca ochreipennis*, Wegwespe *Pompilus capensis*.
Untere Reihe von links nach rechts: Weichkäfer *Lycostomus gestroi* Männchen und Weibchen, Bockkäfer *Erythrus rotundicollis* (Männchen), Wanze *Serinetha abdominalis*, Schmetterling *Phauda limbata*.

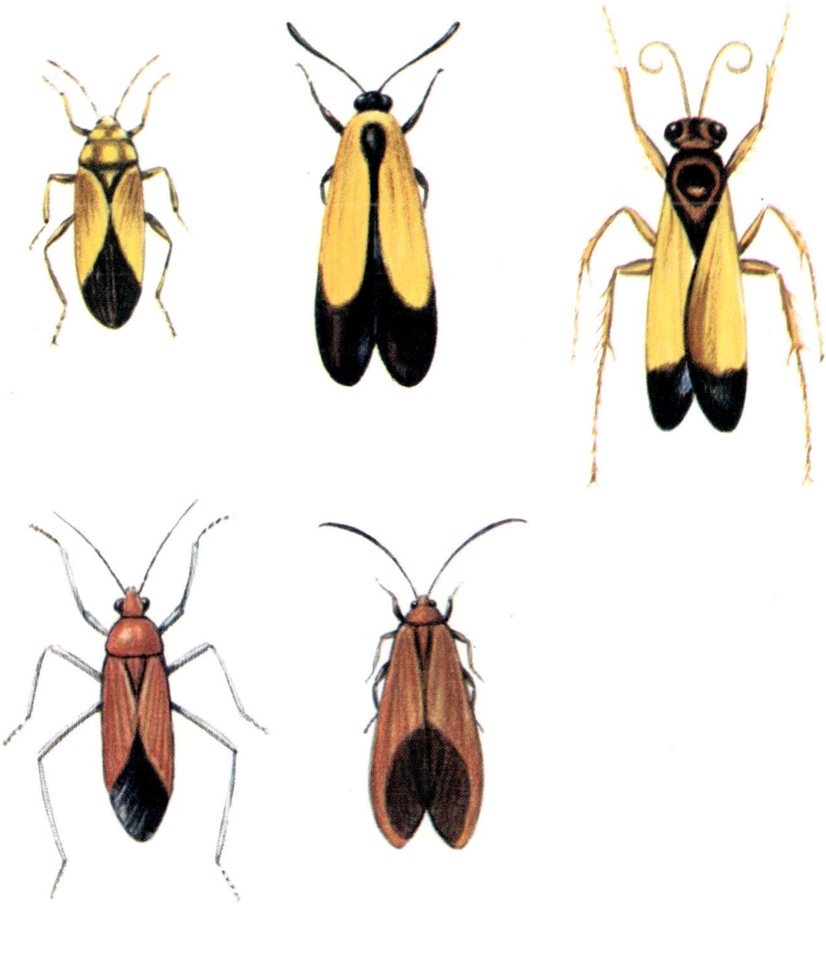

Bockkäfer sind sehr bekannte Nachahmer; sie können wie Wespen, Bienen, Ameisen oder wie ganz verschiedene, ungenießbare andere Käfer aussehen. Zuweilen sind nächstverwandte Bockkäfer ganz verschieden groß, gefärbt und geformt und gleichen jeweils sehr verschiedenen Vorbildern; dann wird die offenkundige Nachahmung besonders deutlich. Schon diese mimetische Vielfalt ist frappierend.
Auf Kuba gibt es eine Gruppe verschiedener Käfer, die äußerlich sowohl einander als auch den auf Abb. 19 gezeigten Tieren außerordentlich ähnlich sehen. Es sind drei Arten von Lyciden (*Thonalmus suavis, T. aulicus, T. amabilis*), drei Arten von Canthariden (*Tytthonyx rubidus, T. rutilis, T. darlingtoni*), ein Oedemeride (*Copidita thonalmus*), zwei Elateriden (*Anaplischius venustus, Platycrepidius schaumi*) und 6 Cerambyciden oder Bockkäfer (*Calocosmus venustus, C. dimidiatus, Trichrous divisus, T. pilipennis, T. dimidiatipennis, Heterops dimidiata*). Darlington hat mit diesen Tieren und ihren möglichen Feinden einige Versuche angestellt; er fand, daß im Käfig gehaltene Anolis-Leguane weder die Lyciden, noch die Oedemeriden anrührten, die allgemein als geschützt gelten, aber auch Bockkäfer aus vier verschiedenen, Lyciden-ähnlichen Arten nicht, selbst wenn sie eine Woche in ihrem Käfig verblieben. Anders gefärbte Käfer verschiedener Familien, auch Bockkäfer gleicher Größe, wurden währenddes mehrfach verspeist. Man sollte die vermutlich mimetischen Bockkäfer einem Leguan direkt ins Maul geben, um etwaige optische Wirkungen der Farbe auszuschließen und festzustellen, ob es sich um Müllersche oder Batessche Mimikry handelt. Eins von beiden und nicht etwa Angriffs-Mimikry (s. S. 120) müsse es aber sein, sagt Darlington, denn keiner der *Thonalmus*-ähnlichen Käfer kommt als Lycidenräuber in Frage – und hier irrte Darlington. Eisner, Kafatos und Linsley haben nämlich kürzlich an den Lyciden-ähnlichen Bockkäfern eine ganz merkwürdige Entdeckung gemacht:
Auf einer Wiese an einer Forschungsstation in Arizona leben nebeneinander die Lyciden *Lycus loripes* und *L. fernandezi* und die Bockkäfer *Elytroleptus ignitus* und *E. apicalis*. *L. loripes* und *E. ignitus* sind einfarbig leuchtend hell-orange, die anderen beiden ebenso gefärbt, haben aber zusätzlich schwarze Enden an den Flügeldecken. Die Übereinstimmung je eines Bockes und eines Weichkäfers ist erstaunlich genau. Die Böcke sind viel seltener, es kommt etwa einer auf 100 Lyciden. Eine Ver-

19a Weichkäfer und Bockkäfer, die einander sehr ähnlich sehen, gibt es auch in Amerika. Hier weiß man aber schon so viel von den Tieren, daß sich nicht mehr klar entscheiden läßt, welcher der klassischen Mimikry-Formen der Fall zuzuordnen ist. Die Bockkäfer (hier *Elytroleptus ignitus*) fressen nämlich Weichkäfer an und manchmal weitgehend auf (hier *Lycus loripes*). Dabei spielt aber die Ähnlichkeit beider keine Rolle.

suchsserie mit mehreren Insektenfressern, Wirbeltieren und Wirbellosen, die alle die Weichkäfer ablehnten, bestätigte zunächst, daß auch diese Lyciden ungenießbar sind. Dennoch aber fand man ab und zu Verletzungen an einigen Weichkäfern, die nur von irgendeinem Räuber stammen konnten. Die Verletzungen lagen regelmäßig an der Basis der Flügeldecken; manchmal war die Flügeldecke völlig durchgefressen. Eine genauere Untersuchung zeigte, daß sie – nach der Form der Wundränder zu schließen – keine Bißmarken von Vögeln sein konnten, sondern von einem Gliederfüßler, vielleicht einem Insekt, stammen mußten. Durch geduldige Beobachtungen im Freiland fand man den Übeltäter schließlich: Es waren die beiden Bockkäfer. Ein Bockkäfer, der auf einen Lyciden trifft, klettert von hinten auf ihn, hält sich mit Vorder- und Mittelbeinen an den Flügeldecken des Weichkäfers, mit den Hinterbeinen an der Pflanze fest, betastet die Flügeldecken seines Opfers und beginnt dann hineinzubeißen. Aus den kleinen Wunden tritt sofort viel Blut, welches der Bockkäfer trinkt. Manchmal beißt der Bockkäfer den Thorax auf und frißt die großen Flugmuskeln. Merkwürdigerweise unternimmt der Lycide fast nichts dagegen; höchstens versucht er, wegzugehen. Manchmal läßt der Bockkäfer dann von ihm ab, und die Wunde schließt sich. Manchmal aber frißt der Bock eine Flügeldecke ab, eventuell auch noch ein Bein, und höhlt den ganzen Thorax aus; dazu

20 Herzgifte in *Danaus*-Faltern, die aus den Futterpflanzen der Raupen stammen, bewirken in halber tödlicher Dosierung heftiges Erbrechen, beim Blauhäher bis neunmal in 12 Minuten, von dem er sich erst in etwa 1/2 Stunde erholt. So lernt er, solche Falter zu meiden. Falter derselben Art, die von ungiftigen Pflanzen kommen, sind schmackhaft, werden aber von erfahrenen Vögeln ebenfalls gemieden. Deshalb hat die Art, selbst wenn 50% der Individuen schmackhaft sind, doch nur 7% mehr Verluste.

braucht er über eine halbe Stunde. Diese Bockkäfer sind damit (neben unsicheren Angaben über Spinnenjagen beim europäischen Moschusbock) die ersten räuberischen Bockkäfer, die bekannt wurden. Die beiden Arten halten sich aber nicht an die ihnen gleichsehende Lycidenart, sondern überfallen auch die Nachbarart. Auch dabei zeigte sich keine Abwehr durch den überfallenen Lyciden; die Ähnlichkeit des Bockes mit seinem Opfer ist also ziemlich sicher nicht an dieses gerichtet, also keine aggressive Mimikry. (Es ist sowieso unwahrscheinlich, daß das Opfer überhaupt eine Gelegenheit hat, den Räuber genauer zu mustern.) Verschiedene Experimente haben gezeigt, daß beide Bockkäferarten genießbar sind und von Insektenfressern verspeist werden (wenigstens solange diese keine Erfahrung mit dem ungenießbaren Lyciden hatten). Das ist aber auch wieder merkwürdig, denn demnach muß im Bockkäfer der vom Lyciden übernommene eklig schmeckende Körpersaft schnell abgebaut werden. Dennoch geht das sicher nicht blitzschnell. Also muß der Bockkäfer wenigstens kurze Zeit ebenso widerlich schmecken wie ein Lycide. Damit würde er also abwechselnd als Beispiel für Batessche und für Müllersche Mimikry zu gelten haben, je nachdem, wie hungrig er gerade ist. Der Käfer wäre sogar, solange er satt ist, (geschütztes) Vorbild und sein eigener Nachahmer, wenn er hungrig ist. L. C. Brower hat das 1969 »Auto-Mimikry«, also Selbstmimikry genannt. Er fand nämlich, daß *Danaus*-Schmetterlinge sehr giftig, wenig giftig oder ganz ungiftig sind, je nachdem, auf welchen Pflanzen die Raupen groß wurden. Auto-Mimikry herrscht auch zwischen Bienenarbeiterinnen und Drohnen (s. S. 234) und vielleicht zwischen Gift tragenden und gerade erschöpften Korallenschlangen (s. S. 111).

Das Verhalten der Bockkäfer beim Anfressen der Lyciden ähnelt übrigens der Kopulationseinleitung auf dem Bockkäferweibchen, bei der das Männchen auf Flügeldecken und Vorderrücken des Weibchens Beißbewegungen macht. Andererseits haben verschiedene Weichkäfer aus der Lyciden-Verwandtschaft im männlichen Geschlecht auf den Flügeldecken besondere Sekrete, an denen die Weibchen vor der Kopula knabbern (s. S. 211). Es ist also nicht ausgeschlossen, daß in das Bockkäfer-Lyciden-Verhältnis mißverstandene oder mißbrauchte Elemente aus dem Paarungsverhalten hineinspielen. Wieweit die Färbung beim Erkennen von Artgenossen eine Rolle spielt, das ist unbekannt.

10 Experimentelle Mimikry-Forschung

In dem eben geschilderten Beispiel der übereinstimmenden Weich- und Bockkäfer wurden schon einige Versuche von Darlington geschildert. Er selbst hält sie für nicht sehr beweisend, weil man viel zuwenig vom normalen Leben der untersuchten Tiere, seien es Käfer oder die als Räuber eingesetzten Leguane, weiß. Gerade wo es um die Frage geht, ob Räuber aus Erfahrung bestimmte Beutetiere meiden lernen, kann man sich nicht mit Beobachtungen an Tieren zufriedengeben, deren individuelle Erfahrung man nicht kennt. Das heißt, man muß bei allen solchen Experimenten Räuber mit genau bekannter Vorgeschichte benutzen, praktisch also mit künstlich aufgezogenen, erfahrungslosen Tieren arbeiten. Wenn man ganz sicher gehen will – und das sollte man ja –, muß man sogar diese Tiere erst bis zum Erwachsenenstadium kommen lassen, ehe man sie mit den zu prüfenden Vorbildern und Nachahmern konfrontiert, weil aus der Verhaltensforschung bekannt ist, daß manche angeborenen Reaktionsweisen erst in einem bestimmten Alter heranreifen, was dann auf den ersten Blick so aussieht, als müßten die Jungtiere sie erlernen. Beachtet man die notwendigen Vorsichtsmaßnahmen, so bringen alle Versuche, den verschiedenartigsten Tieren die Bedeutung bestimmter, teils willkürlich gewählter Warnsignale anzudressieren, gute Erfolge. Solche Versuche sind immer wieder und in großer Zahl durchgeführt worden; ich will deshalb hier nur einige neuere besprechen.

Jane van Zandt Brower benutzte floridanische Häher der Art *Cyanocitta coerulescens* als Räuber und in mehreren Versuchsreihen folgende Schmetterlinge:

Vorbilder	Nachahmer
Danaus plexippus, Danaidae	*Limenitis archippus*, Nymphalidae
Battus philenor, Papilionidae	*Papilio troilus* u. *P. polyxenes*, Papilionidae
Danaus gilippus berenice, Danaidae	*Limenitis archippus floridensis*, Nymphalidae

Unerfahrene Vögel fraßen *Limenitis archippus* ohne weiteres. Ebenso schnappten sie den ersten ihnen danach gebotenen *Danaus plexippus* – ließen den Bissen aber unter heftigen Ekelreaktionen wieder fahren. In weiteren Begegnungen mit diesem Vorbild zeigten sie immer weniger Lust, zuzuschnappen und ließen es bald ganz sein. Dann aber beachteten sie auch den *Limenitis* nicht mehr, wenn er ihnen geboten wurde. Beide Schmetterlinge sind auf orangenem Grund schwarz und weiß gezeichnet. Dasselbe Ergebnis hatte der Versuch mit *Battus* und zwei *Papilio*-Nachahmern; den *Battus* mieden die Vögel schon nach der ersten schlechten Erfahrung – einer von drei Hähern aber brachte es fertig, Vorbild und Nachahmer auseinanderzuhalten und nur das Vorbild zu meiden. Man darf also nicht von einem Tier auf die Art und ihre Auslesewirkung schließen. In der dritten Versuchsreihe zeigte sich – neben dem erwarteten – noch ein unerwarteter Effekt: Einige Vögel, die den in der ersten Serie benutzten *Danaus plexippus* kannten, mieden ohne Erfahrung mit dem *Danaus gilippus* von vornherein dessen Nachahmer *Limenitis archippus floridensis*, offenbar weil sie ihn mit dem viel weniger ähnlichen *D. plexippus* verwechselten. Das zeigt, daß selbst oberflächliche Ähnlichkeiten schon schützend wirken können. Weitere Versuche mit anderen Vögeln und Schmetterlingen bestätigen das. Damit hat man ein gewichtiges Argument dafür, daß tatsächlich ein Nachahmer im Laufe der Evolution allmählich vervollkommnet werden kann und auch auf den noch unvollkommenen ersten Stadien schon einen Vorteil genießt; das zeigen zwar Beispiele für schlechtere Ähnlichkeiten und ganz künstlich geschaffene Mimikry-Testfälle auch, aber dennoch hört man immer wieder die Meinung vertreten, ein Nachahmer müsse, um geschützt zu sein, auch perfekt in der Übereinstimmung sein (und demnach wohl fertig vom Himmel fallen oder von einer mystischen Kraft über die unvorteilhaften ersten Anfänge der Mimikry geschoben werden).

In ausgedehnteren Versuchen prüfte dieselbe Autorin (Brower) 1963 Beispiele für Müllersche Mimikry unter neotropischen Schmetterlingen und konnte zeigen, daß Mitglieder eines Müllerschen Mimikry-Ringes verschieden unschmackhaft sind, daß sie also gegenseitig als Vorbilder wirken, aber als verschieden gute.

In allen diesen Versuchen wurde unterschieden zwischen verschiedenen Reaktionsweisen des Vogels (ob er das Insekt nicht berührte, kurz anpickte, tötete oder auch auffraß); in jedem Versuch bekam das Tier auch einen neutralen Schmetterling, um zu testen, ob es überhaupt zum Fressen aufgelegt war; der neutrale Schmetterling wurde zufallsverteilt vor oder nach dem Test-Schmetterling geboten, damit das Tier sich nicht auf eine bestimmte Reihenfolge einspielen konnte.

Ähnliche Versuche machte Brower zusammen mit ihrem Mann 1965 an Erdkröten (*Bufo terrestris*), denen entweder Hummeln (*Bombus americanorum*) und Hummelfliegen (*Mallophora bomboides*) oder Bienen (*Apis mellifica*) und Schwebfliegen (*Eristalis vinetorum*) geboten wurden; die Fliegen sind jeweils die Nachahmer. Die Kröten lernten sehr schnell, Bienen und Hummeln schon nach wenigen Erfahrungen zu meiden, das heißt, sie schnappten gar nicht erst zu, wenn sie sie sahen, und ließen von da an auch die Nachahmer zumeist unbehelligt. Einige Kröten mieden Bienen ohne weitere Übung noch nach drei Monaten. An Hummeln und Bienen, deren Stachel man entfernt hatte, lernten sie nichts, sondern fraßen sie ohne Hemmung. *Mallophora* ist eine Raubfliege, die ihre Eier in Hummelnester legt und dort schmarotzt; ob ihre Ähnlichkeit mit der Hummel ihr auch dieser gegenüber zugute kommt, ist unbekannt. Die Versuche zeigten außerdem, daß die Schutzwirkung des Vorbildes von seiner Giftigkeit abhängt; die giftigeren oder unangenehmer stechenden Hummeln waren wirkungsvollere Vorbilder als die Bienen, obwohl die Schwebfliegen bessere Nachahmer sind. Weitere Versuche fragten nach der besten Warnfarbe. In diesen Fällen wurden von mehreren Untersuchern normale Mehlwürmer benutzt; solche, die als Vorbild dienen sollten, wurden mit kräftiger Chininlösung vergällt. Dann malte man ihnen und unbehandelt gebliebenen Nachahmern gleiche Farbstreifen an und setzte sie insektenfressenden Vögeln vor. Erwartungsgemäß wurden auffällige Färbungen schneller gelernt. Man kann aber auf diese Weise auch leicht nach dem nötigen Zahlenverhältnis zwischen Vorbildern und Nachahmern fragen. 1960 fütterte Brower Stare mit normalen Mehlwürmern; den vergällten färbte sie zwei Segmente grün, ebenso einigen unvergällten (als Nachahmern), den übrigen färbte sie dieselben beiden Segmente orange. Grün als Warn- und Orange als harmlose Farbe sind aus der Natur nicht bekannt; auf diese Weise ließen sich also mögliche angeborene Meidereaktionen ausschließen. Auch diese Vögel lernten ihre Aufgabe wie erwartet sehr gut und mieden bald alle grünen Mehlwürmer, gleichgültig ob sie vergällt waren oder nicht. Sie mieden sie sogar dann, wenn sie zum Lernen 60% wohlschmeckende und nur 40% vergällte Mehlwürmer bekommen hatten. Das heißt, wenn die Übereinstimmung groß ist, kann es ruhig mehr Nachahmer als Vorbilder geben, ohne daß deren Schutzwirkung verlorengeht. Selbst wenn die Tiere nur 10% vergällte und 90% »gute« Mehlwürmer bekamen, mieden sie 17% der Nachahmer, was immerhin mehr als 0% ist und einer Art noch einen gewissen Vorteil einbrächte, wenn man das Ergebnis auf Freilandbedingungen übertragen will. Fast alle Versuchstiere irrten sich ab und zu einmal und pickten einmal nach dem Vorbild; sie spuckten aber manchmal auch einen schon ergriffenen Nachahmer (!) wieder aus, offenbar weil sie erst handelten und dann »überlegten«. Dieselben Versuche machte Reiskind 1965 mit Weidenmeisen (*Parus atricapillus*), denen er normale und mit Chinin vergällte Sonnenblumenkerne bot, und zwar in zwei parallelen Versuchsreihen mit Grün und Orange als Warnfarbe. Die Ergebnisse waren dieselben; die Tiere zögerten vor Nachahmern deutlich länger als vor normalen Kernen – was für einen bedrohten Nachahmer schon eine bedeutende Fluchtchance ist – und spuckten auch oft schon aufgenommene Nachahme-Kerne wieder aus.

Duncan und Sheppard ahmten 1965 die Bedingungen Batesscher Mimikry auf folgende Weise nach: Sie boten Hühnern statt einer Beute verschieden stark grün gefärbtes Wasser. Das dunkelste Wasser galt als Vorbild, seine Wahl wurde durch einen elektrischen Schlag bestraft. Alle schwächer gefärbten Wasser galten als Nachahmer und durften unbestraft getrunken werden. Die Tiere lernten schnell, das grüne Wasser zu meiden und nahmen vom Wasser um so seltener, je dunkler grün es war. Auch dieses Ergebnis zeigt also, daß unvollkommene Nachahmung schon einen Schutz bietet. Außerdem aber straften die beiden Experimentatoren in zwei parallelen Versuchsreihen entweder mit mäßigen oder mit starken elektrischen Schlägen; der Vergleich ergab, daß Tiere, die stärkere Schläge mit dem dunkelgrünen Wasser kombiniert erfuhren, nur von den ganz hellen Lösungen tranken, obwohl sie auch die nächst dunkleren straffrei nehmen durften. Rückübersetzt in die Mimikry-Sprache bedeutet das: Bei milder Strafe steigt der Selektionsvorteil weiter mit der Ähnlichkeit, wird also wohl zu möglichst vollständiger Ähnlichkeit führen; bei strenger Strafe aber bringt besseres Nachahmen über einen gewissen Grad hinaus kaum noch Vorteile.

Spätestens an diesen Versuchen wird der Leser gemerkt haben, daß man derartige Ergebnisse auch aus der ungemein reichhaltigen Literatur über bedingte Reaktionen holen kann. Tiere lassen sich ja mit Belohnung oder Strafe zu ganz bestimmten Handlungen auf verschiedenartigste Signale hin »dressieren«, und man hat unzählige Versuche gemacht, um herauszufinden, welche Zeitspanne zwischen strafbarer Handlung und Strafe dem Lernen am förderlichsten ist, wie die Lerngeschwindigkeit von der Höhe der Strafe (oder Belohnung) abhängt, was alles strafend oder belohnend wirkt, wie lange das Versuchstier das Gelernte behält, entweder ohne jedes Training oder auch wenn plötzlich jede Strafe wegfällt, wie weit das jeweilige Tier das Warnsignal generalisiert (d. h. auf wie unähnliche Signale es immer noch anspricht) usw. Über derartige Untersuchungen kann man sich bei Hull (1943) informieren. Sie bringen in bezug auf das Mimikry-Problem nur Bestätigungen dessen, was schon aufgezählt wurde. Das Erlernen bedingter Reaktionen ist im Leben der meisten Tiere so verbreitet, daß man sicher ohne Gefahr solche Ergebnisse im Prinzip auf die Mimikry-Frage übertragen darf. Der Einwand, dressieren ließen sich Tiere selbstverständlich auf vielerlei, aber man wisse nicht, ob das auch im Fall der Mimikry eine Rolle spiele, stützt sich auf den immer noch ununtersuchten Rest. Er scheint mir nicht viel Gewicht zu haben – es sei denn, er ermunterte zu ganz genauen Freilandbeobachtungen.

Besonders hartnäckig hält sich allerdings in der Literatur die Behauptung, die geschilderten Versuche mit gefangenen Vögeln und Schmetterlingen seien reine Kunstprodukte, denn Vögel fräßen gar keine Schmetterlinge. Diese Behauptung stützt sich zum Teil auf das indirekte Argument, man fände zu selten Schmetterlinge mit Bißmarken an den Flügeln; dem gegenüber stehen Sammlungen von Schmetterlingen mit solchen Bißmarken, die symmetrisch beide Flügel betreffen, also nicht durch Berührung von Hindernissen beim Fliegen entstanden sein können. Ein anderes Argument lautet, man habe weder Schmetterlinge in Vogelmägen gefunden noch Vögel Schmetterlinge fangen sehen. Damit ist natürlich noch nicht gesagt, daß sie es nicht doch tun. Man muß die Vögel schon sehr genau kennen, um in der negativen Aussage so sicher zu sein; daran aber hapert es offenbar gerade bei den Gegnern der Schutztrachtentheorie. Geduldige Beobachter sahen mehr: G. O. H. Carpenter beobachtete in Ostafrika u. a. Bachstelzen in ihrem Jagdrevier; zwei fraßen im glühenden Sonnenschein an einer Quelle in nur 15 Minuten etwa 50 Schmetterlinge. Ein andermal sah er ein Tier in 10 Minuten 12 Schmetterlinge verzehren. Neuerdings gelangen Beobachtungen an Vögeln, die in England dem Birkenspanner nachstellen. Die Vögel sind ungemein leicht zu stören, und man muß ihnen schon aus einem Versteck heraus zuschauen. Dabei zeigte sich, daß Drosseln Schmetterlinge vom Boden aus an Baumstämmen entdeckten und aufflogen, um sie zu schnappen; Braunellen und Rotkehlchen suchen von Zweigen und Farnwedeln aus, Goldammern rütteln in der Luft vor dem Stamm und suchen, usw. Das Fangen geht so blitzschnell, daß man schon verstehen kann, warum es erst 1953 beobachtet wurde. Aber selbst dann blieben viele Naturfreunde skeptisch; einige wurden schließlich durch Filme überzeugt, die Tinbergen vom ganzen Vorgang aus dem Versteck heraus aufnahm.

11 Ameisen-Mimikry

Weil so sehr viele ganz verschiedene Insekten und Spinnen wie Ameisen aussehen, gibt es seit langem den Begriff der Ameisen-Mimikry. Damit wird aber nur die Ähnlichkeit bezeichnet, deren Bedeutung bisher in nahezu allen Fällen unbekannt ist. Aus diesem Grund wollen wir uns hier nur ganz kurz damit befassen. Was man über die biologischen Grundlagen dieser Erscheinung bis 1925 wußte, hat Wasmann zusammengestellt, seither ist nicht viel hinzugekommen.

Die Hauptfrage, ob denn Ameisen »geschützt« sind, wird meist – wenigstens in bezug auf Vögel – verneint. Wer sonst noch Ameisen frißt und sie optisch findet, bleibt offen. Jedenfalls gibt es kaum Anhaltspunkte dafür, daß Ameisennachahmung einen Schutz vor Freßfeinden abgeben könnte. Ebensowenig spricht dafür, daß man sich als Ameise getarnt leichter an eine Beute anpirschen könnte. Welchen Effekt aber hat dann diese Ähnlichkeit? Schutztrachtentheoretiker, die sich dieser Frage angenommen haben, behaupten, es sei gar keine Mimikry im engeren Sinne, sondern eine Mimese, denn die Ameisennachahmer versuchten nur, unter Ameisen nicht aufzufallen. Immerhin sollte man dann annehmen, daß es für sie einen Grund gibt, gerade unter Ameisen zu leben. Das ist in einigen Fällen tatsächlich so, in anderen aber recht fraglich. Die Frage, auf wen die Ähnlichkeit wirken soll, ist damit jedoch nach wie vor unbeantwortet.

Die Ameisenähnlichkeit erstreckt sich auf Größe, Färbung, Körperbau und Verhalten. Die Größe ist am wenigsten aussagekräftig, denn Spinnen und Insekten gibt es sowieso in allen Größen. In der Färbung fällt besonders auf, daß häufig das dünne, Brust und Hinterleib verbindende Stielchen der Ameisen oder Wespen, das anderen Insekten fehlt, von den Nachahmern durch einen Farbeffekt vorgetäuscht wird. Darauf könnte natürlich nur ein visuell orientiertes Lebewesen »hereinfallen«. Beim Verhalten muß das schon nicht mehr so sein. Es gibt Spinnen, die täuschend wie Ameisen aussehen und auch zwischen Ameisen an Sträuchern herumlaufen. Spinnen haben acht Beine, Ameisen sechs; die Ameisenspinnen aber laufen auch nur auf sechs Beinen und tasten dabei mit dem vordersten Beinpaar so vor sich, wie es Ameisen mit den Antennen tun. Allerdings gibt es auch andere Spinnen, die das vorderste Beinpaar so benutzen. Einige Ameisenspinnen stammen aus der Familie der Springspinnen und verraten sich dem Menschen dadurch, daß sie plötzlich mit

21/22 Ameisen sind bekannt dafür, daß sie Blattläuse »melken«: Sie betrillern mit den Fühlern den Rücken der Blattlaus, und diese scheidet einen Tropfen Honigtau ab, den die Ameise (hier eine Rote Waldameise) frißt. Daß dieses freundschaftliche Verhältnis im Grunde auf einem Mißverständnis beruht, kam erst kürzlich ans Licht: Die Ameise hält das Blattlaus-Hinterende (unten links) irrtümlich für das Kopfende einer anderen Ameise (unten rechts), von der sie Futter erwartet, weil Ameisen sich gegenseitig füttern.

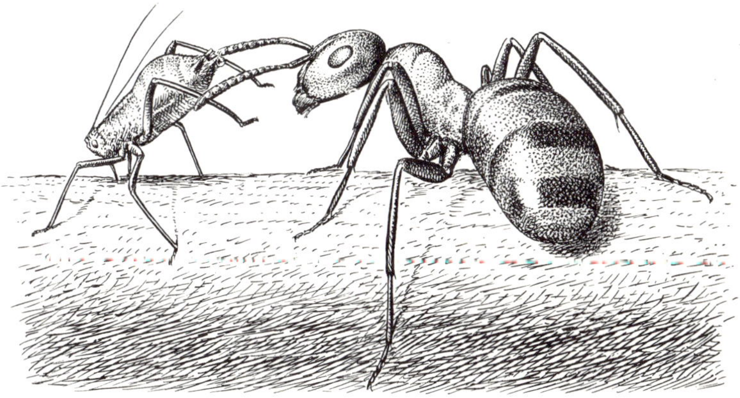

einem großen Sprung vom Ast verschwinden und dabei einen zarten Sicherheitsfaden ausziehen. Häufig ist der Körperbau eines Insekts ganz anders als bei seinen Verwandten, dafür aber dem einer Ameise ähnlich. Auch das muß nicht auf den Gesichtssinn irgendeines Tieres zielen; Wasmann und mit ihm verschiedene andere Untersucher glauben sogar, daß es sich hierbei um eine »Tastmimikry« handelt. Man findet nämlich so gestaltete Insekten als Mitbewohner von Ameisenstaaten; im Innern der Baue ist es jedoch dunkel. Hinzu kommt, daß tatsächlich Gäste von gut sehenden Ameisen (*Eciton*-Arten) in Färbung und Form, die Gäste der blinden Dorylinen aber nur in der tastbaren Form mit ihren Wirten übereinstimmen. Dennoch gehen die Meinungen über die Beweiskraft solcher Korrelationen auseinander.

Wichtig zu wissen ist natürlich, was denn diese Insekten in den Ameisenbauen treiben. Einige benutzen diese Umgebung vermutlich nur als Schutz und werden von den Ameisen kaum beachtet; einige werden aber auch gepflegt. Alle müssen von den Ameisen wenigstens geduldet werden. Dazu ist aber eine Ameisenähnlichkeit nicht unbedingt erforderlich, wie die Keulenkäfer (Clavigerinae) zeigen, die durchaus nicht wie Ameisen aussehen, aber flüchtige (Reiz-)Stoffe ausscheiden, die die Ameisen ablecken. Dennoch kommen derartige Ameisengäste vor, die ihren Pflegern mehr oder weniger gleichen. Das kann dann eigentlich nur dazu dienen, das Gastverhältnis anzubahnen. Aber dieser Schluß stammt wieder vom grünen Tisch. Einige Arten von Ameisengästen werden durch Ameisen sogar verteidigt und gefüttert. Manche mit Ameisen vergesellschaftet lebenden Insekten sind ihrerseits Ameisenfresser und oft ameisenähnlich. Hierbei scheint es sich um aggressive Mimikry zu handeln, doch gibt es wieder Beispiele, daß das auch ganz ohne Ameisenähnlichkeit geht. Natürlich ist nicht untersucht, welche Rolle dabei der »Nestgeruch« spielt, an dem sich zusammengehörige Ameisen erkennen könnten.

Der Überblick, den Wasmann 1925 »über die tatsächlichen Erscheinungen der Ameisen-Mimikry« gibt, nimmt sich recht stattlich aus; er nennt:

1. Echte Gastverhältnisse (Symphilie) ohne und mit Ameisenähnlichkeit (wobei Gesichts- und/oder Tastmimikry eine Rolle spielen können); als Beispiel wurde oben die Gruppe der Keulenkäfer genannt. Die meisten dieser Ameisengäste leben in den Nestern, einige wohl hierher gehörige Lycaeniden-Raupen aber außerhalb. Vielleicht sind auch manche Buckelzirpen (Membracidae) Ameisengäste.
2. Indifferent geduldete Ameisenuntermieter; Ameisenähnlichkeit kann fehlen oder in Behaarung, Färbung oder Skulptur ausgebildet sein.
3. Feindlich verfolgte Einmieter, ebenfalls ohne oder mit Ameisenähnlichkeit im Aussehen oder Körperbau. Hierher gehören auch einige Wanzen und Spinnen.
4. Parasiten mit oder ohne Ameisenähnlichkeit.
5. Nahrungsspendende Ameisengesellschafter (Trophobionten). (Auf diese gehe ich unten noch ein.)

Für fast alle diese Vergesellschaftungstypen gibt es Beispiele und Vertreter unter den Kurzflüglern, den Käfern der Familie Staphylinidae. Eine umfassende Darstellung der körperbaulichen Eigentümlichkeiten und Absonderlichkeiten der mit Soldatenameisen zusammenlebenden Kurzflügler hat Seevers 1965 gegeben; besonders eindrucksvoll ist, auf wie verschiedene Weise innerhalb der zwölf, wahrscheinlich unabhängig voneinander ameisenähnlich gewordenen Kurzflüglergruppen ein Stielchen zustande kommt, das den Hinterleib so, wie bei Ameisen üblich, vom übrigen Körper absetzt. Wozu das und die übrigen Ameisenähnlichkeiten gut sind, bleibt allerdings dahingestellt. Da man trotz eindrucksvoller Aufstellungen noch sehr wenig darüber weiß, wie die verschiedenartigsten Tiere mit Ameisen zusammenleben, was sich zwischen ihnen und den Ameisen abspielt, welche Sinnesreize für welche Verständigungen wichtig sind und welche Übereinstimmungen mit Ameisen man als Anpassungen deuten darf, wäre eine eingehende biologische Untersuchung der Kurzflügler vermutlich der beste Weg, Antworten auf diese Fragen zu finden. Auf welche Einzelheiten es dabei ankommt, werden wir später an anderen Beispielen sehen.

Hölldobler hat jüngst entdeckt, daß Kurzflüglerlarven (*Atemeles*), die nicht ameisenähnlich aussehen, am Rücken einen chemischen Attraktiv-Stoff absondern, mit dem sie sich für Ameisenlarven ausgeben (selbst mit diesem Käferlarvenstoff getränkte Filtrierpapierattrappen werden von den Ameisen zur eigenen Brut gelegt). Die Ameisen füttern die Käferlarven – die ihrerseits Ameisenlarven fressen –, weil sie auf die gleiche Weise, aber noch intensiver als die Ameisenbrut betteln; sie sind also übertrieben gute Ameisenlarven-Attrappen. Diese Ameisenmimikry betrifft also das Verhalten und die chemischen Signale. Daß allein die Tastreize der Bettelbewegungen schon wirksam sind, sieht man an den winzigen *Antennophorus*-Milben, die am Kopf der Ameise hängend deren Mundpartie betrillern und dadurch Füttern auslösen.

Wie wichtig die Kenntnis der Eigenschaften und Reaktionen des zu täuschenden Signalempfängers ist, zeigte sich im Fall der Trophobionten. So nennt Wasmann diejenigen Insekten, die den Ameisen als Nahrungsquelle dienen, und zwar nicht indem sie aufgefressen werden, sondern wegen ihrer zuckerhaltigen Ausscheidungen. Am bekanntesten ist das Beispiel der Blattläuse, die nur das Eiweiß im Pflanzensaft verdauen, den

Zucker aber als Honigtau ausscheiden. Niemand wird Blattläuse für Ameisennachahmer halten, denn sie sehen durchaus nicht wie Ameisen aus, sind viel kleiner und bewegen sich ganz anders, meist bewegen sie sich überhaupt nicht. Kloft, der das Verhältnis zwischen Ameisen und Blattläusen eingehend beobachtet hat, kommt aber zu dem Schluß, daß gerade die Ameisen-Blattlaus-Beziehungen auf einem Mißverständnis seitens der Ameisen gründen, vielleicht sogar heute noch zum größten Teil auf diesem Mißverständnis beruhen. Die Ameisen halten nämlich die Blattläuse für Mit-Ameisen, und zwar ohne daß die Blattläuse etwas dafür können. Insofern gilt, was Wasmann von den Trophobionten sagte, daß nämlich unter ihnen kein Fall adaptiver Ameisenähnlichkeit bekannt sei; dennoch liefern die Blattläuse ein sehr lehrreiches Beispiel: Eine festsitzende Blattlaus, die aus einer Pflanze Saft saugt, wird am Hinterende von den Ameisen ähnlich wie eine Ameisenkollegin mit den Fühlern betrillert. Als Reaktion darauf verhält sich die Blattlaus nun wiederum so ähnlich wie eine auf diese Weise angesprochene Ameise. Dabei muß man beachten, daß das Hinterende der Blattlaus dem Kopfende einer Ameise entspricht. Ameisen betteln sich untereinander außerordentlich häufig an, und die angebettelte füttert die bettelnde mit einem Tropfen flüssiger Nahrung aus dem sogenannten Kropf. Auf diese Weise wird die Nahrung unter Stockgenossen ziemlich gleichmäßig verteilt. Das gegenseitige Füttern, das wohl aus dem Brutpflegefüttern entstanden ist, bildet das »Band«, das die ganze Sozietät zusammenhält. So »begrüßen« sich Ameisen regelmäßig mit Elementen des Fütterverhaltens, wobei zunächst nicht feststeht, welche der Partnerinnen sich schließlich füttern läßt. Mitunter versucht eine der anderen den Nahrungstropfen geradezu aufzudrängen. Ameisen treffen nun auf ihren gewohnten Wegen ab und zu auf ein Blattlaushinterende, das sie freundlich begrüßen, weil sie es mit seinen Anhängen für das Vorderende einer Kollegin halten, Das Fühlertrillern auf ihrem Rücken löst bei der Blattlaus Abwehrverhalten aus: Sie hebt die Hinterbeine an und macht damit strampelnde Bewegungen. Das hält die Ameise jedoch für das erwartete antwortende Fühlertrillern der vermeintlichen Kollegin. Und wenn die begrüßte Blattlaus schließlich einen Tropfen Honigtau absondert, wird die Ameise ja sogar gefüttert. Kloft konnte mit Attrappen dasselbe Bettel- oder Begrüßungsverhalten auslösen. Einfache runde oder ovale Wachsklümpchen

waren unwirksam; mit zwei seitlich eingestochenen Borsten wurden sie aber schon – namentlich von hungrigen Ameisen – angebettelt.
Wenn es richtig ist, daß die Form des Blattlaushinterendes und seiner Anhänge zufällig weitgehend dem Kopf einer Ameise gleicht und Ameisen Blattläuse für ihresgleichen halten, dann müßte es auch vorkommen, daß sie versuchen, Blattläuse zu füttern. Kloft hat bei genauen Beobachtungen gefunden, daß so etwas tatsächlich vorkommt. Satte Ameisen versuchen, das Hinterende einer Blattlaus mit einem Nahrungstropfen zu beglücken – natürlich stets erfolglos. Aber diese Beobachtung ist doch ein starkes Argument zugunsten der »Verwechslungstheorie«.
Es gibt bislang keine Hinweise darauf, daß die Blattläuse im Lauf der Stammesgeschichte im Körperbau oder im Verhalten ameisenähnlicher geworden wären; es sieht eher so aus, als böten sie rein zufällig einen Nachschlüssel, der in das soziale Reaktionsschema der Ameisen paßt. Die Ameisen verteidigen ihre Blattläuse gegen verschiedenartige Feinde, z. B. gegen Marienkäferlarven. Sie greifen Blattlausräuber allerdings nur an, wenn diese in ihr Revier – zu dem auch Zweige mit Blattläusen gehören – eindringen; in diesem Revier aus Eiern schlüpfende Räuber »gehören dazu« und bleiben unbehelligt, wie Bänsch herausfand. Dazugehörig können also auch andere Tiere sein, ohne daß es einer besonderen Ameisenähnlichkeit bedürfte – begrüßt und gefüttert aber werden sie nicht. Wieweit Ameisen ihr ursprünglich nur auf Artgenossen gerichtetes Sozialverhalten zur Blattlauspflege abgewandelt haben, ist noch unbekannt. Die Blattläuse beuten dieses Sozialverhalten der Ameisen nur insofern aus, als die beschützt werden; auf Holunderbüschen sind regelmäßig nur einige Zweige von Ameisen belaufen, und nur die daran sitzenden Blattlauskolonien sind relativ feindfrei. Für die Ameisen aber macht sich das fehlgeleitete Sozialverhalten bezahlt, denn sie bekommen große Mengen Zuckersaft. Von Ameisen besuchte Blattläuse produzieren nämlich ganz erheblich mehr Honigtau als unbesuchte: eine Blattlaus beispielsweise der Art *Aphis sambuci* produziert pro Tag 3,24 mm³ ohne Ameisen und 9,72 mm³ Honigtau mit Ameisenbesuch. Ein einziges Volk der Roten Waldameise (*Formica rufa*) verzehrt jährlich über 100 kg Honigtau. Auf diese Weise können Ameisen indirekt durch ihr Sozialverhalten zu Pflanzenschädlingen werden.

12 Zur Entstehung von Mimikry

Zunächst mag es reichlich unwahrscheinlich dünken, daß die Blattläuse so ganz zufällig eine Reaktion der Ameisen auslösen, die noch dazu beiden zugute kommt. Ist so etwas nun erstaunlich oder zu erwarten? Wenn man die große Zahl verschiedenster Lebewesen bedenkt und die vielerlei möglichen Wechselbeziehungen zwischen ihnen und zur Umwelt, könnte man es fast erwarten. In der Tat gibt es zahlreiche Beispiele für »evolutorisch unbeabsichtigte Funktionsinterferenzen«. Das zu den Lippenblütlern gehörige Katzenkraut (*Nepeta cataria*) hat eine eigenartige Wirkung auf Katzen; der volkstümliche Name deutet an, daß das seit langem bekannt ist. Genauer untersucht wurde es kürzlich von Palen und Goddard. Katzen beiderlei Geschlechts, auch kastrierte, reagieren auf Stoffe aus dieser Pflanze mit ganz bestimmten Verhaltensweisen (Gesichtsreiben, Körperrollen), die normalerweise paarungswillige Weibchen gegenüber einem Männchen zeigen; das ganze übrige Verhalten bleibt unverändert, und es läßt sich auch kein weitergehendes Sexualverhalten damit auslösen. Die Reaktion ist spezifisch, scheint aber weder der Pflanze noch der Katze zu nützen. – Durch mindestens zwei Stunden andauernden hohen Wasserdruck werden Naupliuslarven des Meereskopepoden *Tigriopus californicus*, aus denen eigentlich Männchen würden, so verändert, daß sie zu weiblichen Tieren auswachsen; das Krebschen lebt aber in Spritztümpeln am äußeren Rand der Gezeitenzone, kommt also nie in solchen Druck. Hier liegt eine Reaktionsmöglichkeit bereit, die unter den derzeitigen Verhältnissen nicht ausgenutzt wird. – Berühmt geworden ist in jüngster Zeit die Feuerwanze, *Pyrrhocoris apterus*, die zu Versuchszwecken in größerer Menge im Labor gezüchtet wurde, und zwar zunächst in der Tschechoslowakei. Bemühungen, die Tiere auf genau die gleiche Weise in Amerika zu züchten, schlugen fehl. Es stellte sich dann heraus, daß das Zeitungspapier schuld daran war, mit dem die Zuchtgefäße ausgelegt wurden. Bestimmte Papiersorten enthalten nämlich einen Stoff, der ähnlich wie ein Juvenilhormon wirkt: Die Tiere bleiben Larven oder entwickeln sich zu larvenähnlichen Tieren, die vor der Geschlechtsreife sterben. Wirksam war vor allem das Papier der *New York Times*, des *Boston Globe*, *Wall Street Journal*, *Scientific American* und der *Science;* inaktiv waren *London Times*, *Nature* sowie europäische oder japanische Papiere. Das aktive Papier wird vornehmlich aus der amerikanischen Balsamtanne herge-

stellt. Inzwischen sind eine Fülle physiologischer Arbeiten erschienen, die diesem Phänomen auf den Grund zu kommen trachten.
Wie ein eigens im Laufe der Stammesgeschichte ausbalanciertes System sieht die Beziehung zwischen zwei Rädertierchen-Arten aus, die von Beauchamp 1952 entdeckt und kürzlich von Gilbert weiter untersucht wurde. Beide Arten kommen nebeneinander vor, die eine (*Brachyonus calyciflorus*) fällt häufig der anderen, einer *Asplanchna*-Art zum Opfer. *Asplanchna* aber gibt ständig einen bestimmten Stoff (wahrscheinlich ein Protein) ins Wasser ab, der auf die Eier von *Brachyonus* wirkt, und zwar nur auf solche, die noch nicht mit der Entwicklung begonnen haben. In ihnen legt der Stoff einen Entwicklungsvorgang fest, der dazu führt, daß die fertigen *Brachyonus*-Rädertiere außer den normalen drei Paar kurzen Stacheln ein Paar langer Stacheln haben, die beweglich sind und sich spreizen, sobald das Tierchen sich zusammenzieht. Abgesehen davon, daß dieser Stoff frei außerhalb des Körpers und auf eine andere Art wirkt, bevor deren erste Zellteilungen beginnen – alles ganz ungewöhnlich im Tierreich –, ist das Bemerkenswerteste daran, daß die so erzeugten Stacheln den *Brachyonus* vor der *Asplanchna* schützen. Der Räuber erzeugte also an seinen Beutetieren gegen ihn selbst gerichtete Schutzvorrichtungen, die den ohne *Asplanchna*-Nachbarschaft lebenden *Brachyonus calyciflorus* fehlen. – Solche Beeinflussungen können natürlich auch zu Abhängigkeiten werden, und das finden wir vor allem bei Parasiten. Der extremste Fall ist vom Kaninchenfloh (*Spilopsyllus cuniculi*) durch Rothschild bekanntgeworden. Dieser auf gewöhnliche Kaninchen spezialisierte Floh kann sich nur auf trächtigen Häsinnen vermehren, denn die Keimdrüsenfunktionen des Flohs werden nur durch die Sexualhormone des Wirts geregelt – damit wird die Fortpflanzung beider synchronisiert, so daß junge Flöhe zusammen mit jungen Kaninchen auftreten. Das ist bisher das einzige bekannte Beispiel dafür, daß ein Tier seinen Fortpflanzungszyklus von einem anderen Tier kontrollieren läßt. Das geht so weit, daß der Floh seine Eier wieder resorbiert, wenn die Häsin eine Fehlgeburt hat.
Verschiedene Pflanzen sind erfolgreiche Insektenfänger, obwohl sie nichts davon haben. Auf dem klebrig-schleimigen Hut des Blätterpilzes *Hygrophorus eburneum* bleiben bis zu 3 mm große Insekten kleben, größere hängen oft an den klebrigen Stengelabschnitten der Pechnelke

(*Viscaria*). Auf den Blütenständen des ostafrikanischen Klebgrases *Setaria verticillata* kann man ganze Gruppen toter Schmetterlinge sehen. In den aufgeblähten, den Stengel umfassenden Blattscheiden der Karden (*Dipsacus silvester*) verbergen sich gern flügellose und lichtscheue Kerbtiere. Wenn bei plötzlichem Regen die kleine Wanne voll Wasser läuft, ertrinken viele darin, vor allem Schweb- und Raupenfliegen (Syrphidae, Tachinidae), weil die Oberfläche der Blattscheiden sehr glatt ist. Das mutet wie eine Vorstufe zu den Kannenpflanzen an, die den Insektenfang ja »berufsmäßig« betreiben (s. S. 145) und die gefangenen Insekten verdauen. Viele derartige potentielle Passungen bleiben sicher ungenutzt, viele werden aber auch ausgewertet, und es entstehen spezielle Anpassungen. Das kann sogar im Laufe des Lebens eines einzelnen Tieres geschehen; Tiere, die lernen können, nutzen individuelle Erfahrungen, und zwar auch darüber, wie sie andere Tiere »hereingelegt« haben. Drosseln beispielsweise lernen, Konkurrenten durch Luftfeind-Warnrufe in Dekkung zu jagen, um selbst ungestört einen Leckerbissen erhaschen zu können; Raben sind gegen verhaßte Rivalen – auch Menschen – betont unterwürfig, bis sie nahe genug herangekommen sind, um ihnen unvermittelt eines auszuwischen. (Dieses »unfaire« Verhalten ist zugleich ein Beweis dafür, daß nicht einmal das Lügen dem Menschen vorbehalten ist.) Die Schmarotzerraubmöwen ernähren sich zum großen Teil von Beute, die sie anderen Möwen und Seeschwalben abjagen. Dabei kommt ihnen offenbar die Ähnlichkeit ihrer Flugsilhouette mit Falken zugute, denn die Opfer lassen ihre Last schon fahren, noch ehe die Raubmöwe sie sehr bedrängt; auch Limikolen reagieren auf Falken und Raubmöwen gleich. Unklar ist, ob die einzelnen Raubmöwen ihre Schreckwirkung, die vermutlich zum Teil auf einer Verwechslung beruht, auszunutzen lernen oder ob sie im instinktiven Verhalten schon fest eingeplant ist. Ein Gegenstück dazu, der getarnte Raubvogel, ist auf S. 115 erwähnt. Jedenfalls gibt es genügend Beispiele, die sich als Mimikry in statu nascendi deuten lassen; ob diese Deutung richtig ist, muß jeweils durch eingehende Untersuchungen geprüft werden.

Ohne das Ergebnis einer solchen Nachprüfung vorwegzunehmen, kann man erwarten, aus solchen Fällen Aufschlüsse über die Wurzeln der Mimikry zu bekommen; denn natürlich fällt kein fertiger Nachahmer vom Himmel. Schwierigkeiten kann man nur wieder mit den Definitionen bekommen. Gemeinhin spricht man nämlich erst dann von Mimikry, wenn man annehmen kann, daß das mimetische Merkmal dieser Funktion angepaßt worden ist. Dabei bleibt oft unberücksichtigt, daß das mimetische Merkmal erst durch eine bestimmte Verhaltensweise zur Wirkung kommt und daß sehr häufig in einem solchen Merkmalskomplex die Verhaltensweisen älter als die zugehörigen Organmerkmale sind. Rein definitorisch manövriert man sich dann in das Dilemma, daß möglicherweise nur ein Zusatzmerkmal unter den Mimikry-Begriff fällt. Außerdem kann es ja sein, daß ein für die Nachahmung wichtiges Merkmal im Dienst einer ganz anderen Funktion entwickelt wurde und später die Funktion wechselte. Ist das dann keine Mimikry, nur weil das Merkmal schon vorher da war? Und was wäre, wenn das mimetische Merkmal heute noch eine andere Funktion zusätzlich erfüllt und vielleicht nur nebenbei mimetisch ist? Ist die Übereinstimmung der Blattläuse mit Ameisen keine Mimikry, weil ja Blattläuse immer schon so ausgesehen haben? Hier mischt sich ein fremdes Element in die Argumentation, und zwar wieder deshalb, weil man zu oft den Signalempfänger und seine Reaktionsweise nicht kennt und dann aus anders nicht erklärbaren Eigentümlichkeiten des vermuteten Nachahmers auf einen zu ihrer Ausbildung notwendigen besonderen Selektionsvorteil schließen möchte. Wenn das auch als Ansatzpunkt ganz praktisch sein kann, so darf man daraus doch nicht ein Wesensmerkmal der Mimikry machen. Konsequent zu Ende geführt kommt man damit sogar zu fast unlösbaren Problemen, weil ja jedes Merkmal irgendwelche Vorläufer und Wurzeln hat. Ehe diese nicht mimetisch wirken, können sie nicht durch Auslese einem Vorbild ähnlicher werden, bevor sie aber nicht durch Auslese ähnlicher geworden sind, wären sie definitionsgemäß nicht mimetisch.

In dieselbe Richtung zielt ein anderes Hilfsargument für Mimikry, daß nämlich die Nachahmung jünger sein muß als das Vorbild. Besonders kraß tritt dieses Argument hervor, wenn behauptet wird, die Blattähnlichkeit vieler Heuschrecken (am extremsten beim Wandelnden Blatte *Phyllium*) könne keine Blattnachahmung sein, denn Handlirsch habe blattähnliche Insekten fossil aus dem Oberen Jura nachgewiesen, als es noch gar keine Laubgewächse gab. Demnach dürfen also blattähnliche Körperteile erst entstehen, wenn es schon Blätter gibt? Dann müßten Blätter also einen vorerst geheimnisvollen Einfluß auf die Mutationen in der Erbmasse der Tiere haben? Das anzunehmen wäre eine noch wildere Spekulation als sie den Mimikry-Verfechtern vorgeworfen werden kann. Vernünftiger ist doch wohl die Annahme, daß Merkmale, die irgendeinem anderen Objekt ähneln, immer wieder einmal auftreten, selbst wenn das »Vorbild« ganz woanders ist. Kommen beide zeitlich und räumlich mit einem sie vergleichenden Signalempfänger zusammen, dann kann dieser eine Auslesewirkung haben, die vielleicht nur darin zu erkennen ist, daß die »Nachahmung« erhalten bleibt; sie braucht sich nicht einmal in der Population unter den Artgenossen durchzusetzen und braucht auch nicht vervollkommnet zu werden. Nehmen wir einmal an, es gäbe aus irgendwelchen, uns unbekannten Gründen Heuschrecken, die blattähnlich aussehen, aber in einer Gegend leben, in der keine solchen Blätter vorkommen. Wenn nun in dieser Gegend blättertragende Pflanzen auftauchen und die Heuschrecken ihren Feinden daraufhin seltener zum Opfer fallen, weil sie viel schwerer als vorher zu finden sind, darf man dann nicht von einer Blattnachahmung und einer mimetischen Tracht sprechen? Wer diese Frage verneint, müßte für alle Nachahmungen den Beweis fordern oder selbst erbringen, daß das Vorbild älter als die Nachahmung ist. Man mag das versuchen und damit der Versuchung erliegen, die erste Silbe des Begriffes Nachahmung zeitlich aufzufassen, nur hat das wenig mit der Frage zu tun, ob jemand durch die Ähnlichkeit zweier verschiedener Objekte getäuscht wird und welche Wirkung diese Täuschung hat. Das aber scheint mir die Kernfrage der Mimikry.

Das zur Mimikry nötige Dreiersystem aus Vorbild, Nachahmer und Signalempfänger braucht nicht dadurch zustande zu kommen, daß zu einem Zweiersystem (Vorbild–Signalempfänger) ein Dritter, nämlich der Nachahmer, hinzustößt. Wenn man schon meint, zu zwei vorher Vorhandenen stoße nachträglich ein Dritter, so kann dieser Dritte das Vorbild, der Nachahmer oder der Signalempfänger werden. Es ist unsinnig, die Mimikry definitorisch auf einen dieser möglichen historischen Werdegänge festzulegen.

13 Mertenssche Mimikry

Wegen ihrer höchst auffälligen Färbung nennt man eine Anzahl nur in Amerika vorkommender Schlangen »Korallenschlangen« oder »Korallennattern«. Schon zur Zeit, als Henry Bates seine Idee der Mimikry an südamerikanischen Tagfaltern erläuterte, wußte man, daß es unter den Korallenschlangen giftige und ungiftige Arten gibt. Man spricht auch von »echten« und »falschen« Korallennattern und gibt damit zu, daß man eine so auffällige Färbung für ein Schreckmittel, eine Warntracht hält, die nur gefährlichen Schlangen zusteht. Daraus erwuchs ganz natürlich die Vorstellung, daß es sich bei den falschen Korallenschlangen um Fälle von Mimikry handle. Diese Deutung geriet aber bald in heftige Diskussionen. Einige Reptilienforscher glaubten nicht daran oder leugneten eine Mimikry (überhaupt oder speziell bei diesen Tieren) ganz ausdrücklich; andere bemühten sich, möglichst viele Argumente für Mimikry beizubringen. Sie taten das mitunter sehr temperamentvoll, aber nicht immer sehr geschickt. Im Jahre 1956 hat dann Mertens, ein führender Reptilienkenner, dieses Problem eingehend erörtert.
Wenn die Korallennattern rasch kriechen, sehen sie alle sehr ähnlich aus. Aber noch 1927 beschrieb ein Fachmann den ganz ungiftigen *Atractus latifrons* als eine neue Art von *Micrurus*; man verwechselt also zumindest einige Arten, auch, wenn sie still liegen. Oft bemerkt man erst, wenn man mehrere Korallenschlangen gleichzeitig vor sich hat, die verschiedenen Zeichnungstypen, die es unter ihnen gibt (Abb. 23).
Diese Korallentracht ist etwa 75 Schlangenarten aus 18 Gattungen eigen. Alle leben in der tropischen oder subtropischen Zone Amerikas. Die Korallenschlangen gehören zu zwei verschiedenen Familien, den Giftnattern (Elapidae) und den Nattern (Colubridae). Innerhalb der Colubriden gibt es Korallenschlangen in vier verschiedenen Unterfamilien und in vielen, untereinander nicht näher verwandten Gattungen.
Man kann sich die Übersicht etwas erleichtern, wenn man die interessanten Merkmale – Giftigkeit, Färbung, Verwandtschaftsgrad – jeweils paarweise betrachtet.
a) Giftigkeit und Verwandtschaft
Die Giftschlangen haben ihr Gift zum Beutefang immer weiter spezialisiert. Uns interessiert hier aber das Abwehrverhalten der Schlange gegen einen Feind, der sie bedroht.
Unter den Korallenschlangen sind die Giftnattern am gefährlichsten; ein

von ihnen gebissener Kleinsäuger oder Vogel ist nicht mehr zu retten. Diese Schlangen sind aber in der Verteidigung nicht sehr beißlustig. Auch *Pseudoboa trigemina* beißt nicht häufig. Außerordentlich bissig dagegen ist die mäßig giftige *Erythrolamprus aesculapi venustissimus*. So gibt es alle möglichen Abstufungen in der Giftigkeit und der Bissigkeit, die ja beide zusammen die Gefährlichkeit ausmachen. Selbst die ungiftige *Lampropeltis doliata*, die auch erst zubeißt, wenn sie derb angepackt wird, verursacht dann sehr unangenehme, heftig blutende Wunden.

Die Gefährlichkeit ist nicht mit der Verwandtschaft korreliert; es gibt ungiftige und recht giftige Schlangen innerhalb derselben Unterfamilie (z. B. Xenodontinae), ja sogar innerhalb der Gattung *Erythrolamprus*, von der hier nur giftige Formen aufgezählt sind.

b) Färbung und Verwandtschaft

Die Korallentracht kommt nur bei amerikanischen Schlangen vor, nämlich bei den Elapiden und Colubriden, aber durchaus nicht bei allen. In beiden Familien gibt es in Amerika auch Gattungen ohne Korallentracht. Sogar innerhalb der Gattung *Micrurus*, die zu den echten Korallenschlangen gehört, gibt es eine Art (*M. mipartitus*), die keine Korallentracht hat, sondern einfach schwarz und weiß geringelt ist. Die Korallentracht fehlt den Vertretern der Dipsadinae und der Gattung *Sibynophis* in der Alten Welt. Bei dieser findet man außerdem in Südamerika alle Übergänge zur vollen Korallentracht: Bei *S. sumichrasti* fehlt sie noch völlig, *S. carpicinctus* hat eine schwarz-gelbe Doppelbänderung auf dem Halse, *S. annulatus* auf Hals und Vorderrücken, *S. nothus* auf dem ganzen Rücken, ausgenommen den Schwanz, *S. cyclurus* schließlich auf der ganzen Oberseite. Ebenso tritt bei diesen immer mehr Rot auf und wird zur Grundfärbung.

Die ähnliche Färbung ist also kein Verwandtschaftsmerkmal, das heißt nicht historisch bedingt, umgekehrt ist aber auch verschiedene Färbung kein Argument gegen eine Verwandtschaft.

c) Giftigkeit und Färbung

Daß hier keine Korrelation besteht, wurde schon eingangs erwähnt. Es gibt fast völlig gleich aussehende giftige und ungiftige Arten. Man kann sich aber auch nicht darauf verlassen, daß bei zwei verschiedenen Arten mit gleicher Zeichnung jeweils eine giftig, die andere ungiftig sei; sie können beide giftig oder beide ungiftig sein, ohne deshalb nahe ver-

23 »Korallenschlangen« nennt man eine Reihe von neotropischen Schlangen wegen ihrer auffälligen Färbung, die weitgehend mit denselben Farbkombinationen hergestellt, aber oft unabhängig von der Verwandtschaft der Arten sind. Die gezeigten Stücke sollen die im Text erwähnten Muster verdeutlichen; von oben nach unten: *Lampropeltis doliata annulata, Micrurus fulvius, Micruroides euryxanthus.*

wandt zu sein. Es kommen aber auch mehr als zwei Arten mit gleicher Färbung vor, von denen eine oder mehrere giftig sein können.

Wenn nicht mit Verwandtschaft oder Giftigkeit, womit hängt dann die gleiche Färbung der Korallenschlangen zusammen? Daß rein gesetzmäßig solche Färbungen nur in Südamerika auftreten, wird man wohl nicht annehmen können. Auch mit der Umwelt kann es nicht gut zusammenhängen, denn Korallenschlangen gibt es im Regenwald, in der Buschsteppe, in den Gebirgen und in trockenen, wüstenartigen Gebieten.

Außerdem leben verwandte Schlangen in entsprechenden Gebieten anderswo auf der Erde, ohne daß bei ihnen eine Korallentracht aufträte. Auch mit den Freßgewohnheiten der Tiere hat es nichts zu tun; zwar sind viele Korallenschlangen Schlangenfresser, aber eben nicht alle, und schlangenfressende Schlangen sehen in der Alten Welt ganz anders aus. Und falls man annehmen wollte, ein geheimnisvolles südamerikanisches Etwas sei für die Korallentracht verantwortlich, so bleibt völlig unverständlich, wieso dieses Etwas nur Schlangen von etwa 1 m Länge befällt, nicht aber größere oder nur 40 cm lange.
Die Korallentracht ist in allen genannten Lebensräumen auffällig, diese Schlangen sind kaum getarnt. Auch leben die meisten nicht nächtlich und verstecken sich nicht mehr als andere Schlangen. Ausnahmen sind *Pseudoboa* und *Rhinobothryum,* die die Dunkelheit für ihre Aktivität vorziehen; also hängt die Färbung auch nicht von der Aktivitätszeit ab. Alles das heißt aber nicht, daß man für diese Farbübereinstimmung keine Erklärung fände: Mertens kommt nach ausführlicher Würdigung aller Argumente zu dem Schluß, daß eben die ursprünglich vorgebrachte Ansicht, es handele sich hier um Mimikry, die wahrscheinlichste ist. Das heißt: Man nimmt an, daß unter den südamerikanischen Giftnattern aus der überall bei dieser Gruppe vorkommenden hell-dunklen Ringelung einmal die schwarz-gelb(weiß)-rote Korallentracht entstanden ist. Für giftige Arten ist das als Warntracht vorteilhaft, weil sie zumindest von einigen Schlangenfeinden gemieden werden. Dann aber kann leicht eine harmlose Schlange denselben Schutz genießen, wenn sie nur eine ebensolche Färbung trägt.
Man scheitert mit den Versuchen, alle Fälle von Korallentracht einheitlich erklären zu wollen; die bislang einzig befriedigende Erklärung nennt für giftige und ungiftige Formen verschiedene Ursachen, wobei die giftigen Formen notwendige Voraussetzung für das Erhaltenbleiben der ebenso aussehenden ungiftigen Formen sind. Daß es so viele verschiedene Nattern mit Korallentracht ausgerechnet in Südamerika gibt, liegt einfach daran, daß es die wenigen Korallengiftnattern nur dort gibt. Damit werden zugleich auch einige weitere merkwürdige Erscheinungen verständlich: Wie erwähnt, gibt es keine Korallentracht bei Schlangenarten, die größer als die giftigen Korallenschlangen sind. Diese Übereinstimmung mit dem Vorbild wird besonders deutlich bei *Lampropeltis do-*

liata gaigae, bei der sie sich auf einen bestimmten Lebensabschnitt beschränkt; Jungtiere dieser Unterart sehen aus wie Vertreter der Gattung *Micrurus,* die erwachsene Natter aber, die viel größer wird, ist ganz schwarz. Auch hat *Lampropeltis doliata* im Nordosten der Vereinigten Staaten keine Korallentracht, sondern nur in den südlichen Gegenden, wo sie zusammen mit *Micrurus* vorkommt.

Signalempfänger und Vorbild

Der Leser wird schon bemerkt haben, daß die Ähnlichkeit der *Micrurus*-Arten untereinander natürlich keine Batessche Mimikry ist, sondern unter die Müllersche Mimikry fällt. Schwierig ist die Einordnung von *Rhinobothryum, Erythrolamprus* und *Pseudoboa;* wohl sind sie giftig, aber nicht so giftig wie die *Micrurus.* Insofern sie selbst geschützt sind, sollten sie Müllersche Nachahmer, weil sie aber doch weniger geschützt sind, sollten sie zugleich Batessche Nachahmer sein. Das wäre noch nicht so schlimm, denn wir haben ja schon gesehen, daß es zwischen beidem fließende Übergänge gibt. Die Sache wird aber verzwickt, sobald wir den Signalempfänger betrachten. Dann kommt man nämlich zu dem Schluß, daß gar nicht die *Micrurus*-Arten, sondern ihre weniger giftigen »Nachahmer« die wahren Vorbilder, das heißt Schutzspender sind. Zunächst muß man wissen, daß Schlangen eine ganze Reihe von Feinden haben, in Südamerika vor allem kleinere Raubtiere, die sogar vorwiegend Schlangen fressen, außerdem Kuckucksvögel, Storchvögel, die Seriemas (Cariamidae), die etwa den afrikanischen Sekretären (Sagittariidae) entsprechen, aber auch andere Tiere, z. B. Nabelschweine und große, schlangenfressende Nattern wie etwa die Mussurana (*Clelia*). Einige dieser Tiere werden sogar mit den giftigsten Schlangen fertig; das ist nicht weiter verwunderlich, denn einen absoluten Schutz gibt es für keine Tierart, doch ist schon ein relativer Schutz, das heißt, daß sich die Zahl der Feinde wenigstens verringert, von großem Vorteil. Es gibt bisher keine Anhaltspunkte dafür, daß diese Schlangenfeinde eine echte Korallenschlange angeborenermaßen, das heißt also vor jeder eigenen Erfahrung damit, erkennen. Ich habe aber auch schon erwähnt, daß das Gift der echten Korallenschlangen, wenn sie zum Biß kommen, tödlich ist; eine Maus fällt sogar sofort tot um, wenn sie von einer *Micrurus corallinus*

24 Kaum zu unterscheiden (namentlich wenn man nur eine von beiden vor sich hat) sind die sehr giftige Korallenschlange *Micrurus frontalis* (links) und die ungiftige *Simophis rhinostoma*. Dennoch ist in diesem Fall die giftige Art nicht das Vorbild für die ungiftige, sondern beide sind Nachahmer.

oder *M. fulvius* gebissen wird. Aber auch wenn der Tod etwas länger auf sich warten läßt, kann man mit Recht fragen, welche Bedeutung denn die auffällige Korallentracht dieser Schlangen haben soll. Diese Tiere könnten beliebig anders, vor allem getarnter aussehen, denn auch sie haben Feinde, die aber nach einem mißlungenen Angriff aus der dann folgenden üblen Erfahrung nichts lernen und wohl nie mehr in eine Situation kommen, in der sie diese Schlangenart wiedererkennen müßten. Die auffällige Korallentracht der echten Korallenschlangen kann keine Warntracht sein, wenn deren warnende Bedeutung von anderen Tieren erst gelernt werden muß, jeder Lernversuch aber mit dem Leben bezahlt wird. Aus der Erfahrung lernen können Tiere jedoch eben diese Warntracht an den weniger giftigen korallenfarbigen Schlangen, von deren Bissen sie sich wieder erholen. Und dann werden sie natürlich auch den ebenso aussehenden echten Korallenschlangen aus dem Wege gehen. Damit ist die Schutzwirkung, die die Korallentracht für die echten Korallenschlangen hat, abhängig von den üblen Erfahrungen, die Feinde an den mäßig giftigen oder anderweitig unangenehm wehrhaften falschen Korallenschlangen sammeln. Ebenso abhängig davon sind aber auch die ganz harmlosen falschen Korallenschlangen. Man kommt also zu dem Schluß, daß die mäßig giftigen Arten die wahren Schutzspender, also die Vorbilder sind und daß sowohl die ungiftigen als auch die sehr giftigen als Nachahmer zu gelten haben, denn mit beiden kann ein Feind keine üblen Erfahrungen sammeln: Entweder gibt es nichts Übles, das man lernen könnte, oder man kann das Üble nicht lernen.
Man muß allerdings auch damit rechnen, daß hier wieder das Prinzip der Auto-Mimikry hineinspielt; falls nämlich die giftigen Arten ihr Gift erschöpfen können, wären sie zeitweise ungeschützt und dann möglicherweise ihre eigenen Nachahmer.
Die ungiftigen, wehrlosen Arten sind Nachahmer im Sinne von Bates, das ist klar. Die sehr giftigen aber sind keine Batesschen Nachahmer, denn sie sind ja geschützt und wahrscheinlich sogar besser als die Vorbilder. Zwar meidet ein Tier, das schlechte Erfahrungen an den mittelgiftigen Arten sammelte, die sehr giftigen daraufhin völlig zu Recht, wie bei der Müllerschen Mimikry, und nicht zu Unrecht, wie bei der Batesschen; ihm wird ja sogar das Leben gerettet, weil es den Nachahmer nur unterschätzen kann. Dennoch kann man hier aber nicht von Müller-

scher Mimikry sprechen, denn die Schutzwirkung der Warntracht beruht nicht auf Gegenseitigkeit. Die mittelgiftigen Arten haben nicht deswegen diese Warntracht, weil die sehr giftigen sie auch haben, sondern nur umgekehrt.

Diese Form der Mimikry, bei der also nicht die wehrhafteste Art das Vorbild ist, sondern – weil zu wehrhaft, um noch ein Lernen zu erlauben – Nachahmer einer weniger wehrhaften ist, möchte ich »Mertenssche Mimikry« nennen. Sie dürfte unter sehr wehrhaften und giftigen Tieren auch anderer Tiergruppen vorkommen, vielleicht auch unter bestachelten Insekten, die kleineren Feinden gefährlich werden können. Bisher hat man für Tiere, die ihre Feinde töten können und dennoch warnfarbig sind, nur die eine Erklärung gehabt, daß diese Warnfarbe den Feinden angeborenermaßen bekannt sei. Die Mertenssche Mimikry gibt eine andere Erklärung, bei der die Warnfarbe – wie bei der

Batesschen und Müllerschen Mimikry – nur als besonders prägnantes Dressurmerkmal angesehen zu werden braucht.
Von Mertensscher Mimikry würde man auch dann sprechen, wenn durch die Verteidigung des bedrohten Tieres der Angreifer nicht getötet, sondern nur das zum Erkennen eines ähnlichen Tieres notwendige Sinnesorgan bei ihm ausgeschaltet wird; es würde ja z. B. genügen, daß eine warnfarbige Schlange zur Verteidigung ein Gift dem Angreifer in die Augen spritzt und der daraufhin erblindet.
Mertens selbst hat diese Konsequenz aus seiner Korallenschlangenstudie nicht gezogen. Er versucht, alles mit Bates- und Müllerscher Mimikry zu erfassen. Außerdem legt er großen Wert auf das Wallacesche Häufigkeitskriterium, demzufolge Nachahmer nicht viel häufiger als die Vorbilder auftreten dürfen. Wir haben schon gesehen, daß das nicht unbedingt richtig ist. Dennoch sind die von Mertens mitgeteilten Zahlen von Interesse. Im berühmten Butantan-Institut in Sao Paulo liefern Fänger dauernd Schlangen aller Art ab, giftige und ungiftige, pro Jahr 14 000 bis 26 000 Stück; vor allem unterscheiden diese Fänger nicht zwischen den echten und falschen »Cobras Corales« und werden auch nicht zu solcher Unterscheidung ermuntert. Die Häufigkeit, mit der die einzelnen Arten hereinkommen, entspricht also der Häufigkeit, mit der die Fänger auf sie stoßen. Für den Staat Sao Paulo ergeben sich folgende Zahlen:

	1950	1951	1952	1953
Vorbilder	59	41	58	56
Nachahmer	218	246	265	284

Das spricht – wenn man auf das Häufigkeitskriterium baut – gegen die Mimikry-Hypothese, denn die Nachahmer machen über 80% der Fänge aus; für ganz Brasilien kommt man auf Werte von 65% bis 75%. Überdies gibt es in den südwestlichen Vereinigten Staaten Gebiete, wo Korallenschlangen vorkommen, aber keine *Micrurus*-Vorbilder.
Nun sind aber in diesen Aufstellungen als Vorbilder immer die *Micrurus*-Arten gewertet und alle anderen als Nachahmer. Das aber ist, wie wir gesehen haben, sehr wahrscheinlich falsch. Schlüsselt man nun die oben genannten Gesamtzahlen anders auf und rechnet als Vorbilder die mäßig giftigen Arten (*Erythrolamprus*, *Pseudoboa*), als Nachahmer sowohl die

ungiftigen (*Simophis rhinostoma*) als auch die sehr giftigen *Micrurus*-Arten, so kommt man zu folgenden Zahlen:

	1950	1951	1952	1953
Vorbilder	193	220	236	257
Nachahmer	84	67	87	83

Jetzt hat sich das Verhältnis also nahezu umgekehrt, es gibt wirklich mehr Vorbilder als Nachahmer.

Die Entstehung dieser Korallenschlangen-Mimikry erklärt Mertens durch eine gut begründete Zeit-Stufen-Theorie. Sicher waren die echten Korallenschlangen, also die Vorfahren der *Micrurus*-Arten, nicht immer schon so giftig. Als mäßig giftige Arten können sie aber durchaus die Rolle des warnfarbigen Vorbildes gespielt haben, so daß sich die Ausbildung einer ebensolchen Warnfärbung für völlig oder fast ungiftige Arten lohnte. Wie schon erwähnt, gibt es innerhalb einer Gattung, *Erythrolamprus*, giftige und ungiftige Formen; das deutet nachdrücklich darauf hin, daß die Giftigkeit allmählich zunahm. Wenn das richtig ist, mußte es dadurch zur zweiten, heutigen Stufe der Korallenschlangen-Mimikry kommen, bei der die ursprünglichen Vorbilder zu giftig geworden sind, um ihre Rolle noch spielen zu können, ein Teil der früheren Nachahmer aber jetzt zu funktionellen Vorbildern geworden ist. Ob das nun richtig ist oder nicht – auf jeden Fall zeigen die Korallenschlangen sehr deutlich, wie wichtig für eine rechte Beurteilung der Vorbild- und Nachahmerrolle die Kenntnis des Signalempfängers und seiner Reaktionen bzw. Reaktionsmöglichkeiten ist. Darauf werden wir später (S. 232) noch einmal zurückkommen.

Nicht untersucht ist bisher, nach wie vielen Bissen der Giftvorrat einer *Micrurus* so abnimmt, daß sie nicht mehr tödlich beißt und in diesem Zustand vielleicht Vorbild, voller Gift aber ihr eigener Nachahmer ist, vergleichbar dem auf S. 85f. beschriebenen Bockkäfer-Fall.

14 Peckhamsche oder Angriffs-Mimikry mit drei oder mehr beteiligten Arten

Batessche Mimikry ist vorgetäuschte Wehrhaftigkeit; es gibt aber auch vorgetäuschte Harmlosigkeit oder aggressive Mimikry. Einige Beispiele dafür sind sehr bekannt.

Ein sehr altes Gleichnis, das auch in der Bibel vorkommt, ist das von den Wölfen im Schafspelz. Naturvölker benutzen zur Jagd oft Verkleidungen, mit denen sie sich als harmlose Tiere maskieren, besonders gern als Mitglied derjenigen Tierart, auf die sie gerade Jagd machen. Australische Eingeborene etwa tarnen sich auf der Känguruhjagd als Känguruhs und bewegen sich auch wie diese Tiere hüpfend fort, schalten Putzpausen ein, äsen zum Schein und so weiter – kurz, sie imitieren ihre Beutetiere und täuschen sie damit. Ein bekanntes Märchen ist das vom Wolf und den sieben Geißlein. Die Geißlein, deren Mutter fortgegangen ist, wissen, daß Fremde gefährlich sein können und haben fest vor, nur ihrer Mutter die Tür aufzumachen. Als der Wolf hereingelassen werden möchte und zunächst behauptet, die Mutter zu sein, erkennen sie ihn schon an der zu tiefen Stimme. Der Wolf geht daraufhin zum Krämer, kauft Kreide, frißt sie, um seine Stimme lieblicher zu machen, und versucht sein Glück noch einmal. Die vorsichtigen Geißlein verlangen aber auch eine Pfote von ihm zu sehen; er legt sie ins Fenster – und natürlich ist sie nicht weiß, und er wird wieder abgewiesen. Der Wolf geht daraufhin zum Bäcker, läßt sich klebrigen Teig auf die Pfote schmieren, geht zum Müller, der weißes Mehl darauf streuen muß, und dann kehrt er wieder zum Haus der Geißlein zurück. Nun stimmen alle geforderten Einzelheiten mit der Mutter überein, und die Geißlein öffnen die Tür und werden gefressen (bis auf eines, das der Mutter alles erzählen und für das Happy-End sorgen muß). Wie man sieht, ist es ausreichend, in den wesentlichen Erkennungszeichen mit dem Vorbild übereinzustimmen. Berühmt geworden ist der Schuster Wilhelm Voigt, der am 16. Oktober 1906 in Köpenick in einer Hauptmannsuniform einige Soldaten auf der Straße anhielt, mit ihnen ins Rathaus ging und dort die Stadtkasse beschlagnahmte und den Bürgermeister verhaftete. Auch er baute erfolgreich darauf, daß die Reaktionen seiner Mitbürger zum großen Teil an einigen wenigen Schlüsselreizen hingen, und sie jedem in Offiziersuniform Auftretenden gehorchen würden.

Diese Beispiele treffen jedoch nicht genau den Kern der Batesschen Mimikry, denn alle genannten Nachahmer wollen etwas vom Vorbild oder wollen zumindest im Schutze des Vorbildes irgend etwas anstellen; bei der Batesschen Mimikry aber will der Nachahmer einfach in Ruhe gelassen werden. Natürlich kann man erwarten, daß es solche angriffslustigen Nachahmer auch im Tierreich gibt. Ein Beispiel nennt Willis: Der seltene Bussard *Buteo albonotatus* segelt in Amerika regelmäßig zwischen Truthahngeiern; als einziger nordamerikanischer Bussard ist er fast ganz schwarz, hat lange, schmale Geierflügel und sitzt weder auf einer Warte noch rüttelt er in der Luft, sondern segelt. Geier sind für kleine Tiere ungefährlich und daher auch für sie uninteressant. Das macht sich der Bussard zunutze und stößt aus der Geiergruppe plötzlich auf seine überraschte Beute. Man nennt das aggressive oder Angriffs-Mimikry. Das Konzept stammt von E. G. Peckham, und in Weiterführung der Sitte, jeweils den Autornamen zu benutzen, kann man auch von Peckhamscher Mimikry sprechen. Bei ihr ist der Räuber zugleich der Nachahmer. So nimmt man an, daß einige Bienen oder Hummeln sehr ähnlich sehende Schwebfliegen sich im Schutze dieser Ähnlichkeit in die Hummel- oder Bienennester einschlichen und ihre räuberischen Larven dort unterbrächten. Ob das wahr ist, ist bis heute ungeklärt. Andere Beispiele für Angriffs-Mimikry sind aber recht gut untersucht; sie gehören sogar zu den bestuntersuchten Mimikry-Beispielen. Woran das liegt, wird im Laufe der Darstellung klar werden.

Angler

Angeln ist ein verbreiteter und beliebter Sport, manchmal auch eine Form des Broterwerbs. Man fängt die Fische entweder, indem man ihnen in etwas Freßbarem verborgen den Angelhaken vorhält, den sie dann zusammen mit der Beute (etwa einen Wurm) schnappen. Man kann aber Raubfische, z. B. Hechte, auch mit dem Blinker ködern, der nur ein Stückchen Metall und gar nicht eßbar ist. Warum läßt sich der Hecht täuschen? Kranke oder etwas verletzte Fische schwimmen nicht »richtig«, sondern torkeln leicht und man sieht sie unter Wasser immer wieder aufblinken. Sie sind für Raubfische besonders leicht zu fangen. Unregelmäßiges Aufblinken ist darum für Raubfische ein Signal zum Zuschnappen. Der Blinker des Anglers sendet nun gerade dieses Zuschnappsignal – und der Hecht schnappt nach dem Haken. Ähnlich fängt man

Forellen mit der »Fliege«, einer Attrappe, die ein an der Wasseroberfläche tanzendes Insekt imitiert.
»Angler« ist nun nicht nur eine Berufsbezeichnung, sondern auch der Name für eine Fischgruppe, die wissenschaftlich Lophiiformes heißt. Diese Meerestiere angeln nicht zum Zeitvertreib, sondern leben »von der Angel in den Mund«. Das wußte schon Aristoteles, der bemerkte, daß Individuen mit beschädigter Angel immer sehr mager seien. Diese meist am Boden lebenden Fische haben eine besondere Rückenflosse, deren vordere Strahlen nicht durch Flossenhäute verbunden sind. Der vorderste Strahl, der oft fast durchsichtig ist, sitzt auf einem Kugelgelenk weit vor den Augen am oberen Rand der Oberlippe. An seiner Spitze trägt dieser Strahl (das Illicium) ein häutig-fleischiges Anhängsel (die Esca); bei *Phrynelox* sieht es aus wie ein rosa gefärbter Wurm und kann sich sogar aktiv krümmen und aufrollen. Die Anglerfische sind recht abenteuerliche Gestalten, oft sehen sie wie ein mit Moostierchen bewachsener Stein, manchmal wie ein Algenbüschel aus und tragen dann auch viele Hautauswüchse, die wie »Algenblättchen« wirken. Diese Tiere haben keine kräftigen Zähne, mit denen sie einen Beutefisch festhalten könnten; sie warten vielmehr bewegungslos, bis sich ein Fisch für ihren Köder interessiert, schwenken ihn dann besonders heftig vor dem Mund auf und ab, hin und her, und wenn schließlich der Beutefisch nahe daran ist, danach zu schnappen, saugen sie ihn mit einem gewaltigen Schluck samt dem umgebenden Wasser ein. Sie fressen mit einer »Implosion«. Da der Beutefisch immer auf den Köder zielend mit dem Kopf zur Mundspalte des Anglers zeigt, wird er automatisch vorwärts verschlungen.
Die meist kleiner als 30 cm bleibenden verschiedenen Angler-Arten haben auf ihrem Angel-Flossenstrahl ganz verschiedenartig geformte Anhänge, die manchmal wie ein Algenbüschel aussehen. In einigen Fällen ist klar, daß diese Köderattrappen auf jeweils ein besonderes Beutetier gemünzt sind; der schon erwähnte *Phrynelox* fängt mit seiner Wurmattrappe nur würmerfressende Fische. Die abenteuerlich aussehenden Fledermausfische der Gattung *Ogcocephalus* angeln mit ganz anders gestalteter Angel nach unten auf im Sand lebende Kleinkrebse. Ihre Angel kommt zwischen den Augen aus der »Stirn« und ist nach oben von einem knöchernen Schädelvorsprung abgedeckt; unbekannt ist, ob sie vielleicht als chemisches Sinnesorgan wirkt. Tiefsee-Angler der Familie Ceratiidae

haben Leuchtangeln in verschiedenen Farben und an teils extrem langen »Angelruten«.
Auf eine ähnliche Art locken die etwa 30 cm großen, mit den Anglern nicht näher verwandten Sterngucker der Gattung *Uranoscopus* ihre Beute in Reichweite. Diese auch im Mittelmeer lebenden Bodenfische graben sich ein, bis nur noch Augen und Maulspalte sichtbar sind. Dann kommt plötzlich langsam aus dem Maul ein bis 2 cm langes Gebilde, das wie einer der im Schlamm lebenden Ringelwürmer aussieht und auch so bewegt wird: Es biegt und krümmt sich, scheint zu kriechen, zieht sich zusammen, richtet sich am Ende auf, usw. Dieser Attrappenwurm ist ein Fortsatz der von der Mundschleimhaut im Unterkiefer gebildeten Membran, die bei Fischen vorn im Mund sitzt und, wie ein Rückschlagventil arbeitend, das Ausfließen des Atemwassers nach vorn verhindert.
Wieder etwas anders angelt der Großmaulwels *Chaca chaca* in den Flüssen Vorderindiens, Borneos, Sumatras und den benachbarten Gebieten. Das Tier wird etwa 20 cm lang, hat einen stark abgeflachten Kopf mit sehr breitem Maul und gräbt sich gern am Boden ein. Wie alle Welse hat auch der Großmaulwels Barteln am Maul, mit denen er tastet und schmeckt. Je eine solche etwa 1 cm lange, hell und dunkel quergebänderte Bartel sitzt in jedem Mundwinkel und wird, wenn der Fisch hungrig ist, nicht einfach ruhig abgespreizt gehalten, sondern bewegt, nämlich wurmartig eingerollt und wieder gestreckt. Fische, die kleine Würmer fressen – etwa die asiatischen Kampffische – kommen, sobald sie einen dieser Pseudowürmer erspäht haben, heran und versuchen, an ihm zu zupfen. Daraus wird allerdings meist nichts mehr, denn mit einem gewaltigen Zuschnappen des großen Maules verschlingt der Wels die Neugierigen. Die Barteln bewegen sich – oft unabhängig voneinander – etwa alle 5 bis 10 Sekunden, und das stundenlang. Ist der Fisch satt, so hält er sie ruhig; andere Fischchen stellen sich dann oft direkt neben sein Maul oder zupfen sogar an seinen Hautfortsätzen – ein deutliches Zeichen dafür, daß sie ihn nicht als Feind erkennen.
Angeln ist nicht nur bei Fischen zu finden. Die bis zu 200 Pfund schwere Geierschildkröte *Macroclemys temminckii* aus dem Mississippigebiet fängt ihre Beutefische ebenso. Der dreikielige Panzer dieser Schildkröte ist dick mit Algen bewachsen, was eine vorzügliche Tarnung abgibt. Die hungrige Geierschildkröte sperrt das Maul weit auf. Die Mundhöhle

ist schwärzlich, ebenso die dicke Zunge, auf der aber vorn ein rot gefleckter zweizipfliger Fortsatz steht, der durch Muskeln drehend hin und her bewegt wird. Fische, die ähnlich aussehende Beutetiere suchen, versuchen daran zu zupfen, stecken dabei aber schon mit ihrem Vorderkörper im weit aufgerissenen Maul der Schildkröte, die dann blitzschnell ihre gewaltigen Hakenkiefer zuklappt.

Einigen der recht großen und streitbaren Hornfrösche Südamerikas (Gattung *Ceratophrys)* sagt man nach, daß sie ruhig sitzend nur einen Finger der Hand bewegen, wodurch sie die Aufmerksamkeit anderer Tiere und selbst kleinerer Frösche erregen, die auf die vermeintliche Beute losgehen und dann vom Hornfrosch verspeist werden. Ich weiß nicht, ob das zufällig einmal geschah oder regelmäßig vorkommt. Man muß aber daran denken, daß die meisten kleineren Tiere den größten Teil ihrer Zeit mit Nahrungsuchen verbringen und durch vorgetäuschte Beute ziemlich zuverlässig angelockt werden können. Damit ist nicht gesagt, daß etwaige Lockstoffe eigens zu diesem Zweck produziert werden müßten; wir streichen ja Marmelade auch nicht aufs Brot, um im Freien damit Wespen anzulocken – dennoch kommen sie ziemlich zuverlässig.

In den großen Waldgebieten von West-, Zentral- und Ostafrika lebt der Potto, *Perodicticus potto,* ein kaum katzengroßer Halbaffe, der in der Dämmerung und nachts im Geäst langsam umherklettert und seine Nahrung, Insekten (manche Früchte und angeblich auch Vögel) sucht. Zeitweilig strömt der Potto einen starken Geruch aus, der vom Sekret eigenartiger Drüsenfelder stammt, die beim Männchen auf dem Skrotum, beim Weibchen am Rand der Vulva liegen. Vermutlich markiert der Potto damit sein Revier. Der Duft hat jedoch einen bemerkenswerten Nebeneffekt: Verschiedene Insekten – Schaben, Stuben- und Fleischfliegen, Wachsmotten – streben mit großer Ausdauer auf die Duftquelle zu und kommen auch vom Hellen durch ein Gitter in einen dunklen Käfig, in dem ein Potto sitzt. Cowgill rieb ein Baumwollknäuel an der Drüsenregion und konnte dann auch damit Insekten anlocken. Der Potto kann in Gefangenschaft auf diese Weise recht bequem an Wachsmotten kommen, die er besonders gern frißt.

Außer Anglern gibt es im Tierreich auch Netzfischer. Die zu den Vorderkiemern gehörende Meeresschnecke *Vermetus* lebt in einem festgewachsenen Schneckengehäuse, das in unregelmäßigen Bögen hochragt. Die

Schnecke guckt oben aus dem Eingang des Gehäuses und läßt auf Verdacht oder auf bestimmte Reize hin, die von Kleinstlebewesen ausgehen, aus ihrer Fußdrüse ein Schleimband austreten, das im Wasser flottiert. (Landschnecken benutzen dieses Schleimband, um darauf zu kriechen.) Nach kurzer Zeit faßt *Vermetus* das »Schleimnetz« am Ansatz und frißt es mitsamt den daran hängengebliebenen Planktonorganismen. Viele Fischer schalten nachts Lampen an und locken damit die Fische, die auf das Licht zukommen. Ähnlich machen es Pilzmückenlarven in Neuseeland. Sie leben einzeln und bauen in Höhlen, Spalten und Löchern an steilen Flußufern einen horizontalen Tragfaden, von dem aus viele etwa 3 cm lange (maximal sogar 50 cm lange) Fangschnüre herunterhängen, die mit Klebetröpfchen versehen sind. Die selbst etwa 3 cm lange Larve hat am Körperende ein Leuchtorgan, das aus den (zur Exkretion von Stoffwechselschlacken dienenden) Malpighischen Gefäßen gebildet wird und bauchseits von einem schalenartigen Reflektor halb umgeben ist. Wenn es dunkel wird, legt sich diese Larve mit dem Bauch nach oben auf den Tragfaden über den Vorhang aus Perlschnüren und strahlt diesen mit ihrem Licht an. Fliegt ein Insekt dagegen, so klettert die Larve hinunter, saugt die Beute aus (oder beißt sie bei großem Hunger in Stükke und frißt sie), bringt die Fangschnüre wieder in Ordnung und legt sich weiter auf die Lauer.

Etwas anders »fischen« die mit den Kreuzspinnen verwandten Lasso- oder Bola-Spinnen *Dicrostichus* in Australien, *Cladomelea* in Afrika und *Mastophora* in Amerika. Sie spinnen kein Netz, sondern nur einen waagerechten Faden, an dem sie selbst hängen. An diesem Tragfaden befestigen sie einen weiteren Faden mit Klebtröpfchen, welche die Spinne alle zusammen ans freie Ende des Fadens zu einem dickeren Leimtropfen zusammenbürstet. Dieses Pendel fassen die Tiere, *Cladomelea,* mit dem 3. Bein (dem kürzesten) einer Körperseite, die anderen beiden mit einem vordersten. *Cladomelea* schwenkt dann das Lasso lange rasch im Kreis, holt es nach etwa 15 Minuten ein und frißt, auch wenn nichts daran hängengeblieben ist, Faden und Klebtropfen auf, verfertigt wenige Minuten später ein neues Lasso und »fischt« weiter. *Dicrostichus* macht es im Grunde ebenso, doch wartet sie mit dem Herumwirbeln des Lassos, bis ein Insekt in die Nähe kommt. *Mastophora* hingegen wirbelt das Lasso nicht im Kreis, sondern schleudert es einem ankommenden In-

25 Beispiele für Räuber, die ihre Beute mit Hilfe von Attrappen-Ködern angeln. Links oben die Geierschildkröte *Macroclemys temminckii*, unten der Großmaulwels *Chaca chaca*, rechts oben der Anglerfisch *Phrynelox scaber*, unten der nahverwandte Fledermausfisch *Ogcocephalus*, der nicht nach Fischen, sondern nach am Boden lebenden kleinen Krebsen angelt und dessen Angel deshalb nach unten zeigt.

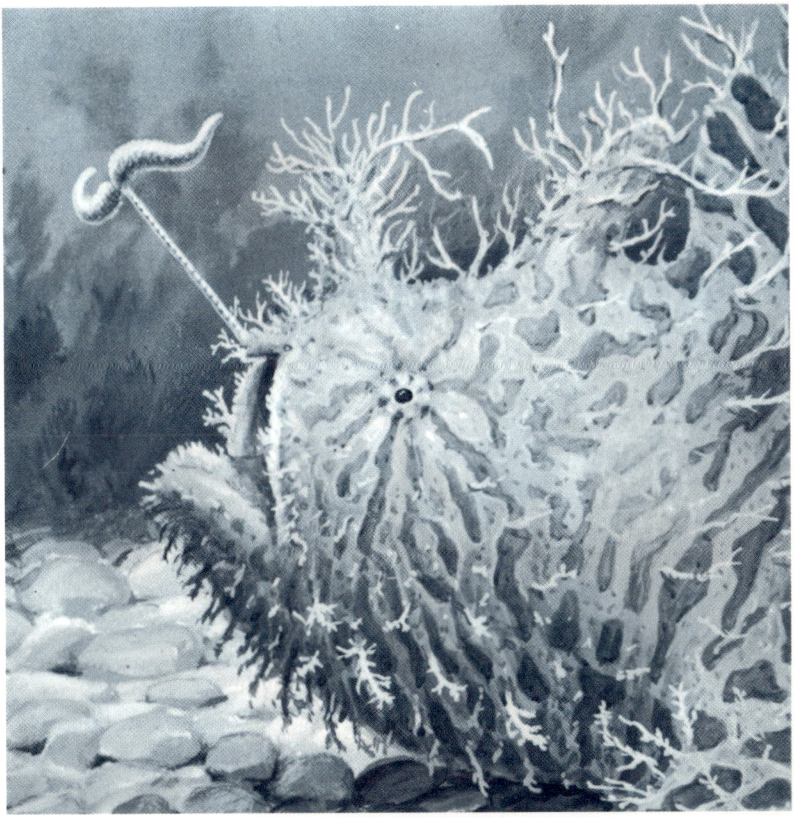

sekt entgegen. Kommt eine halbe Stunde keins, so frißt auch sie das Lasso und macht ein neues.
Auf den ersten Blick scheinen diese Verfahren wenig erfolgversprechend; dennoch fangen die Bolaspinnen offenbar ohne große Mühe, was sie brauchen, und – da sie Nachttiere sind – meist nächtlich fliegende Kleinschmetterlinge oder »Motten«. Fast alle Beobachter waren zuerst über die Treffsicherheit der Spinnen erstaunt, bis sie bemerkten, daß die Motten ziemlich regelmäßig der Spinne oder der Bolakugel entgegenflogen, ja manchmal sogar umkehrten und sich noch einmal »anboten«, wenn die Spinne sie nicht getroffen hatte. Vermutlich benutzt die Spinne irgendein Lockmittel, wahrscheinlich einen Geruchsreiz, vielleicht ein Futter- oder ein Sexuallocksignal.
Auf ähnliche Weise fängt auf Java eine räuberische Wanze (*Ptilocerus ochraceus)* ihre Beute; sie scheidet an der Unterseite einen süßen Saft aus und wartet, bis Ameisen kommen und ihn ablecken. Dann ergreift sie die Ameisen (meist der Art *Dolichoderus bituberculatus*) eine nach der anderen und saugt sie aus. Da viele Insekten aus den Gelenkhäuten Flüssigkeitstropfen ausscheiden können, die jedoch meist eklig schmecken und der Feindabwehr dienen, wäre dieser Fall als Vergleich sehr aufschlußreich – wenn ihn jemand näher untersuchte. Die amerikanische Fliege *Apocephalus wheeleri* scheidet eine von *Eciton- und Solenopsis*-Ameisen sehr geschätzte Flüssigkeit ab und kann so ihre Eier leichter zwischen Kopf und Vorderbrust an die Ameisen legen; die Larven bohren sich ein und fressen den Ameisenkopf erst aus und dann sogar ab.

Trematoden

»Trematoden« ist der Fachname für eine große Gruppe parasitischer Würmer, die eine eigene Tierklasse bilden und ihrer Verwandtschaft nach etwa in die Nähe der Platt- oder Strudelwürmer gehören, die bei uns in sauberen Bächen leben. Die Trematoden heißen auch Saugwürmer, denn sie halten sich mit Saugnäpfen außen oder innen an ihrem Wirtstier fest. Es gibt ungefähr 2400 Arten, deren kleinste 0,4 mm, deren größte 1 m lang werden.
Im Darm von Singvögeln lebt *Leucochloridium macrostomum.* Seine Eier gelangen mit dem Kot ins Freie und werden von der bekannten

Bernsteinschnecke *Succinea* aufgenommen, die an Wasserrändern und auf feuchten Wiesen lebt und gern an Vogelkot frißt. In der Schnecke schlüpft die Miracidium-Larve und entwickelt sich zu einer Sporozyste, die – was sonst sehr selten vorkommt – wurzelartig verzweigt ist und mehrere Säcke von etwa 1 cm Länge bildet, in denen Zerkarien, eine zusätzliche Vermehrungsgeneration, verpackt sind. Die Sporozysten-Säcke sind auffallend grün und gelb-braun geringelt, je ein solcher Sack schiebt sich in jeden der Schneckenfühler und beginnt, sich heftig etwa 40- bis 70mal pro Minute in der Längsrichtung zusammenzuziehen und auszudehnen. Die sonst lichtscheue Schnecke geht, wenn sie so befallen ist, ins Helle; dort findet sie leicht ein Singvogel, der ihren sehr auffälligen Fühler für eine Raupe oder etwas Ähnliches hält, ihn abbeißt und frißt oder an seine Jungen im Nest verfüttert.

Früher hieß diese Sporozyste *Leucochloridium paradoxum*. Sie war eher bekannt als der fertige Saugwurm, der den Namen *Distomum macrostomum* bekam. Noch später fand man heraus, daß beides ein und dasselbe Tier war, das nun *Leucochloridium macrostomum* heißt. Es gibt auch heute noch viele beschriebene Zerkarien, von denen man das weitere Schicksal und also auch den fertigen Wurm nicht kennt. Besonders viele Zwischenstadien sind aus Schnecken bekannt, die als Zwischenwirte bei den vielen Trematoden sehr beliebt sind. Unter den Parasitologen entwickelt sich jetzt eine Art Sport, aus allen möglichen Anzeichen zu erschließen, in welchen nächsten Zwischen- oder Endwirt ein irgendwo gefundenes Lebensstadium von einem Saugwurm wohl hineingehört; das zu wissen ist wichtig, weil viele dieser Eingeweidewürmer gefährliche Parasiten sind, an die man nur schwer herankommt – manche lassen sich aber in einem bestimmten Zwischenwirt verhältnismäßig leicht bekämpfen, vorausgesetzt natürlich, daß man diesen Zwischenwirt kennt. Auf diesem Wege kann die Mimikry-Forschung sogar in der Medizin nützlich werden. Dasselbe gilt für manche Zerkarien, die aus einem Zwischenwirt frei ins Wasser entweichen und nun ihren nächsten Wirt suchen. Am auffälligsten unter ihnen ist die bis 7 mm große Riesenzerkarie *Cercaria mirabilis*. Im Jahr 1932 hat Professor Szidat – heute in Argentinien – den zugehörigen Wurm entdeckt, und zwar nach der eben skizzierten Methode, indem er sich fragte: »Von wem könnte dieses merkwürdige Tier gefressen werden wollen?« Er fand die Zerkarie in

26 Die Larve der neuseeländischen Pilzmücke *Bolitophila luminosa* ruht auf einem Tragseil, von dem aus mit Klebtropfen besetzte Fangschnüre herunterhängen. Diesen Vorhang strahlt die Larve mit ihrem Leuchtorgan an. Festgeklebte Insekten frißt sie auf.

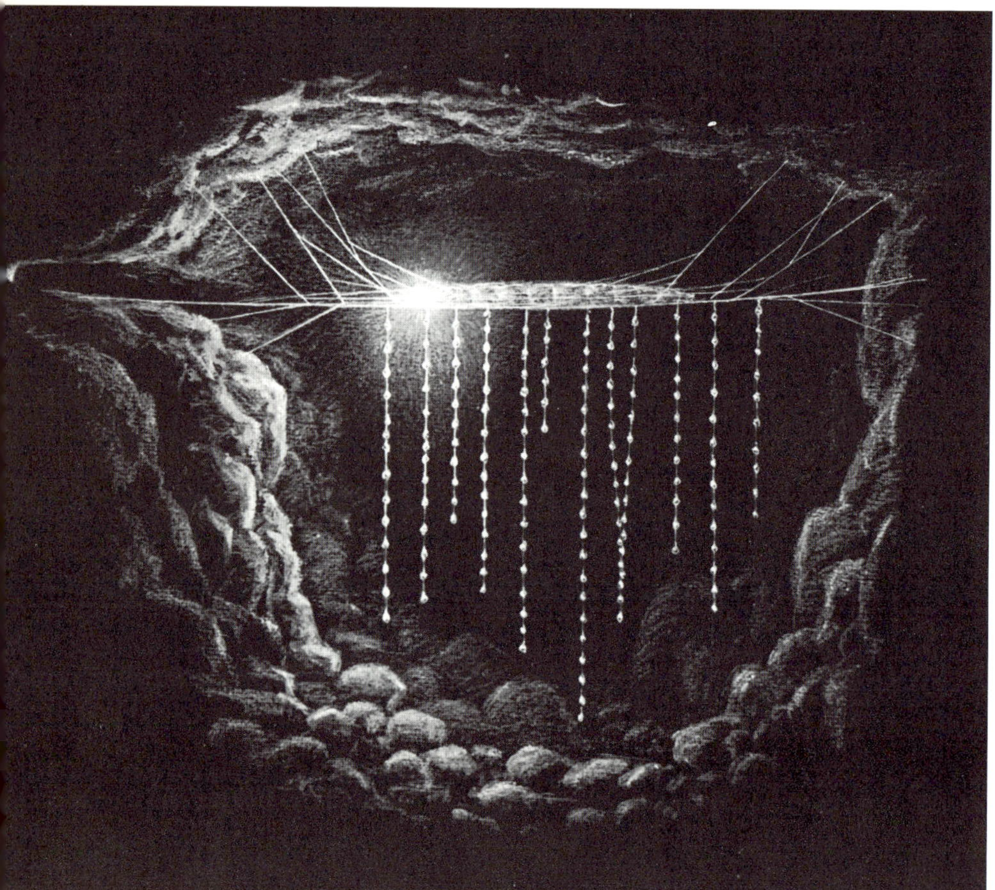

Rossitten auf der Kurischen Nehrung; sie schwimmt frei, und zwar mit eigenartigen Krümmungen des Körpers, die sehr an die Schwimmbewegungen von Mückenpuppen erinnern. Es lag also nahe, einen Mückenlarvenfresser als Endwirt zu verdächtigen. Dafür kamen am Fundort fast nur junge Hechte (*Esox lucius*) in Frage. Szidat setzte also kleine Hechte in ein Aquarium und *mirabilis*-Zerkarien dazu. Tatsächlich fra-

27 Die Bolaspinnen (hier *Mastophora* aus Amerika) bauen kein Radnetz, sondern nehmen einen Fangfaden mit endständigem Klebtropfen »in die Hand« und schleudern ihn im Kreis oder gezielt auf vorbeifliegende größere Insekten.

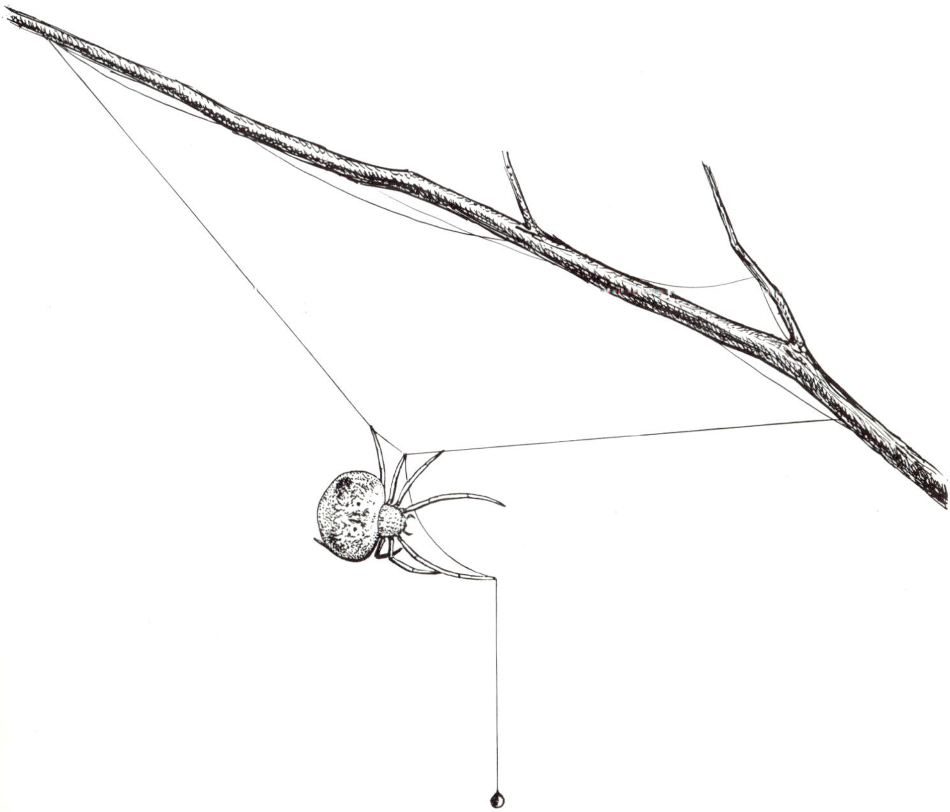

ßen die Hechte diese Beute. Nach verschieden langer Zeit tötete Szidat die Hechte dann und fand in ihren Mägen verschiedene Entwicklungsstufen von der Zerkarie zu einem Saugwurm, der aus erwachsenen Hechten schon bekannt war und *Azygia lucii* hieß, dessen Entwicklungsgang aber bis dahin unbekannt war.

Es gibt noch einige weitere Trematoden-Zerkarien, die in Größe und

28 Die Riesenzerkarie, *Cercaria mirabilis*, ist eine Larvenform eines Saugwurmes. Mit ihrer hüpfenden Bewegungsweise ähnelt sie dem allgemeinen Bewegungsbild von Kleinkrebsen oder Mückenlarven, so daß Fische freiwillig diese Parasiten schlucken.

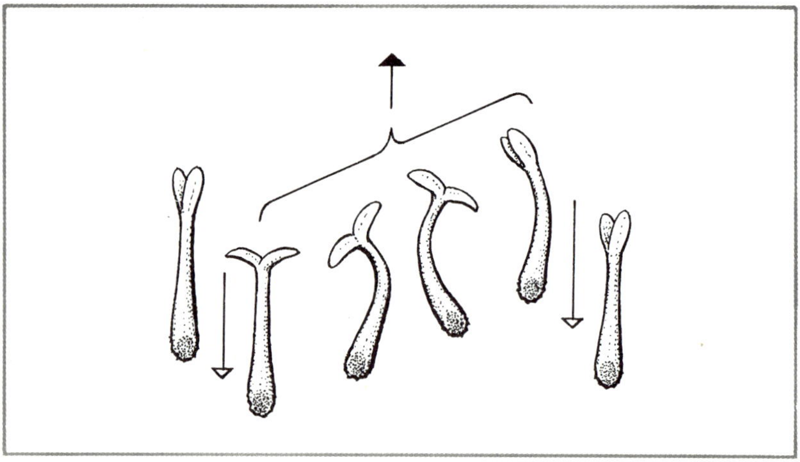

Verhalten Kleinkrebschen oder Insektenlarven so weitgehend gleichen, daß sie von Fischen damit verwechselt und gefressen werden. Der Fisch kann Endwirt sein, aber gelegentlich auch Zwischenwirt werden, falls er nämlich von einem größeren Raubfisch gefressen wird; die Parasiten gehen dann an den neuen Räuber über.
Wir haben schon erfahren, daß Tiere sich tarnen, um nicht aufzufallen, und daß andere sich warnend auffällig machen, um nicht gefressen zu werden – gleichgültig, ob sie nun wirklich ungenießbar sind oder nicht. Die genannten Parasiten dagegen machen sich auffällig, um gefressen zu werden; so paradox das zunächst klingt, so sinnvoll ist es für einen Endoparasiten – denn natürlich wird er nicht verdaut, sondern greift seinerseits von innen den Räuber an, der ihn verschlungen hat. Es ist also nur ein etwas ungewöhnlicher Fall von aggressiver Mimikry.

Muschel und Fisch

In nordamerikanischen Flüssen leben Verwandte unserer einheimischen Malermuschel aus der Familie der Unionidae. Sie sind getrennt-

29 Die Bernsteinschnecke *Succinea* dient als Zwischenwirt für den Saugwurm *Leucochloridium macrostomum*, der in der Schnecke seine verzweigte und bewegliche Sporozyste (links unten) ausbildet. Deren Säcke dringen in die Schneckenfühler (rechts unten), machen sie sehr auffallend und verlocken Vögel, sie abzubeißen und mit der vermeintlichen Insektenlarve ihre Jungen zu füttern. Im Vogel entwickeln sich die Saugwürmer, deren Eier im Vogelkot abgegeben und wieder von Schnecken aufgenommen werden. Links oben ein gesunder Schneckenkopf, rechts oben eine gesunde sowie eine befallene Schnecke.

geschlechtlich. Beim Weibchen gelangen die Eier in eine über den Kiemen gelegene Kammer, wo sie von Spermien, die mit dem Atemwasserstrom hereinkommen, besamt werden. In einen speziellen Teil des Kiemenraumes, dem sogenannten Marsupium, einer Bruttasche, entwickeln sie sich bis zur Larve. Die Jungen, die schließlich die Mutter verlassen, beschrieb Rathke 1797 als *Glochidium parasiticum*, denn er hatte sie als Parasiten auf Fischkiemen gefunden. (Daß schon Redi 1668 und der berühmte Leeuwenhoek 1695 sie als Jungmuscheln erkannt hatten, war wieder in Vergessenheit geraten.) Eine weibliche Muschel entläßt auf einmal etwa 300 000 solcher »Glochidien«. Sie liegen zuerst bewegungslos auf dem Boden. Wenn aber ein Fisch vorbeikommt, dann klappen sie die Schalen auf und zu, und wenn sie den Fisch (meist eine Flosse) berühren, zwikken sie sich mit einem Paar Schalenhaken wie mit einer Zange dort fest. Die winzige so erzeugte Wunde heilt, indem sich die Haut darüber und über die Glochidie schiebt. Die Glochidien leben nun je nach der Wassertemperatur 2 bis 10 Wochen parasitisch. Schließlich platzt die Fischhaut über dem Parasiten, die kleine Muschel fällt ab und beginnt am Boden das normale Leben einer Maler- oder Flußmuschel. Die Glochidien der Muschelgattung *Lampsilis* haben aber keine Schalenhaken. Sie sind Kiemenparasiten, klappen ihre Jugendschalen um ein Kiemenblättchen und verzehren die obere Schicht des zarten Kiemengewebes und möglicherweise auch das in den Kiemen besonders leicht erreichbare Blut.
Aber natürlich können die Glochidien nicht von allein an die Kiemen gelangen, sondern müssen vom Fisch aufgenommen werden. Bei den *Lampsilis*-Arten entwickelt sich am trächtigen Weibchen vom Mantelrand aus direkt vor der Ausströmöffnung ein Fortsatz, der wie eine kleine Papille, ein Läppchen, eine Lasche oder ein Band aussehen kann und sich bewegt. Bei *Lampsilis nasuta* bewegt sich in einer Öffnung zwischen den Mantelrändern ein weißer Punkt ziemlich auffällig zwei bis drei cm weit auf und ab. *Lampsilis radiata* bildet vom Mantelrand einen zweilappigen Fortsatz, der zuckende Bewegungen macht; man kann diesen Fortsatz mit einem Fischschwanz vergleichen. Sehr wahrscheinlich werden Fische auf diese Bewegungen aufmerksam und kommen heran. Von einigen Arten weiß man seit über 50 Jahren noch etwas mehr, hat es bisher aber nicht näher untersucht. Bei *Lampsilis fasciola* sieht der Mantelanhang einem Fisch recht ähnlich und bei *Lampsilis ovata ventricosa* so-

30 Die Larven vieler Süßwassermuscheln leben zunächst kurze Zeit parasitisch an Fischen, oft in den Kiemen. Die Weibchen der nordamerikanischen Muschel *Lampsilis ovata ventricosa* bilden aus dem Mantelrand eine Fischattrappe; wenn ein Raubfisch nach der vermeintlichen Beute schnappt, bläst ihm die Muschelmutter ihre Jungen ins Maul.

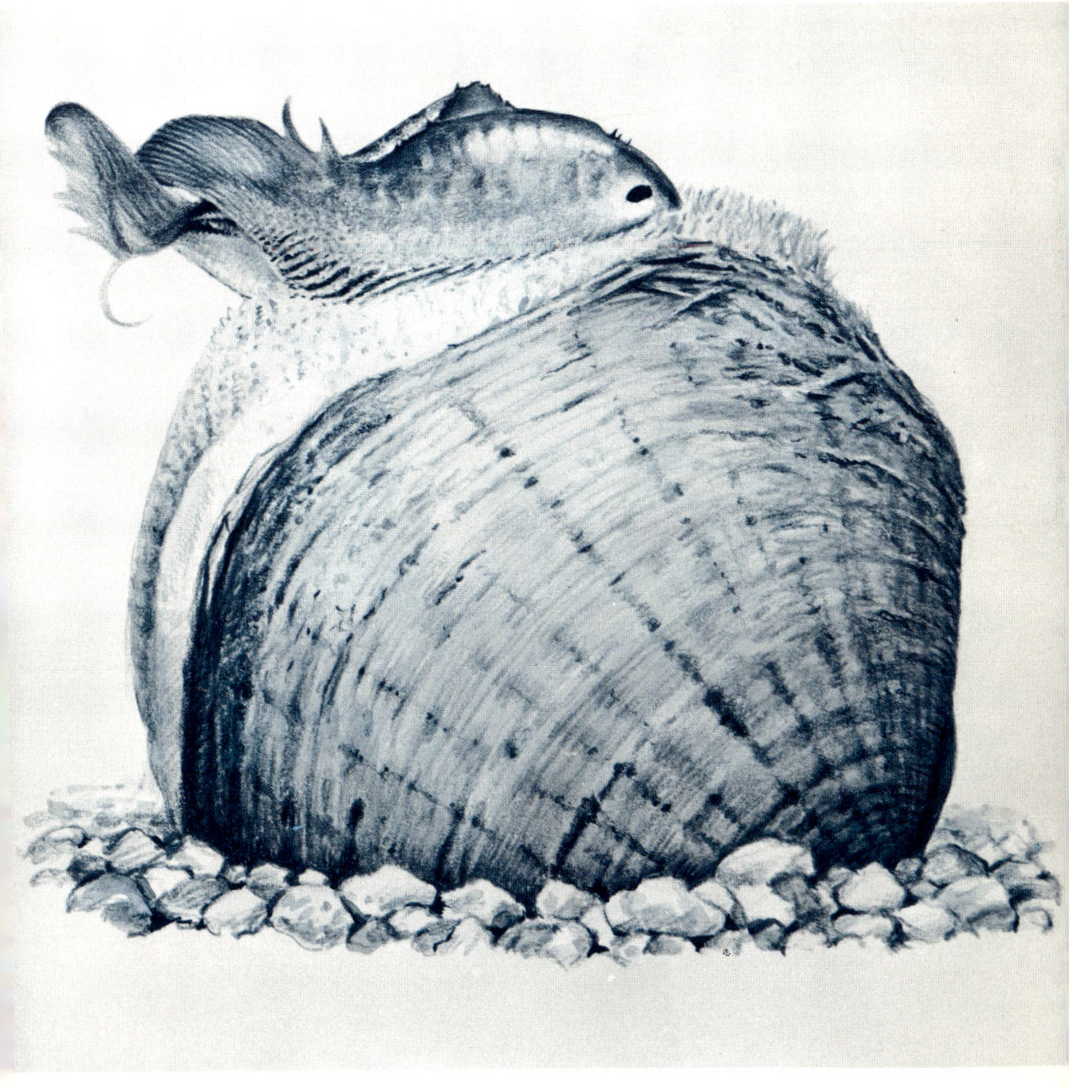

gar einem Fisch zum Verwechseln ähnlich: Er hat »vorn« einen Kopf mit Augenfleck und hinten einen Fischschwanz. »Vorn« und »hinten« beziehen sich dabei auf das fischähnliche Gebilde; auf die Muschel bezogen wäre es gerade umgekehrt. Der schwarze Augenfleck ist auch bei der männlichen Muschel zu sehen, allerdings wenig ausgebildet; der übrige Auswuchs des Mantelrandes ist beim Männchen viel kleiner. Solange das Weibchen ungestört ist, klaffen die Schalenränder etwas auseinander, und die Bruttasche mit den Larven wird nach oben herausgeschoben, so daß ihr Rand etwas über den Schalenrand ragt. Beiderseits von der Bruttasche hängen die Mantelanhänge mit den lappigen Enden frei ins Wasser. Über diese Anhänge laufen rhythmische Bewegungen, etwa 3 pro Sekunde (nur solange Glochidien vorhanden sind), die eine Wasserströmung über die herausgestreckten Ränder der Bruttasche führen. Das Ganze ist wahrscheinlich ursprünglich zur Belüftung der Brutkiemen entwickelt worden. Jetzt hat es aber zusätzlich eine neue Funktion erhalten: Die Muschel steht ziemlich steil mit ihrem Vorderende abwärts, den Hinterrand der Schalen gegen die Strömung gestellt; dadurch »schwimmt« der paarige Mantelanhang horizontal und mit seinen Augenflecken gegen die Strömung. Da er überdies auf der Außenseite grau, innen aber orange und mit einem schwarzen Längsstrich versehen ist, was sich deutlich gegen die weiße Bruttasche mit ihrem schwarzen Rand abhebt, entsteht der Eindruck eines oder zweier sich bewegender, kleiner Fische. Im Dunkeln und bei direkter Sonnenbestrahlung hören die Bewegungen auf, und die Anhänge ziehen sich zusammen; schon das ist ein deutlicher Hinweis darauf, daß sie nicht mehr vorwiegend der Belüftung der Larven dienen, die ja immer gleich notwendig wäre. Außerdem werden die Bewegungen unterbrochen, sobald die Muschel kurz beschattet wird, sei es, daß man die Hand dicht über sie hält oder daß ein Fisch herankommt. Dann stößt sie einen weißen Ballen von Glochidien aus, und zwar so schwungvoll, daß er mehrere Zentimeter über die Muschel gelangt. Dort aber befindet sich mit großer Wahrscheinlichkeit das Maul des für den Schatten verantwortlichen Fisches, der von der Fischattrappe der Muschelmutter angelockt wurde und nun die Kiemen voll parasitische Muschelkinder bekommt, vor allem dann, wenn er nach dem Attrappengebilde schnappt. Diese Muscheln locken ihr Opfer im Rahmen der Brutfürsorge für ihre Jungen herbei.

Gottesanbeterinnen

Zu den merkwürdigsten Insekten gehören die Fangheuschrecken der Familie Mantidae, auch Gottesanbeterinnen genannt. Diesen deutschen Namen haben sie von der Haltung ihrer sehr kräftigen Vorderbeine, deren Schiene (Tibia) gegen den Schenkel (Femur) geklappt werden kann. Beide Teile sind mit kräftigen Dornen versehen und dienen zum Insektenfang. Fangheuschrecken sind im Gegensatz zu den echten Heuschrekken rein räuberisch, lauern an Pflanzen sitzend anderen Insekten auf und fangen sie, sobald sie in Reichweite der zuschlagenden Vorderbeine kommen. In Ruhestellung halten die Fangheuschrecken den Kopf und die langgezogene Vorderbrust (Prothorax) in die Höhe und legen die Fangbeine wie friedlich betend zusammen; dieser »scheinheiligen« Haltung wegen, wurden diese Tiere schon seit alters her mit Aberglauben oder gar Verehrung betrachtet – der Name der typischen Gattung, *Mantis,* heißt »die Wahrsagerin«. Diese Tiere können mit dem beweglichen Kopf und Vorderkörper erstaunlich gut zielen. Wenn sie mit den Fangbeinen zuschlagen, haben die Opfer kaum eine Chance, zu entkommen: Vom Moment des Losschlagens bis zum Zuschnappen der Fangzange um die Beute vergehen 50 bis 55 Millisekunden; die Reaktionszeit der Beuteinsekten liegt zwischen 50 und 80 Millisekunden.
Die meisten der etwa 1800 bekannten Fangschreckenarten sind tarnfarbig, grün zwischen Blättern, graubraun fleckig auf Rinde usw. Die Tarnung ist sicher nur gegen Feinde, nicht gegen die Beutetiere gerichtet, die sich auch auffälligen Objekten nähern. Einige Arten sehen wie ein dürrer, dorniger Ast aus, andere aber sind auffallend farbig. Zu diesen gehört *Hymenopus* (s. Abb. 8). Deren Buntheit ist aber ebenfalls eine Form der Tarnung; das Tier sitzt nämlich in ebenso bunten Blüten, wirkt als Blütenteil und fängt die auf Blütenbesuch kommenden Insekten. Annandale, der *Hymenopus bicornis* in der freien Natur in Malaya beobachtet hat, fand sie in den Blütenständen von *Melastoma polyanthum* und konnte erst bei genauem Hinsehen entscheiden, was Fangschrecke und was Blüte war. Er sah, daß kleine Fliegen sich auf die blütenblattähnlichen Beine und auf den Körper einer *Hymenopus* niederließen, die sich aber nicht darum kümmerte. Als aber eine größere Fliege sich danebensetzte, wurde sie sofort gefangen und gefressen, obwohl mehrere Be-

31 Die Fangschrecken der Familie Mantidae heißen auch Gottesanbeterinnen, weil sie auf der Lauer ihre Fangbeine wie betend zusammenlegen (oben); kommt ein Insekt nahe genug, so schnellen die Fangbeine vor und ergreifen die Beute, die dann in Ruhe verzehrt wird. In Drohstellung (unten) halten die Tiere die Fangbeine ausgebreitet.

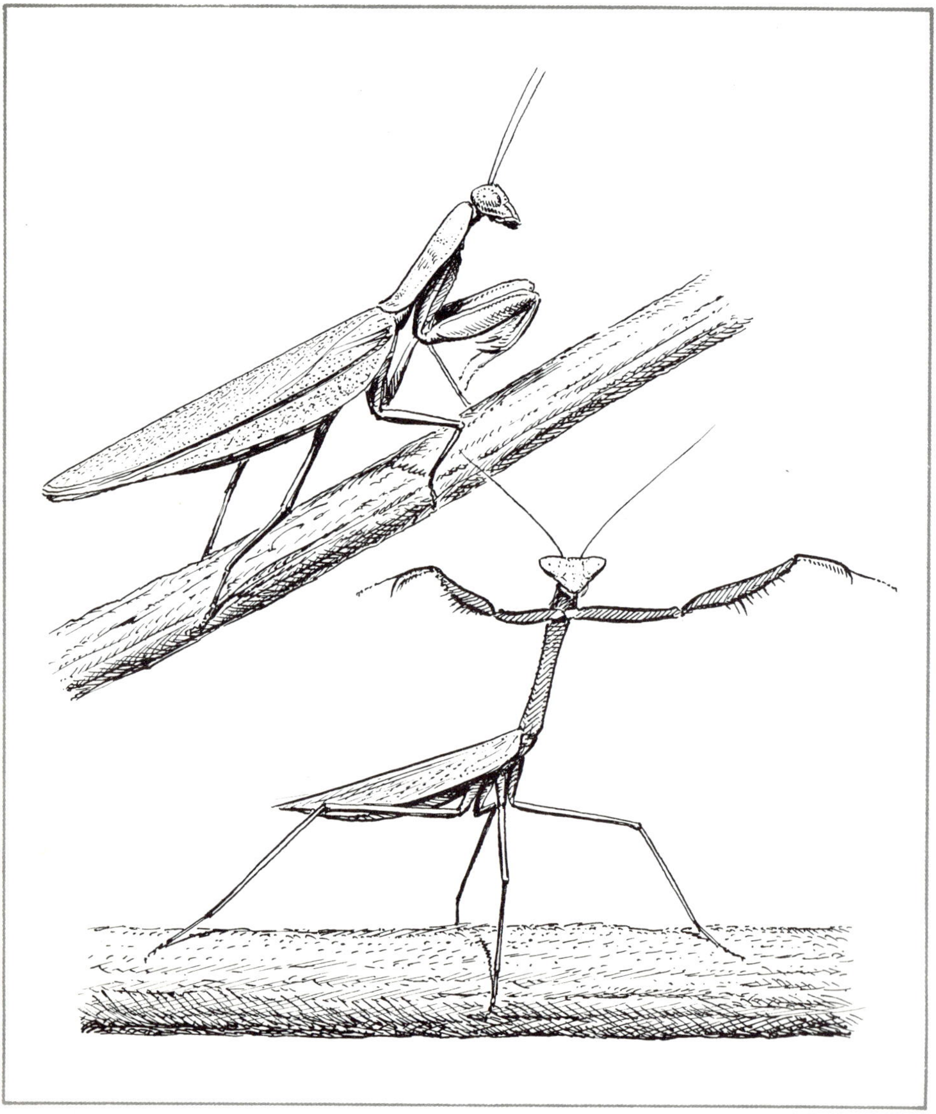

obachter dicht herumstanden. Allerdings ist hier schon schwer zu entscheiden, inwieweit die Fangschrecke auch selbst, eben wegen ihrer Blütenähnlichkeit, auf Insekten anziehend wirkt. Blütenblattähnliche Verbreiterungen an den Beinen und am Thorax machen das Tier einer Blüte noch ähnlicher, selbst wenn es irgendwo anders sitzt. Könnte es dann nicht auf die Blüte ganz verzichten?

Tatsächlich ist eine verwandte Gattung, *Idolum,* aus Afrika, ebenfalls bunt, sitzt aber nicht in Blüten, sondern »spielt« selbst Blüte. Leider verblassen die Farben der Fangschrecken nach dem Tode sehr schnell, so daß in Sammlungen die Farbenpracht und damit die wichtigsten Signalmerkmale oft verlorengehen. Die recht große, ohne Beine 15 cm lange *Idolum diabolicum* hängt sich an Bäume oder Sträucher, häufig nur mit zwei Beinen und streckt die anderen steif wie Dornen oder dürre Ästchen von sich. Schiene und Fuß (Tibia und Tarsus) sind dazu passend braun gefärbt. Die Schenkel und der körpernächste Abschnitt der Beine, die Hüfte (Coxa), tragen dagegen blattförmige Verbreiterungen; ähnliche Verbreiterungen finden sich seitlich am Hinterleib. Der Prothorax trägt eine schildartige Verbreiterung, wie sie auch bei den in Blüten sitzenden Fangschrecken vorkommt. Besonders auffällig sind bei *Idolum* die Vorderbeine. Deren Coxae sind außerordentlich groß und unterseits kräftig gefärbt. Die daran anschließenden Beinteile sind grün. Wenn das Tier so wie in Abb. 32 gezeigt dasitzt, ähnelt es ziemlich stark einer Blüte. Und das nicht nur für uns, sondern auch für Insekten. Nach Beobachtungen von Muir im Freiland kommen besonders Fliegen auf diese vermeintliche Blüte zu, manchmal aber auch Schmetterlinge, und besehen sie sich aus der Nähe. Das aber reicht völlig aus: Der Räuber braucht nur die Fangzange zuzumachen. *Idolum* ist also eine Blütenattrappe, die dadurch ihre Nahrung anlockt. Muir hat – um in seiner Deutung sicherzugehen – auch seinerseits derartige Attrappen hergestellt, indem er einfach bunte Papierstückchen an Bäumen befestigte. Auch daran fanden sich Fliegen und zuweilen Käfer ein. Das anlockend wirkende Prinzip ist also recht einfach.

Noch eine Feinheit könnte bedeutsam sein, nämlich die Häufung schwärzlicher Flecken am Hinterrand des Prothorax-Schildes von *Idolum,* die man bei flüchtigem Hinsehen für kleine Insekten, etwa Blattläuse, halten könnte, die dort eifrig an etwas fressen. Wahrscheinlich sind

32 Die meisten Fangschrecken sind tarnfarbig, sitzen im Laub und warten auf nahe kommende Insekten. Einige allerdings lauern dort, wo Insekten sicher zu erwarten sind, nämlich in Blüten; um nicht aufzufallen, sehen sie den Blüten ungemein ähnlich (z. B. *Hymenopus* in Abb. 8). Gleicht das Tier schon einer Blüte, kann es selbst »Blüte spielen«, wie die hier abgebildete Teufelsblume *Idolum diabolicum* aus Afrika.

es wirklich Insektenattrappen, die Insekten anlocken helfen. Annandale sah an der neben Blüten sitzenden *Hymenopus* immer mehr Fliegen landen, wenn erst einmal eine da war. *Hymenopus* hat nun einen sehr auffallenden, schwarzen Punkt an der Hinterleibspitze, der schon aus kurzer Entfernung nicht mehr von einer kleinen Fliege zu unterscheiden ist. Annandale nimmt an, daß *Hymenopus* sozusagen »eine kleine Fliege vorgibt«, damit andere kleine anlockt und mit diesen dann auch größere Arten. Daß so etwas wirklich funktioniert, zeigte kürzlich Wiesmann: Fliegen werden von ferne optisch auf eine Futterquelle aufmerksam, wenn dort bereits Fliegen versammelt sind. Es gibt eine Art Herdentrieb, durch den stillstehende Fliegen andere aus weiter Ferne anlocken. Diese Lockfliegen können auch tot sein: Wiesmann stellte zwei gleiche Futterschälchen auf und legte auf eines 10 tote Stubenfliegen – zu diesem kamen viel mehr neue Stubenfliegen fressen als zu dem anderen, »konkurrenzfreien«. Das ist der bekannte »Fliegenfängereffekt«: Hängt man einen frischen Fliegenfänger auf, so kann es lange dauern, bis eine Fliege daran klebt; dann aber geht es immer schneller, je mehr Fliegen bereits angeklebt sind. Es müssen aber durchaus nicht echte Fliegen sein: Der gleiche Erfolg läßt sich durch schwarze Papierschnipsel erreichen, die man auf die Futterquelle oder neben eine Fliegenfalle legt (die Fliegenfänger-Hersteller könnten ihre Produkte wirkungsvoller machen, wenn sie sie von Anfang an mit schwarzen Flecken versähen). Wo schon kleine Fliegenarten sitzen, kommen bald auch größere. *Idolum* imitiert also möglicherweise sogar eine schon besuchte Blüte!

Man könnte nun vermuten, daß im Lauf der Stammesgeschichte aus den auf Rinde oder Laub sitzenden und unscheinbar tarnfarbigen Fangheuschrecken zunächst die in und an den Blüten sitzenden bunten und daraus schließlich die Teufelsblumen-Fangheuschrecken wie *Idolum* entwickelt wurden. Dafür spricht auch ihr Verhalten.

Die »normalen« Fangschrecken und auch die bunten Blütenbewohner wie *Hymenopus* halten in Lauerstellung die Fangbeine, wie schon beschrieben, »gefaltet«. *Idolum* dagegen breitet sie weit aus. Das wäre funktionell durchaus verständlich, denn erst dadurch kommen die Blütenfarben auf der Innenseite der Hüfte zur Geltung. Aber das weiß ja das Tier nicht; wie kommt es also zu dieser abweichenden Lauerstellung? Man weiß, daß diese Stellung bei vielen Fangheuschrecken in einer ganz

anderen Situation auftritt, nämlich bei Bedrohung. I. Crane hat in Trinidad 15 Arten daraufhin untersucht. Mehrere Arten aus verschiedenen Gattungen drohen einen möglichen Feind mit seitlich gespreizten, manchmal ganz ausgestreckten Vorderbeinen an. Sie taten das niemals gegenüber einem Artgenossen, weder in der Balz noch zwischen gleichgeschlechtlichen Tieren, auch nicht bevor eins davon das andere schlug oder gar fraß. Geeignet zum Auslösen der Drohstellung waren die menschliche Hand, ein rasch bewegter Bleistift, Eidechsen usw. Beim Spreizen der Vorderbeine werden an einigen Arten auffällige Farbflecke oder gar Augenflecke auf der Brust oder an der Innenseite der Beine sichtbar, die normalerweise verborgen sind. Hinzu kommen oft das Aufstellen oder Spreizen gefärbter Flügel und das Vorweisen eines farbigen Bauches. (Auch Fangschreckenkrebse, *Squilla,* zeigen beim drohenden Spreizen der fast ebenso gebauten Fangbeine auffällige Farbflecke, die gewöhnlich von den gefalteten Beinen verborgen sind.)

Interessanterweise ist dieses vielgestaltige plötzliche Vorzeigen auffälliger Farbmuster bei Fangheuschrecken reiner Bluff; denn weder können sie sich gegen Eidechsen, Vögel und ähnliche Feinde wirksam wehren noch sind sie ungenießbar. Die beim Drohen vorgezeigten Farben sind also keine Warnfarben; auch das Drohen selbst ist ja eine Farce. Soweit bekannt, erinnern weder Stellung noch Färbung dieser Drohhaltung an die eines anderen, wehrhaften oder ungenießbaren Tieres, fallen also nicht in den Bereich der Mimikry. Dennoch ist dieses Drohen nicht wirkungslos; allein die unerwartete Veränderung am Tier verwirrt den Räuber oder schüchtert ihn sogar ein, und er läßt von dieser Beute ab. Die Fangheuschrecken verteidigen sich also mit Hilfe einer »Ungewohnttracht« durch einen Überraschungseffekt; regelmäßig tun es erst die ausgewachsenen Tiere, besonders die »wertvolleren« Weibchen.

Idolum soll nun diese Drohstellung dauernd zeigen und damit auch die blütenartige Färbung, die sofort unsichtbar wird, wenn das Tier die Vorderbeine in der für Fangheuschrecken typischen Weise einfaltet. Aus der Drohstellung heraus sollte aber der Fangschlag unmöglich sein. Schon deshalb ist es nötig, daß *Idolum* einmal kritisch untersucht wird, weil – so plausibel auch alles ist – doch noch einige Zweifel auszuräumen sind. Man kann aber an den verschiedenen Fangheuschrecken gut den Übergang von Tarnung zur Mimikry verfolgen (s. S. 232).

Insektenlockende Pflanzen

Die selbst unbeweglichen höheren Pflanzen haben das Problem der geschlechtlichen Fortpflanzung auf verschiedene Weise gelöst. Es gilt, die im Pollenkorn eingeschlossenen, ebenfalls unbeweglichen männlichen Geschlechtszellen zu den räumlich von ihnen getrennten weiblichen Eizellen zu befördern. Als Überträger dienen Wind, Wasser und Tiere; entsprechend nennt man die Pflanzen anemogam, hydrogam oder zoogam. Hinzu kommt das Problem der Ausbreitung der Samen; dazu werden dieselben Transporteure benutzt: Es gibt Flugsamen sowie eßbare, Schwimm- und Kleb- oder Klettfrüchte (die sich an Tieren festheften). Wind und Wasser stehen »kostenlos« zur Verfügung und tragen Pollen und Samen mitunter sehr weit, aber ohne Ziel irgendwohin. Für die Samen ist das noch nicht so schlimm, aber die Pollen müssen ja zu einer anderen Pflanze der gleichen Art kommen. Um das sicherzustellen, bleibt dann nichts anderes übrig, als riesige Mengen von Pollen auf die Reise zu schicken, damit wenigstens einige dahin kommen, wo sie hingehören. Tiere, die von einer Blume zur nächsten gehen, arbeiten als Boten viel genauer, ähnlich wie ein Briefträger zuverlässiger ist als eine Flaschenpost. Allerdings sind sie zunächst nicht besser dran als ein Briefträger mit Postwurfsendungen: Sie fliegen zwar mit dem Pollen von einer Blüte zur nächsten, jedoch nicht notwendig zur nächsten Blüte derselben Art; die Pollen müssen jedoch zu einer ganz bestimmten Pflanze, wenn ihr Transport überhaupt einen Sinn haben soll; solange die Boten wahllos alle erreichbaren Blüten besuchen, sind die Pflanzen nicht viel besser bedient als vom Wind.

Nun können die Pflanzen keine Adresse auf den Pollen schreiben; sie können aber die Gefahr der Verwechslung dadurch eindämmen, daß verschiedene Arten zu verschiedenen Zeiten blühen. Es gibt Blumen, deren Blüten nur zu ganz bestimmten Jahres- oder sogar Tageszeiten offen sind. Überdies nutzen Pflanzen das »Suchbild« (S. 55) aus; d. h., daß Tiere Erfahrungen sammeln und, wenn sie eine Blüte in guter Erinnerung haben, nach einer weiteren ebensolchen Blüte suchen. Hier läßt sich zweierlei tun: Die Pflanzen bilden möglichst unterschiedliche Blüten aus, jede wirbt nur für sich. Die Vielfalt der Blütenfarben und -formen ist zum großen Teil als wechselseitiges Kontrastieren zu verstehen, das es den

Pollenüberträgern nahelegt, bei einer Art zu bleiben. Einige Arten vermeiden sogar, sich selbst unnötig Konkurrenz zu machen; wenn ihre Blüten bestäubt sind, ändern sie die Farbe und zuweilen auch den Duft und werden dann von Bienen und Hummeln, die besonders artenstet sind, nicht mehr besucht. Die Blüten vom Gamander-Ehrenpreis (*Veronica chamaedrys*) sind zuerst dunkelblau, werden aber am Abend des ersten Tages, wenn ihr Nektar zur Neige geht, purpurn. Die Kornblätter der Roßkastanienblüte (*Aesculus hippocastaneus*) haben ein gelbes Saftmal, das sich später zu Karmin umfärbt; gleichzeitig ändert sich der Duft. Einige Orchideen der Gattung *Catasetum* hören sofort zu duften auf, wenn sie befruchtet sind oder die Pollenkölbchen abgeschleudert haben. Zweitens brauchen die Pflanzen aber nicht möglichst viele verschiedene Boten anzulocken, sondern können sich auf bestimmte Boten beschränken und spezialisieren. Danach unterscheidet man etwa Bienen-, Fliegen-, Tagfalter-, Schwärmer-, Käfer-, Vogel-, Fledermausblumen usw. Alle diese Typen haben sich auf bestimmte Pollenüberträger spezialisiert und Merkmale entwickelt, die besonders an die Sinnesorgane und das Verhalten dieser Überträger angepaßt sind. Die Vielfalt der Möglichkeiten ist mehrfach zusammenfassend behandelt worden, z. B. von Knoll oder Meeuse. An den Besuch tropischer, auf Pflanzennahrung angewiesener Fledermäuse oder »Flughunde« angepaßte Blüten etwa sind nachts offen, weiß oder dunkel (Fledermäuse sind farbenblind), groß und kräftig (Fledermäuse sind schwer und krallen sich fest), duften nach Gärung (Fledermäuse lieben überreife Früchte), hängen an langen Stielen (Fledermäuse können schlecht landen) und haben außerordentlich viel Nektar (Fledermäuse haben größere Mägen als Insekten). Vogelblumen dagegen blühen tagsüber, riechen nicht, sind kräftig gefärbt und haben ebenfalls viel Nektar. Insektenblumen sind klein, duften sehr verschieden, haben weniger Nektar und für Insektenaugen auffällige Farben. Da Insekten ultraviolettes Licht sehen, haben viele Blüten einen hohen Ultraviolettanteil in ihrer Farbe, der uns nicht aufzufallen braucht; manche für uns weiße Blüten sind für Insekten blaugrün. Außerdem sind Insektenblüten häufig gemustert, nämlich mit farblich abstechenden Saftmalen versehen, die das Insekt zum Nektar führen, wenn es einmal an der Blüte angekommen ist. Diese Saftmale sind oft mit Duftmalen gekoppelt, die anders und intensiver duften als die übrige Blütenkrone. Im einzelnen sind Insektenblumen wieder sehr verschieden gebaut; Schwärmerblumen haben lange, enge Blütenröhren, in die nur Schwärmer mit ihrem langen Rüssel hineinreichen können; Käfer- und Fliegenblumen haben einen sehr flachen Bau und direkt an der Oberfläche liegenden Nektar, den andere Insekten – beispielsweise Hummeln – gar nicht nehmen (sie brauchen eine kurze Blütenröhre).

Der immer wieder erwähnte Nektar ist nicht das einzige Entgelt, das die Pflanzen ihren Boten bieten; viele Insekten fressen Pollen, den die Pflanze im Überschuß erzeugt – manche Pflanzen, so die den Mimosen nahe verwandten *Cassia*-Arten, haben sogar neben dem normalen Pollen nährstoffreichen, unfruchtbaren »Pollen« auf besonderen Beköstigungs-Staubblättern für die Blütengäste. Andere Blüten, vor allem von Orchideen, haben eiweißreiche Futterhaare oder ähnliche Futtergewebe, die abgefressen werden. Meist bieten die Blüten ihren Gästen Nahrung; die echte Gloxinie und einige brasilianische Orchideen (Catasetinae und Gongorinae) haben aber keinen Nektar, sondern große Drüsenflächen an den Blüten, die Duftöle abscheiden. Diese Parfüm-Blumen werden von Prachtbienen (Euglossinae) besucht, aber nicht von den weiblichen Tieren, wie man erwarten würde, sondern nur von Männchen, etwa der *Euglossa*- oder *Eulaema*-Arten, welche die Duftöle an den Hinterbeinschienen sammeln, nach Vogel bis zu 60 mm^3 pro Tier, und sie wohl zur Markierung ihrer Balzreviere verwenden, wozu andere Bienen und Hummeln selbsterzeugte Spurdüfte benutzen.

Es gibt aber auf Pflanzen nicht nur »neu entwickelte« Signale, deren Bedeutung die Tiere erst lernen müssen, wobei der Nektar oder Ähnliches als belohnendes Dressurmittel dient, sondern auch solche, die die Insekten schon kennen, die schon eine bestimmte Bedeutung für Insekten haben, obwohl die Pflanzen sie in anderer Bedeutung verwenden. Die Pflanzen sparen also die Dressurkosten und parasitieren auf anderen Signalen, täuschen also etwas vor. Man spricht deshalb auch von »Täuschblumen«, doch wenden durchaus nicht nur Blütenpflanzen (»Blumen«) diesen »Trick« an.

Die Kenntnis der von der Pflanze verwendeten Signale kann den Insekten angeboren sein oder von ihnen anderswo erlernt werden, es kann auch beides zusammenspielen. Kugler konnte zeigen, daß frisch geschlüpfte Goldfliegen (*Lucilia*), Schmeißfliegen (*Calliphora*) und Fleischfliegen

33 Die »Blüte« des Aaronstabes ist aus vielen, ganz verborgenen Blüten zusammengesetzt. Der ganze Blütenstand (links von außen, rechts geöffnet) zwingt Insekten durch einen Trick zur Pollenübertragung: Durch Aasgeruch angelockte Insekten bestäuben die weiblichen Blüten (♀), werden dann durch Borstenkränze am Entweichen gehindert und müssen auf die später reifenden männlichen Blüten (♂) warten; erst dann wird den erneut mit Pollen beladenen Tieren der Weg freigegeben.

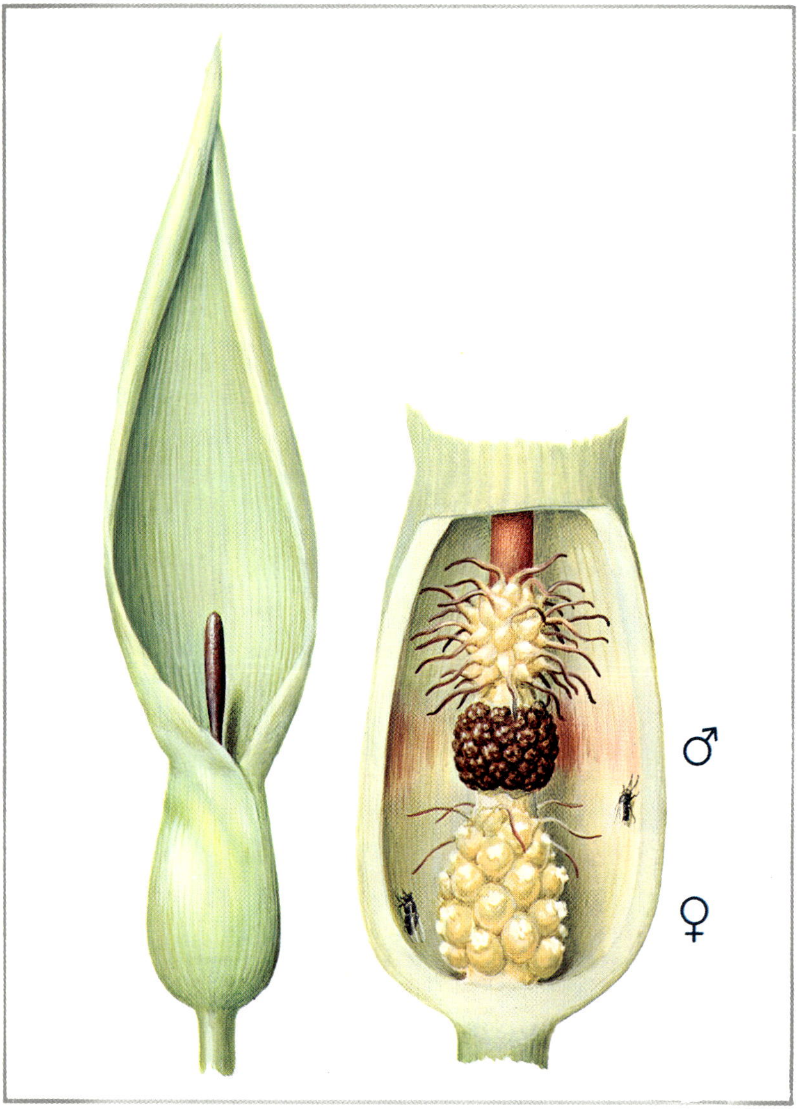

(*Sarcophaga*), die auch als Larven keine entsprechenden Erfahrungen sammeln, sich dargebotenen glänzenden Tropfen, aber auch Tropfenattrappen sofort zuwenden. Die weißen Blüten des auf nassen Wiesen verbreiteten Herzblattes (*Parnassia palustris*) enthalten fünf handförmige Nektarblätter mit zahlreichen fingerförmigen Fortsätzen, die am Ende je einen glänzenden Knopf tragen, der keinen Nektar enthält, aber Fliegen anlockt. Diese Anlockung ist immerhin berechtigt, denn an der Oberseite der duftenden Nektarblätter gibt es in zwei Gruben tatsächlich Nektar. Eine üble Täuschung sind aber die ebenso glänzenden vielen Sekrettropfen auf den Drüsenstielchen der Blätter des Sonnentaus (*Drosera*) – Insekten bleiben an ihnen kleben, das Blatt rollt sich daraufhin ein und verdaut das Insekt. Der Sonnentau ist eine der fleischfressenden Pflanzen, von denen wir gleich noch weitere besprechen werden. Glänzende Tropfen oder Tropfenattrappen (»Schein-Nektarien«) sind aber nur ein Teilsignal der Blüten. Hinzu kommen Farbe und Duft. Die eben genannten Fliegen kümmern sich, solange sie unerfahren sind, um Farben fast nicht; erfahrene Goldfliegen aber richten sich stark nach optischen Merkmalen. Es kommt jedoch noch eine – ebenfalls von Kugler entdeckte – Komplikation hinzu: Spontan bevorzugen Gold- und Schmeißfliegen zwar Gelb und Orange vor anderen Farben, in Anwesenheit von Kot- oder Aasgeruch aber bevorzugen sie braune, purpurbraune oder auch schwarzgraue Flächen. Damit klärte sich ein langer Streit wenigstens teilweise. Man wußte nämlich schon lange, daß viele Blüten, die eher stinken als riechen und Fliegen und Aaskäfer anlocken, regelmäßig gelb, braun oder schwarzrot aussehen (etwa die zu den Schwalbenwurzgewächsen [Asclepiadaceae] gehörenden *Stapelia*- und *Hoodia*-Blüten der südafrikanischen Wüstengebiete); die Blüte von *Diplocyanthus* ist sogar aschgrau. Zusammen mit ihrem Duft erinnern sie an eitrige Wunden, Aas oder geronnenes Blut. Fliegen schienen sich aber für diese Farben nicht sonderlich zu interessieren, wie Versuche mit duftlosen Attrappen ergaben. Tatsächlich ist die Farbe aber eben doch ein wichtiger Faktor. Es zeigte sich einmal mehr, daß man aus der Verbreitung solcher zusammengesetzter Signale, auf die bestimmte Lebewesen reagieren, recht gut auf deren Sinnesphysiologie schließen kann.

Die Aasblumen locken mit Farbe und Duft die Insekten zwar unter falschem Vorwand an, denn die Aasfliegen und -käfer suchen ja faulendes

Fleisch, um davon zu fressen und ihre Eier dort abzulegen (die meisten Fleischfliegen allerdings bringen lebende Larven zur Welt und setzen diese an oder neben Fleisch); dennoch finden die Besucher meist wenigstens Nektar, den sie selbst verzehren können. Stapelien riechen aber oft so aasähnlich, daß Schmeißfliegen in ihnen auch ihre Eier ablegen, die dann zugrunde gehen. Einige Aasblumen zwingen ihre Gäste sogar zu Tisch, indem sie sie in eine Falle locken. Dazu gehören die Aaronstabarten (*Arum, Sauromatum*). Ihre Blüten sind von einem großen Scheidenblatt umhüllt, das sich oben öffnet; herausragt das keulenförmige, übelriechende Ende der blütentragenden Achse, die unten vom Scheidenblatt bauchig umhüllt ist. Ganz unten in diesem Hohlraum oder »Kessel« sitzen viele weibliche Blüten, die eine schleimige Flüssigkeit absondern. Über ihnen steht ein Kranz von abwärts gerichteten Borsten als Hindernisorgan rings um die Achse, darüber folgen ein breiter Ring männlicher Blüten und abermals ein Borstenkranz. Der Gestank dieser Pflanze, der zum großen Teil auf Ammoniak (NH_3) beruht, wird dadurch besonders verbreitet, daß die Pflanze Temperaturen erzeugt, die die Umgebungstemperatur bis zu 15° C übersteigen und die Duftabsonderung und -ausbreitung dadurch verdoppeln. Diese Wärme wird durch den höchsten bei Pflanzen bekannten Stoffwechsel erzeugt; in der Regel vermeiden Pflanzen die Erzeugung von Wärme als Energieverlust und fangen die bei Stoffwechsel und Atmung entstehende Energie durch besondere chemische Prozesse gleich wieder ein. Der Aaronstab blockiert aber dieses Energieeinfangen zur Blütezeit, was Meeuse näher untersucht hat. Möglicherweise dient die Wärme nicht nur der Duftverbreitung, sondern lockt auch ihrerseits noch Insekten an; in arktischen Zonen jedenfalls sitzen Nektar fressende Moskitos (*Aedes*) gern in den ebenfalls wärmeren Blüten der Silberwurz (*Dryas integrifolia*) und sogar in denen des arktischen Mohns (*Papaver radicatum*), die gar keinen Nektar enthalten und möglicherweise mit der Wärme allein locken, die sowohl die Geschlechtszellen der Pflanze wie die der sie besuchenden Insekten rascher reifen läßt, was in diesen Breiten schon ins Gewicht fällt. Leider gibt es hierüber aber erst wenige Beobachtungen von Hocking und Sharplin und noch keine gezielten Versuche.

Von dem an Dung, Urin, Aas oder faulendes Blut erinnernden Geruch der Aaronstabblüten werden Fliegen und Aaskäfer angelockt, von unse-

34 Manche insektenfressenden Pflanzen haben spezialisierte Fangblätter, die als Blütenattrappe wirken und hungrige Insekten anlocken. Links Blatt der Venusfliegenfalle *Dionaea muscipula*, rechts Fangblatt der Kannenpflanze *Nepenthes*.

35 Schnitt der Blattkanne von *Nepenthes gracilis*: unten Flüssigkeit mit Insektenresten, darüber Drüsenzone, aus der die Verdauungsflüssigkeit stammt, oben drüsenfreie Zone mit der Krabbenspinne *Misumenops nepenthicola*, die einige Insekten abfängt.

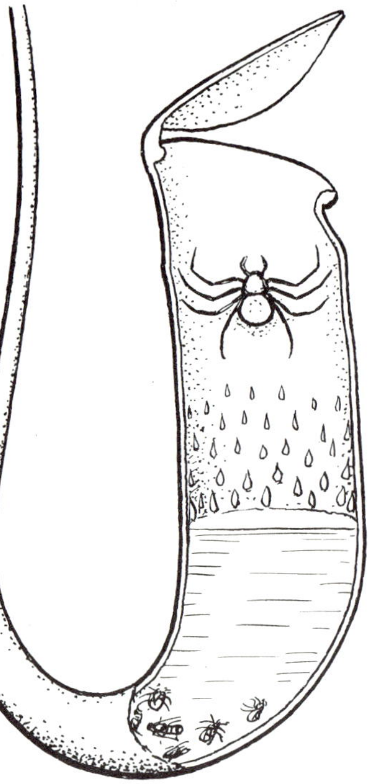

rem einheimischen gefleckten Aaronstab (*Arum maculatum*) vor allem die kleinen Schmetterlingsmücken (*Psychoda*), die auch Abtrittsfliegen heißen, weil sie an entsprechenden Örtlichkeiten regelmäßig zu finden sind. Diese Insekten landen auf dem Hüllblatt oder dem Blütenkolben, die aber beide durch Öltröpfchen so glatt sind, daß die Besucher sofort nach unten in den Kessel rutschen, aus dem sie wegen der Borstenringe nicht wieder entweichen können. Haben sie Aaronstabpollen mitgebracht, so laden sie den jetzt auf die weiblichen Blüten ab, während sie vergeblich versuchen, über sie hinweg- und hinauszusteigen. Sie können vorerst auch vom Saft der Blüten fressen. Über Nacht reifen nun die männlichen Blüten, stäuben die unten ruhenden Insekten mit Pollen ein, die Borsten schrumpfen, der Ausweg wird gangbar, und die Tiere kriechen am nächsten Tag endlich hinaus. Sie machen sich dann wieder auf die Suche nach Aas und landen oft genug für einen weiteren Tag in der nächsten Aaronblüte, wo sie den Pollen abliefern. Der Aaronstab duftet und erhitzt sich in der Mittagszeit und nur für wenige Stunden, was durch eine »Kalorigen« genannte Substanz gesteuert wird, welche die männlichen Blüten 6 bis 18 Stunden vor ihrer Reife absondern. Dieser ganze komplizierte Mechanismus und der Zeitplan, nach dem er funktioniert, sind hervorragend auf die zu täuschenden Blütenbesucher abgestimmt. Da die männlichen Blüten erst nach den weiblichen reifen, wird eine Selbstbestäubung verhindert.

Ähnliche Gleitfallenblüten findet man bei den Osterluzeiarten (*Aristolochia*), die zum Teil auch noch als Lichtfalle wirken, weil der Kessel an einer bestimmten Stelle durchscheinend ist, Insekten dort nach einem Ausweg suchen läßt und sie so zu den Narben der Blüte dirigiert; ein Ringfenster führt die inzwischen mit Pollen bepuderten Tiere am nächsten Tag wieder ins Freie. Auch diese Blüten duften nach Aas oder Kot. Der bekannte Frauenschuh (*Cypripedium*), eine Orchidee, besitzt in der holzschuhförmigen Lippe eine ähnliche Falle, aus der die Insekten aber gleich wieder herauskriechen können – allerdings auch nur auf bestimmten, vorgezeichneten Bahnen, wobei sie erst die Narbe und dann die Pollenkölbchen passieren müssen. Der Frauenschuh bietet keinen Nektar; er stinkt auch nicht, sondern lockt die Insekten durch seine Nektar nur verheißende Blütenfarbe an.

In diesen Fällen geschieht den Insekten nichts, wenn sie auch nicht immer das finden, was sie suchten. Einige fleischfressende Pflanzen aber fangen Insekten mit Hilfe von Blütensignalen und verdauen sie dann. Die Blätter der bekannten Venusfliegenfalle, *Dionaea muscipula*, die auf Torfmooren in Carolina vorkommt, sind nur auf der Innenseite rot. Setzt sich ein Insekt darauf, so berührt es eines oder mehrere der kräftigen Sinneshaare auf der Blattfläche, und daraufhin klappen die Blatthälften blitzschnell zusammen, die Randzähne greifen ineinander und Verdauungsdrüsen lösen das Insekt auf. Die Kannenpflanzen (*Nepenthes, Cephalotus, Sarracenia, Darlingtonia*) bilden aus Blättern oben offene Krüge, deren Öffnung blütenartig gezeichnet sein kann, teils auch einen deckelartigen Fortsatz hat, der wie eine Blüte wirkt (und wohl zugleich Regenwasser abhält). *Nepenthes* scheidet am Kannenrand Nektar ab. Landet ein futtersuchendes Insekt auf dieser vermeintlichen Blüte, so gleitet es auf der für Insektenbeine ungangbaren Fläche aus und in die Kanne hinein. Unterhalb der Gleitzone liegt ein Gürtel von Drüsenzellen, die ein eiweißverdauendes Ferment absondern. Der untere Teil der Kanne ist mit Verdauungsflüssigkeit gefüllt, in der die Reste der betrogenen Insekten schwimmen. Eine Pointe zu dieser Mordgeschichte liefern die Kannenpflanzenspinnen. Sie leben im oberen Teil der Kannen solcher Arten, deren Drüsenzone nicht bis zum Rand reicht; *Misumenops nepenthicola* auf Borneo in *Nepenthes gracilis,* auf Sumatra in *N. reinwardtiana, Thomisus nepenthiphilus* auf Sumatra in *Nepenthes tabaica.* Beides sind Krabbenspinnen, die mit Spinnfäden die Fangkannenwand begehbar machen und auf hereinrutschende Insekten warten. Pflanzen locken Tiere aber auch noch zum Zweck der Vermehrung an und benutzen dazu wieder dieselben Gerüche und Farben. Ich habe schon erwähnt, daß manche von Flughunden bestäubte Blüten stark nach Früchten riechen; mitunter sind die Kronblätter der Blüten sogar als Fruchtattrappen fleischig und genießbar (etwa bei *Pachira insignis* oder *Bassia latifolia*) und werden von den Flughunden gefressen. Ursprünglich fressen diese Tiere Früchte, die von den Pflanzen eigens entwickelt werden, um Tiere anzulocken, die dann beim Einsammeln der Früchte oder während der Verdauung die Samen mitnehmen und ausbreiten. Ameisen verbreiten Pflanzensamen, die für sie unangreifbar hart sind, aber ein genießbares, oft fett- und vitaminreiches Anhängsel haben, das sogenannte Elaiosom. Größere Tiere fressen oft die ganze Frucht samt Samen. Die Samen vieler Pflanzen sind sogar auf eine Passage durch den Verdauungskanal irgendeines Tieres so weit angewiesen, daß sie ohne solche Vorbehandlung kaum oder gar nicht auskeimen. Die Wirkung der Verdauungssäfte, die einen nicht darauf eingerichteten Samen in seiner Lebensfähigkeit beeinträchtigt, ist in diesen Fällen von der Pflanze »einkalkuliert«. So keimen etwa die Samen des Leberwurstbaumes (*Kigelia*) oder des Affenbrotbaumes (*Adansonia digitata*) nur sehr schwer (d. h. zu geringem Prozentsatz und nach sehr langer Zeit), wenn sie unbehandelt bleiben, aber leicht, wenn die Früchte von Pavianen verzehrt und die Samen in ihrem Kot wieder ausgeschieden werden. Haziendabesitzer in Ekuador lösen das Problem, die ebenfalls schwer auskeimende Passionsblume (*Passiflora*) ihrer wohlschmeckenden Früchte wegen anzupflanzen, auf eine sehr einfache Weise: Sie geben Feldarbeitern Früchte zu essen und heißen sie an bestimmten Stellen zu defäzieren. Es gibt natürlich Samenfresser, etwa Finken und Hühnervögel, welche die Samen zerstören; die gleichen Samen überstehen eine Passage durch Rotkehlchen oder Drosseln ziemlich gut, andere – wie von der Berberitze (*Berberis*) oder von der Heckenkirsche (*Lonicera*) – keimen sogar anschließend besser. Das Bermudagras keimt viel besser, wenn es durch den Magen und Darm eines Rindes gewandert ist. Besonders merkwürdig ist, was Rick und Bowman über eine kleine Tomate (*Lycopersicon esculentum var. minor*) auf den Galapagosinseln herausfanden. Von den kleinen Samen gehen, wenn man sie aussät, weniger als 1⁰/₀ an, aber bis 71⁰/₀ ,wenn man die äußere Samenhülle entfernt oder die Körner eine Stunde lang in 2,6⁰/₀ige Natrium-Hypochlorid-Lösung legt. Überraschend war die vorläufige Antwort auf die Frage, wer denn normalerweise die Samen vorbehandelt: Es scheint die Elefantenschildkröte (*Testudo elephantopus*) zu sein, die gern Tomaten frißt; jedenfalls ist ihr Verdauungsweg das einzig bekannte natürliche Mittel, die Tomatensamen zu 80⁰/₀ zum Keimen zu bringen. Die Samen verbleiben etwa 3 Wochen in der Schildkröte und können ziemlich weit verschleppt werden.

Im Dienste der Ausbreitung verwenden die Pflanzen auch fremde Gerüche. Am bekanntesten sind wiederum die Aasgerüche, etwa der zu den Bauchpilzen (Phallaceae) zählenden Stinkmorchel (*Phallus impudicus*) in unseren Wäldern. Als einen Geruchsstoff hat man bei ihr Phenylacetaldehyd nachgewiesen, der bisher aus faulendem Fleisch nicht bekannt ist. Es ist aber auch gar nicht notwendig, daß Vorbild und Nachahmer identische Stoffe benutzen, wenn nur der Signalempfänger auf beide gleich reagiert; auch wir sprechen ja positiv auf süßes Saccharin an, obwohl es kein Zucker und ganz ohne Nährwert ist. Die Hutoberseite der ganz jungen Stinkmorchel, die eben aus der schützenden weißen Hülle kommt, trägt eine dicke, schwärzlich-grün glänzende Schicht von Sporenschleim (Gleba). Schmeiß- und Goldfliegen, aber auch andere Aasinsekten werden vom aasartigen Geruch angelockt, orientieren sich in der Nähe nach Farbe und Glanz des Hutes, landen darauf und beginnen sofort zu fressen. Der zähe Sporenschleim wird durch den Fliegenspeichel verflüssigt und im Darm ganz aufgelöst. Der von den Fliegen bald darauf irgendwo – etwa auf einem Blatt – abgesetzte Kot besteht zum größten Teil aus Pilzsporen; einige Regentropfen genügen, ihn aufzulösen und die Sporen in den Boden zu schwemmen. Diese Sporen passieren regelmäßig einen Insektendarm. Schremmer hat das eingehend untersucht. Oft wird

behauptet, die Fliegen trügen die Sporen außen am Körper weg: Tatsächlich beschmieren sie sich aber nicht einmal die Füße.
Ein ganz naher Verwandter der Stinkmorchel ist der Tintenfischpilz *Anthurus aseroeformis.* Er stammt aus Australien und Neuseeland. Vermutlich gelangten seine Sporen mit australischer Rohwolle in die Umgebung elsaß-lothringischer Fabriken; heute ist er in Frankreich, Deutschland, der Schweiz und Österreich fest eingebürgert. Dazu verholfen haben ihm Schmeißfliegen, die seine Sporen verschleppten. Um Fliegen anzulocken, benutzt dieser Pilz aber nicht nur Aasgeruch, sondern überdies eine sehr auffällige Farbe. Er hat vier bis sechs Arme, die leuchtend rot gefärbt und mit schwärzlichen Flecken versehen sind; ausgebreitet erinnert er an einen großen Seestern. Ähnlich sehen Gitterkugelpilze (*Clathrum*) aus. Ein anderer Verwandter dieses Pilzes, *Aseroe rubra*, hat einen Sporenträger mit leuchtend roter Pseudoblüte, in deren Mitte sich die riechende, schleimige Sporenmasse findet.
Auch einige Moose haben blütenartige Lockgebilde. Die Laubmoose *Splachnum luteum* und *S. rubrum* lassen ihre klebrigen Sporen durch Fliegen verbreiten und locken sie sowohl durch Aasgeruch als auch durch einen unterhalb der Sporenkapsel aus dem Trägerstielchen entwickelten, zuerst glockenförmigen und später scheibenförmigen, gelben oder roten Schauapparat von 1 cm Durchmesser. Man spricht in diesen Fällen von Blütenimitationen durch Pilze und Moose, die ja keine Blütenpflanzen sind. Dennoch ist vorläufig nicht klar, ob diese Ähnlichkeit eine Blütenimitation ist, oder ob beide – Blume und Pilz – unabhängig Aas imitieren und ebenso unabhängig der allgemeinen Sinnesphysiologie der Insekten Rechnung tragen und farblich auffallende, strahlige oder scheibenförmige Signalflächen entwickeln. Die Pflanzen haben sich darauf eingestellt, das am tiefsten in die Atmosphäre und ins Wasser eindringende, langwellige rote Licht zur Photosynthese organischer Stoffe auszunutzen; dementsprechend ist der das Sonnenlicht auffangende Stoff, das Chlorophyll, grün gefärbt. Gegen dieses ungemein weit verbreitete Grün sticht Rot als Komplementärfarbe am besten ab. Außerdem haben Rot und Gelb den Vorteil, besonders weit sichtbar zu sein. Allein für den Aasgeruch kann man Aas als Vorbild annehmen, aber auch da sind wahrscheinlich alle Pflanzen mit Aasgeruch (ob Blüten- oder Sporenpflanzen) unabhängige Nachahmer dieses Vorbildes.

15 Die Entstehung der Putzer-Mimikry

Einer der bisher seltenen Fälle von Mimikry unter Wirbeltieren ist von Meeresfischen bekanntgeworden. Die Nachahmung eines Vorbildes – im Dienste aggressiver Mimikry – ist hier ganz besonders genau und erstreckt sich auf Körperbau, Färbung und Verhalten. Da das der einzige Fall ist, in dem die Herkunft der mimetischen Merkmale einigermaßen geklärt wurde, soll er hier ausführlicher erörtert werden, mitsamt den Begleitumständen, die eine Rolle spielen und zum Verständnis nötig sind.

Das Verhalten des Putzerfisches

Zu den interessantesten Beziehungen zwischen verschiedenen Tierarten gehören die sogenannten Putzsymbiosen. Dabei säubert ein Tier das andere von außen anhaftenden Parasiten, manchmal auch von beschädigten Hautteilen und anderem. Das bekannteste Beispiel dafür sind die Krokodilwächter, *Pluvianus aegyptius,* die zu den Brachschwalben gehören; Herodot (5. Jh. v. Chr.) hat ihr Verhalten schon gekannt, von ihm übernahm Plinius der Ältere (um 50 n. Chr.) die Schilderung, und bei diesem schrieb sie Conrad Gesner 1551 ab: »Dieweil der Crocodyl ein Wasser-Thier ist, hat er immerdar seine Zähne voll Fleisch, welches diesem Vogel wol bewußt. Wenn dann der Crocodyl sich an die Sonne legt, zu schlaffen, welches er tut mit offenem Rachen, so schläufft das Vögelein in seinen Rachen, picket und raumet oder stöchert ihm das Fleisch auß den Zähnen. Davon der Crocodyl eine große Lust empfindet, hält dem Vogel stille, und den Rachen offen.« Kuhreiher und afrikanische Stare der Gattung *Buphagus,* Madenhacker genannt, suchen alle möglichen Säugetiere nach Parasiten ab, unsere Stare tun es bei Kühen, manche Hühner auf Bauernhöfen an Schweinen – die Reihe reicht von Gelegenheitsputzern bis zu Berufsputzern.
Berufsputzer gibt es in besonders ausgeprägtem Maße in warmen Meeren. Eine neuere Zusammenfassung darüber veröffentlichte 1966 H. M. Feder. Der »Putzkunde« wird von unerwünschten und manchmal schädlichen Objekten – Bakterien, Außenparasiten, kranken und verletzten Körpergeweben oder übriggebliebenen Nahrungsteilen – befreit, die der Putzer frißt.
Der uns hier vor allem interessierende Putzer, die »Meerschwalbe« *Labroides dimidiatus,* ist ein Lippfisch. Er lebt im Indopazifik und be-

wohnt dort, meist paarweise, feste Reviere an Riffen. Von seinem Verhalten, das wir einschließlich des Ablaichens beobachtet haben, brauchen wir hier nur den »Tanz« und das Verhalten gegenüber anderen Fischen zu besprechen. »Tanz« heißt eine besondere Schwimmweise, die vor allem an jüngeren Individuen häufig zu sehen ist: Der Fisch schwimmt langsam vorwärts und schwingt dabei unaufhörlich den Hinterkörper mit der gespreizten Schwanzflosse nach oben und läßt ihn wieder bis zur Horizontalen absinken. Dieses sehr auffallende Wippschwimmen macht andere Fische auf ihn aufmerksam.
Wenn andere Fische herankommen, schwimmt er ihnen entgegen und beginnt, sie abzusuchen. Rasch mit den Bauchflossen trillernd, gleitet er über die Körperoberfläche des Kunden, stößt ihn, wenn er nicht stillhält, heftig mit dem weit aufgerissenen Maul und macht sich dann an die Arbeit. Die Unterkiefer des *Labroides* ist zweispitzig wie die Rückseite eines Zimmermannshammers; er kann damit Parasiten loshebeln. Er sucht die Flanken, Flossen, Kopfseiten, Kiemen, Zähne und manchmal auch den Rachen des Kunden sorgfältig ab, zupft, wo es was zu zupfen gibt, und läßt erst dann vom Kunden ab, wenn der ungeduldig zu rucken beginnt oder wirklich fertig bedient ist.

Die ökologische Bedeutung der Putzer

Die ersten genauen Angaben über die Bedeutung der Putzer verdanken wir den Gebrüdern Pederson und dem später verunglückten C. Limbaugh, die in ungezählten Tauchabstiegen bei den Bahamas und an verschiedenen anderen Stellen, im Atlantischen wie im Pazifischen Ozean, Beobachtungen dazu sammelten. 1956 kannte Limbaugh als Putzer 21 Arten von Fischen aus 8 Familien, 6 Arten von garnelenartigen Krebsen aus mehreren Familien, dazu einen Wurm und eine Krabbe. Seither ist das Bild noch bereichert worden; man kennt heute schon 42 Putzerfischarten aus 14 Familien. Hinzu kommen verschiedene Putzergemeinschaften zwischen Süßwasserfischen, die bislang nur aus Aquarien bekannt sind (Freilandbeobachtungen fehlen hier fast völlig) und die sich zum Teil sogar zwischen Fischarten bildeten, die aus verschiedenen Erdteilen stammten. Diese Putzgemeinschaften sind erst im Aquarium entstanden, die beteiligten Fische haben sich aufeinander

eingespielt und zeigen, wie solche Putzsymbiosen entstehen können. Schon aus der beträchtlichen Liste von Außenparasiten, namentlich Kleinkrebsen, die an Fischen leben, kann man schließen, daß sich das Putzgeschäft lohnen muß. Von keinem Putzer ist allerdings bekannt, daß er sich ausschließlich vom Putzen ernährte; die meisten fressen auch freilebende Kleintiere, manche putzen nur in ihrer Jugend.
Putzkunden sind die meisten bekannten Fischarten, kleine wie große, Friedfische (Seebarben, Mantas) und Raubfische (große Barsche, Muränen). Den Hauptteil stellen die dauernd umherstreifenden Arten, sozusagen die »Laufkundschaft«. Stammkunden sind die in der Nähe des Putzers wohnenden, revierbesitzenden Fische, die erstaunlich regelmäßig – oft morgens – zum »Barbier« gehen. Dabei kann es vorkommen, daß sie dort anstehen müssen; da es sich meist um unverträgliche Tiere handelt, stehen sie in gebührendem Abstand voneinander unruhig wartend herum, bis ihr Kollege abgefertigt ist – und versuchen dann oft genug, sich vorzudrängen. Muränen, die Dämmerungs- oder Nachttiere sind, verlassen am hellichten Tag ihre Schlupfwinkel, begeben sich zum Putzer und gehen dann wieder zur Ruhe. Mehrere Taucher, die einander ablösten, zählten innerhalb von 6 Stunden 300 Putzkunden bei einem einzigen Putzerfisch! Nun gibt es Riffgebiete, wo Tausende von Putzern (Fische und Krebse) leben – die Zahl der Fische, die sich dort versammeln, ist außerordentlich groß. Die Gebrüder Pederson zählten an zwei kleinen, isolierten Riffs mit besonders reicher Fischfauna eine gewisse Zeitlang die vorbeikommenden und ansässigen Fische. Dann fingen sie alle ihnen bekannten Putzer von diesem Riff weg und zählten weiter. Nach wenigen Tagen waren erheblich weniger Fische da und nach zwei Wochen überhaupt nur mehr einige revierfeste Tiere. Diese hatten zahlreiche leicht verpilzte Hautstellen, lose Flossenstückchen und Geschwüre. Heute weiß man, daß einige recht ergiebige Fischgründe solche Putzerstationen sind; vorher war es rätselhaft, was die vielen Fische dort zusammenführte, denn es waren weder Weide- noch Laichgründe.

Das Verhalten der Putzkunden

Die auffälligste Eigentümlichkeit der meisten Putzkunden ist, daß sie, während sie geputzt werden, in eine Art Trance verfallen; manche tun

das sogar schon vorher, als forderten sie zum Putzen auf: Sie atmen unregelmäßig und wenig, ihr Körper sinkt in unnormale Stellungen, mit dem Schwanz oder dem Kopf nach unten, manche rollen auf eine Seite, und sie unterlassen balancierende Ausgleichsbewegungen mit den Flossen. Einige Arten wechseln die Farbe. Fast alle sperren das Maul auf und spreizen die Kiemendeckel ab, und die Putzer schwimmen ins Maul hinein, säubern innen und schwimmen auch durch die Kiemenspalten aus und ein, besonders auffällig bei großen Mantas.
Daß der Putzkunde sich aktiv auf den Putzer einstellt, sieht man recht gut daran, daß er oft jeweils diejenige Flosse still hält und abspreizt, die der Putzer gerade bearbeitet oder in deren Nähe er kommt. Kaiserfische (*Pomacanthus*-Arten) und Schmetterlingsfische (*Chaetodon*-Arten) spreizen meist nur den Kiemendeckel derjenigen Körperseite, an der der Putzer arbeitet. Der Putzer darf auch die Augen, eine sehr empfindliche Körperstelle, säubern. Einen großen Drückerfisch, *Odonus niger*, sah ich »ungeduldig« langsam um seine Längsachse rotieren, wenn Putzer ihn nicht beachteten – meist hatte er damit Erfolg. Viele Einzelindividuen verschiedener reviertreuer Fischarten halten nur einem ganz bestimmten Putzer still und suchen diesen auch immer wieder auf; einen fremden dulden sie erst, wenn »ihr« Putzer längere Zeit verschwunden bleibt. Verletzte und kranke Fische wechseln oft von einer Putzstation zur nächsten und besuchen auch die gleiche mehrmals am Tage.
Die Putzer gehen mit manchen Kunden erstaunlich rabiat um. Fische mit kleinen Perlflecken haben im Aquarium viel zu leiden, weil die Putzer energisch versuchen, diese Farbflecke zu beseitigen. Bewundert habe ich Igelfische (*Chilomycterus*), deren Haut kleine, stachelartige Auswüchse zeigt; unsere *Labroides* bemühten sich unverdrossen, diese Auswüchse abzureißen und zerrten und schoben ihr geduldiges Opfer dabei sogar hin und her.
Wie erwähnt, lassen sich auch große Raubfische putzen. Obwohl diese Räuber andere Fische in Putzergröße fressen, kommen die Putzer, die kaum über 10 cm lang sind, nach getaner Arbeit heil wieder aus ihrem Rachen hervor. Sie sind also »geschützt«. Ein kleines Berufsrisiko ist für einige Putzerarten aber doch mit ihrer Arbeit verbunden; man findet ganz vereinzelt Putzer (Fische wie Krebse) in den Mägen anderer Fische. Aus Experimenten, die wir angestellt haben, kann man schließen,

daß das Verhalten der Putzer dafür sehr wichtig ist; wenn man sie in fremde Umgebung bringt, wo sie nicht selbstsicher auftreten und vielleicht sogar vor Raubfischen fliehen, werden sie zuweilen verspeist.

Das Verhalten des Nachahmers

An Putzerstationen, wo es *Labroides dimidiatus* gibt, findet man einen Fisch, der äußerlich vom Putzer kaum zu unterscheiden ist, vor allem dann nicht, wenn man ihn nur schwimmen sieht. Fängt man ihn aber und nimmt man ihn in die Hand, so beißt er heftig, was Putzer nicht tun. Dieser andere Fisch hat gewaltige Eckzähne im Unterkiefer, die ihm und seinen Verwandten den Namen Säbelzahnfische eingetragen haben. Sie zählen zu den Blenniiden oder Schleimfischen. Der wie ein Putzer aussehende heißt *Aspidontus taeniatus*. Er ist so groß wie der Putzer, genauso gefärbt, schwimmt auch so und kann sogar wie der Putzer »tanzen«. Fische, die den Putzer schon kennen, stellen sich auch vor dem Nachahmer arglos in der eben beschriebenen Putzaufforderungsstellung auf – und erleben dann eine böse Überraschung. Der Nachahmer kommt nämlich sorgfältig zielend heran, stanzt ihnen ein halbmondförmiges Stück aus einer Flosse und frißt es. Der gezwickte Fisch dreht sich sofort um, aber der falsche Putzer steht ganz ruhig da »als wüßte er von nichts« und bleibt wegen seiner Putzertracht unbehelligt. Mehrfach so gebissene Tiere werden auch gegen echte Putzer mißtrauisch. Die Frage war nun, ob es für sie eine Möglichkeit gibt, Putzer und Nachahmer unterscheiden zu lernen.

Lernende Opfer und die Genauigkeit der Nachahmung

Es ist unmittelbar zu beobachten, daß die meisten Fische bei einer ersten Begegnung den Nachahmer nicht vom Putzer unterscheiden können. Diese erste Begegnung wird sicher in ziemlich früher Jugend stattfinden. Durch Randalls Beobachtungen frei lebender Tiere wissen wir zudem, daß ältere Fische dem *Aspidontus* aus dem Wege gehen. Es ist also ziemlich sicher, daß sie Putzer und Nachahmer im Laufe ihres Lebens unterscheiden lernen; erwachsene im Aquarium gehaltene Fische verwechseln zuerst Putzer und Nachahmer. Hält man sie eine Zeitlang nur mit

36 Zwei Putzerlippfische, *Labroides dimidiatus*, dargestellt beim Putzen eines Kaiserschnappers (*Lutianus sebae*). Links unten ein Säbelzahnschleimfisch, *Aspidontus taeniatus*, beim Angriff auf die Schwanzflosse, aus der oben bereits zwei Halbkreis-Bisse ausgestanzt sind. Darunter sind Putzer (oben) und Nachahmer (unten) zum Vergleich genauer gezeigt.

Nachahmern zusammen, so gehen sie anschließend auch den Putzern aus dem Weg. Sie können sie also nicht unterscheiden, ohne Erfahrungen mit beiden zu sammeln. Aber wie und was lernen sie?
Zunächst lernen sie, Orte zu meiden, an denen sie schlechte Erfahrungen gemacht haben. Fische lernen ganz allgemein zuallererst gute und vor allem schlechte Orte; gibt man Futterkrebschen in einem Reagenzglas in ein Aquarium, so schnappen die Fische eine Weile heftig danach, bis sie gelernt haben, daß dieses Futter unerreichbar ist, und es in Ruhe lassen. Taucht man nun dasselbe Reagenzglas an einer anderen Stelle ins Bekken, so versuchen sie es sofort wieder, nicht aber an der alten Stelle. Fische, die in Freiheit durch einen Feind sehr erschreckt wurden, meiden für längere Zeit diesen Ort, nicht aber den Feind selbst; ihnen wird also zunächst ein bestimmter Ort abdressiert, und erst nach vielen gleichartigen Erfahrungen an verschiedenen Orten beginnen sie, die allen gemeinsame Gefahr oder das allen Orten gemeinsame Hindernis auch dann schon zu meiden, wenn sie an einem neuen Ort darauf stoßen. Da der *Aspidontus* selbst sehr reviertreu ist, lernen alle in der Umgebung ansässigen Fische rasch, sein Revier zu meiden, ohne indes den Nachahmer als solchen zu kennen; sie wissen nur, daß an der oder jener Koralle ein unangenehm bissiger Putzer lauert. Besonders leicht fallen solche Fische auf den Nachahmer herein, die sich in dieser Gegend nicht auskennen, vor allem also ständig umherziehende Arten, die immer andere Putzerstationen besuchen. Es gibt aber auch ein direktes Unterscheidungsmerkmal: Der Nachahmer greift stets nur von hinten an und beißt infolgedessen vorwiegend in die Schwanzflosse. Dreht ihm ein Fisch den Kopf zu, so wendet sich der Nachahmer ab und wartet auf eine neue Gelegenheit. Der Putzer dagegen nähert sich seinen Kunden auch von vorn. Die Putzkunden brauchen sich also nur anzugewöhnen, jedem Fisch, in dem sie einen Putzer vermuten, den Kopf zuzudrehen. Einige Arten tun das im Aquarium tatsächlich; wie es im Freiland ist, wissen wir noch nicht. Auf jeden Fall überwiegen die guten Erfahrungen, denn der Nachahmer ist seltener als der Putzer. Das große Putzbedürfnis ist der Grund dafür, daß die Fische sich trotz einiger schlechter Erfahrungen weiterhin putzen lassen. Sie suchen aber nach irgendeinem Anzeichen, an dem sie vorher erkennen können, ob ein Putzer gut oder böse ist. Daraus folgt für den »bösen Putzer«, nämlich den Nachahmer, daß er möglichst keine Unter-

schiede zum Putzer aufweisen darf. Wenn die zu täuschenden Tiere immer weiter Erfahrungen mit Vorbild und Nachahmer sammeln, so müssen beim Nachahmer allmählich alle für die zu täuschenden Tiere wahrnehmbaren Unterschiede zwischen ihm und dem Vorbild verschwinden. Tatsächlich gehört *Aspidontus* zu den genauesten Nachahmern, die wir kennen. Sein Vorbild, *Labroides dimidiatus,* bildet in seinem Verbreitungsgebiet ziemlich viele Lokalrassen aus, die sich in der Färbung unterscheiden: Stellenweise hat der Putzer an der Wurzel der Brustflosse einen kleinen oder größeren schwarzen, senkrechten Strich; die Putzerpopulation bei Makatea im Tuamotu-Archipel hat einen orangeroten Fleck auf den Flanken. Und immer ist an diesen Orten der Nachahmer ganz genauso gefärbt, also immer gleich schwer vom Putzer zu unterscheiden, wie Randall in einem groß angelegten Vergleich und durch Beobachtungen frei lebender Tiere herausfand. Diese Übereinstimmung selbst in kleinen Details (wie dem schwarzen Brustflossenstrich) ist aber auch umgekehrt ein Argument dafür, daß die Kenntnis der Putzer-Farbkleider den anderen Fischen nicht angeboren ist, sondern von ihnen gelernt werden muß; angeborenermaßen »bekannte« Signale sind kaum je so detailliert.

Man hat bisher als einzige Erklärungsmöglichkeit für besonders genaue Nachahmungen angenommen, es gelte, verschiedene Tierarten zu täuschen, deren jede andere Merkmale beachte; für jede einzelne wäre also eine gröbere Ähnlichkeit ausreichend, doch summiere sich das schließlich zu einer besonders genauen Nachahmung. Diese Hypothese ist sehr plausibel, bisher aber nirgends bewiesen. Auf keinen Fall darf man das nachweislich vorhandene Lernvermögen gerade höherer Tiere übersehen; selbst wenn die Kenntnis eines Grundmusters angeboren ist, würde es zur Beachtung zusätzlicher Feinheiten führen.

Lernwettstreit mit Ranula

Da das Lernen der zu täuschenden Fische für die Mimikry-Argumentation ziemlich wichtig ist, möchte ich noch ein besonders drastisches Beispiel dafür anführen. Der Räuber ist *Runula,* ein Verwandter vom *Aspidontus,* dessen Verhalten wichtige Aufschlüsse über die Herkunft der *Aspidontus*-Mimikry gibt und sowieso besprochen werden muß.

Runula ist ein langgestreckter, schwarz-blauweiß längsgestreifter Säbelzahnfisch, der andere Fische von einem versteckten Lauerplatz aus überfällt und ihnen in blitzschnellem Zustoß Hautstückchen wegbeißt, vornehmlich aus der Augenregion, wo die Haut weich und schuppenlos ist. *Runula* ist den Putzern nur sehr oberflächlich ähnlich, und ich glaube nicht, daß Fische sie je mit Putzern verwechseln.
Ich habe *Runula rhinorhynchus* mit Korallenfischen zusammen in sehr großen Aquarien (bis zu 3 m³) gehalten. Zunächst hatte die *Runula* es leicht und biß die Fische, die an ihrem Lauerplatz vorbeikamen. Diesen Platz lernten die anderen Fische bald zu meiden. Die *Runula* versuchte daraufhin, sich an sie anzuschleichen: Sie schwamm umher und »tat ganz harmlos«, bis sich eine günstige Gelegenheit ergab. Dabei lernten die Fische aber die *Runula* kennen; vorher war sie zu plötzlich aus ihrem Versteck hervorgeschossen. Nach wenigen Tagen konnte die *Runula* außerhalb ihres Versteckes schwimmen, wo sie wollte – die anderen Beckeninsassen sahen sie ständig an. Von vorn aber greift auch *Runula* nicht an, und das lernten ihre Opfer sehr rasch auszunutzen (allerdings nicht alle; schon hier zeigte sich, daß Fischarten sehr verschieden »intelligent« sind). Ein in Meerwasser lebender Buntbarsch, *Etroplus suratensis*, wagte bald kaum mehr zu fressen und hielt dauernd die *Runula* im Auge, die ihn besonders gern überfiel. Wenn ich einen roten Stab ins Becken tauchte und dadurch den *Etroplus* ablenkte, wurde er sofort gebissen. Bald beachtete er den Stab nicht mehr, und schließlich konnte ich ihn damit stoßen und zu schieben versuchen – er hatte zwar große »Angst«, wie aus seinem Farbwechsel ersichtlich war, rührte sich aber nicht vom Fleck und paßte nur desto genauer auf die *Runula* auf. Das hatte seinen guten Grund, denn die *Runula* hatte inzwischen auch gelernt, daß der rote Stab den *Etroplus* ablenkte. Erst einige Tage, nachdem ich die *Runula* aus dem Becken genommen hatte, wagte der *Etroplus* wieder, vor dem Stab zu fliehen. Kleine Korallenbarsche der Gattung *Abudefduf* entwickelten sich zu besonders aufmerksamen *Runula*-Wächtern. Nun ist die *Runula* fast ausschließlich auf Fischhaut als Nahrung angewiesen, mußte also versuchen, doch an ihre Opfer heranzukommen. Sie versuchte zunächst, sich dicht am Boden gut gedeckt oder auch dicht unter der bewegten Wasseroberfläche anzuschleichen und dann unerwartet von unten oder oben zuzustoßen. Aber auch das lernten ihre Opfer

bald. Regelmäßig waren sie aber für eine kurze Zeit abgelenkt, wenn Futter ins Becken geworfen wurde. Davon fraß die *Runula* nicht, aber sie stellte sich bald blitzschnell in die Futterwolke und erwartete dort die herankommenden Fische. Am meisten aber hat mir imponiert, daß sie schließlich einen anderen Fisch als Schild benutzte, und zwar einen der in Seeanemonen lebenden Clownfische der Gattung *Amphiprion.* Diese Fische überfällt *Runula* aus noch unbekannten Gründen nie, und sie haben deswegen auch keine Scheu vor ihr. Überdies sind sie bei allen anderen Beckeninsassen als harmlos bekannt und können sich jedem nähern. Dicht neben diesem Clownfisch schwamm nun die *Runula* mit und stieß von da her unvermutet und meist erfolgreich auf ihre Opfer. Dieser Methodenwettstreit zeigt eindrücklich, wie stark Fische das Verhalten anderer Arten beachten lernen, wenn es für sie von Bedeutung ist.

Die Ableitung der mimetischen Merkmale des Aspidontus

Wir können den Putzer *Labroides dimidiatus,* das Vorbild für den *Aspidontus,* einfach als gegeben hinnehmen, ohne uns damit zu beschäftigen, wie die für ihn kennzeichnende Kombination von »Putzer-Merkmalen« zustandegekommen ist. Eben dieses aber interessiert uns beim Nachahmer. Denn wer die Mimikry im Rahmen des allgemeinen Evolutionsproblems sieht, muß fragen, woraus und auf welchem Wege ein Tier zum Nachahmer wird. Fische und auch Menschen verwechseln den *Aspidontus* mit dem Putzer, weil er mit ihm folgendes gemeinsam hat:

a) den Lebensraum
b) das Bestreben, sich anderen Fischen zu nähern
c) die Körpergröße
d) die Körperform
e) die Färbung
f) die Schwimmweise
g) den »Tanz«

Welche dieser Eigenheiten der *Aspidontus* sowieso schon besaß, das heißt, welche davon für seine Verwandtschaft kennzeichnend sind, und welche ihre heutige Form einer Angleichung an das Vorbild verdanken, kann man durch genaue Vergleiche mit verwandten Arten feststellen, wenn man annimmt, daß die weitverbreiteten und auch unter nichtmimetischen Arten vorkommenden Merkmale alt sind. Selbstverständlich muß man dabei auch die möglichen Spezialisierungen der Vergleichsarten berücksichtigen.

Die zum Vergleich herangezogenen Arten sind:

Runula rhinorhynchus, höchstens 10 cm lang, lebt von Fischhaut-Bissen und abgebissenen Röhrenwurm-Tentakeln. Der Beuteerwerb wurde im vorigen Abschnitt bereits geschildert; Indopazifik.

Petroscirtes temminckii, bis 15 cm lang, schwarz-gelb längsgestreift, lebt von Röhrenwürmern, die in blitzschnellem Zustoß ergriffen werden, außerdem von kleinen Krebschen; östlicher Indischer Ozean.

Ecsenius bicolor, bis 10 cm lang. Vorderkörper schwarzbraun, Hinterkörper orangegelb, schabt mit einem spezialisierten Mund den Bewuchs von Steinen ab; östlicher Indischer Ozean.

Blennius pavo, bis 15 cm lang, sandfarben gefleckt mit blauem, rotumrandetem Kiemendeckelfleck, lebt räuberisch von allerlei Kleingetier; Mittelmeer.

Blennius fluviatilis, bis 15 cm, sandfarben gefleckt mit kräftig hell-dunkler Kopfseitenstreifung, lebt räuberisch von allerlei Kleingetier; Süßwasserseen rings ums Mittelmeer.

Emblemaria pandionis, bis 6 cm lang, sandfarben, lebt räuberisch von kleinen Krebschen und Würmern; Ostküste Amerikas bei Florida.

Der Einfachheit halber nenne ich alle Arten nur mit dem Gattungsnamen; *Blennius pavo* und *B. fluviatilis* stimmen in den hier behandelten Merkmalen so weitgehend überein, daß sie zusammengefaßt werden können. Der Wechsel vom Meer- zum Süßwasser macht sich im Verhalten nicht bemerkbar.

Petroscirtes, *Runula* und *Aspidontus* sind ganz nahe verwandt und weichen etwas von der Gattung *Blennius* ab, gehören aber beide zur Familie Blenniidae. *Ecsenius* steht zwischen dieser Familie und der Nachbarfamilie Salariidae, *Emblemaria* steht zwischen Blenniidae und Clinidae. *Ecsenius* ist den typischen Blenniiden sehr ähnlich; seine ganz abweichende Ernährungsweise hat an seinem Sozialverhalten nichts geändert.

Runula und *Petroscirtes* zeigen nur einen kaum merklichen, alle übrigen einen sehr ausgeprägten stimmungsabhängigen Farbwechsel. Auffällige Farbflecke und Farbzonen kommen an denjenigen Körperteilen vor, die beim Drohen oder Balzen dem Partner besonders vorgewiesen werden. Bei allen Arten balzt das Männchen und pflegt die Eier, die mehrere Weibchen in seiner Wohnhöhle ablegen. Alle leben in Höhlungen, Spalten oder Bohrlöchern, die ihrer Körpergröße angemessen sind.

Ich will nun kurz die oben genannten Merkmale des *Aspidontus* einzeln besprechen und dann zeigen, welches Bild man auf diese Weise gewinnt und was sich daraus allgemein für die Evolution der Mimikry entnehmen läßt.

a) Der Lebensraum. Blenniiden und ihre Verwandten bewohnen das flachere Wasser an Küsten und Riffen, denselben Lebensraum, in dem auch der Putzer vorkommt. Namentlich die *Runula-Petroscirtes-Aspidontus*-Gruppe lebt in engster Nachbarschaft zum Putzer im Korallenriff. *Aspidontus* brauchte also, um Nachahmer zu werden, seinen Lebensraum nicht zu wechseln; er war in dieser Hinsicht schon vor-angepaßt.

b) Das Bestreben, sich anderen Fischen zu nähern. Die meisten Arten weichen anderen Fischen aus. Allerdings jagt *Petroscirtes* schon kleine Krebschen an Felsen und ähnlichen Unterlagen. Ein hinreichend großer Meeresbewohner, an dessen Körper Krebschen sitzen, kann für *Petroscirtes* durchaus als neutrale Unterlage gelten. Ähnliches kennen wir von vielen kleinen Fischen, die große Objekte sogar als ihre Heimat ansehen, auch wenn sie im Meer treiben, wie Tangmassen, Baumstämme, Schiffe oder große Fische. Man kann vermuten, daß auf dem Umweg über das Jagen von – eventuell parasitischen – Kleinkrebsen an Fischen das für *Runula* typische Fressen von Fischhaut entstand. *Runula* attackiert überdies nicht nur Fische, sondern zum Beispiel die Beine von Tauchern. Typisch für *Petroscirtes, Runula* und *Aspidontus* ist das plötzliche Zustoßen und Zubeißen, obwohl sie auch langsamer zubeißen und eine Beute fangen können. Aber nur *Runula* und *Aspidontus* zielen dabei auf Fische. *Runula* ist stärker auf Fischnahrung spezialisiert als *Aspidontus*. Eine noch unbestimmte *Runula*-Art macht sich im Freien zunutze, daß Fische, die gerade geputzt werden, wie in Trance still stehen, und beißt sie. Man muß annehmen, daß ein Verhalten, ähnlich wie es *Runula* heute zeigt, auch den *Aspidontus*-Vorfahren eigen war.

Runula wie *Aspidontus* greifen Fische nur von hinten an; *Runula* zielt aufs Vorderende und aufs Auge der Fische und beißt Hautstückchen aus der Körperoberfläche, *Aspidontus* zielt aufs Hinterende der Fische und beißt Stücke aus dem Flossenrand. Diese dem *Aspidontus* eigene Spezialisierung scheint mit der Putzermimikry zusammenzuhängen, vielleicht sogar erst durch diese ermöglicht zu sein.

c) Die Körpergröße. Die Blenniiden sind zumeist nicht größer als die Putzer, hätten also »von Hause aus« eine zum Nachahmer geeignete Körpergröße.

d) Die Körperform. Alle Blenniiden sind langgestreckt und seitlich etwas abgeflacht und haben eine sehr ähnliche Flossenstellung und Flossenform wie die Putzer. Auch da gibt es Ausnahmen, wie etwa die riesige segelartige Rückenflosse von *Emblemaria,* doch sind das wiederum eigene Spezialisierungen, von denen die *Aspidontus*-Vorfahren noch nicht betroffen waren. Dessen Rumpf- und Flossenform sind also ebenfalls schon vor-angepaßt (präadaptiert).

Anders der Kopf. *Labroides* hat einen spitz zulaufenden Kopf mit seitlich stehenden Augen, die meisten Blenniiden aber haben einen stumpfen Kopf mit hoch ansetzenden, oft sogar vorspringenden Augen, vor allem die bereits am Boden lebenden Arten, die ihre Schwimmblase weitgehend reduziert haben und schwerer als Wasser sind, was unter *f* besprochen wird. Gerade die *Petroscirtes-Runula-Aspidontus*-Gruppe umfaßt jedoch sehr schwimmgewandte Arten, die weniger bodengebunden sind und auch einen nicht so stumpfen Kopf haben. Dennoch hat keine dieser Arten einen so spitzen Kopf wie *Aspidontus.* Dessen Kopfform ist also ziemlich sicher eine Spezialisierung im Dienste der Mimikry.

e) Die Färbung. Die Grundfärbung des *Aspidontus* ist von der des Putzers und seiner Verwandten nicht sehr verschieden, weil alle frei im offenen Wasser schwimmende Fische sind und die dafür charakteristische hell-dunkle Längsstreifung zeigen. Freilich kann die immer noch recht verschieden aussehen, wie sich schon innerhalb der engsten *Aspidontus*-Verwandtschaft zeigt: Alle sind schwarz längsgestreift, haben aber verschieden viele Streifen; bei *Petroscirtes* ist zudem die Körpergrundfarbe gelb, bei *Runula* und *Aspidontus* weißlichblau. Die schwarze Längsstreifung von *Aspidontus* ist also sicher altes Familienerbe, und auch die Grundfarbe war vermutlich schon vor der Spezialisierung zum Nachahmer putzerähnlich. Dennoch sind beide, ganz sicher aber die Schwarzzeichnung, im Laufe der Spezialisierung zum Nachahmer dem Vorbild angeglichen worden, wie schon auf S. 156 erörtert wurde.

Es kommt aber noch eine Komplikation hinzu: Wie erwähnt haben Blenniiden regelmäßig einen ziemlich starken Farbwechsel. Er ist zwar in der *Petroscirtes-Runula-Aspidontus*-Gruppe geringer als bei den anderen Arten, aber ausgerechnet bei *Aspidontus* am größten. Die hier abgebildeten vier Farbkleider von *Aspidontus* (Abb. 37) sind durch Übergänge verbunden, doch sind diese vier Stadien besonders häufig zu sehen. Nur das Farbkleid b stimmt mit der Färbung des Putzers überein, alle anderen weichen deutlich vom Vorbild ab. Farbkleid a (schwarze Rückenflosse, schwarzer Rücken) kennzeichnet wohnungslose oder im Kampf unterlegene Tiere, die suchend umherschwimmen. Farbkleid c (weitgehend aufgelöste Schwarzzeichnung) sieht man an Tieren, die heftig mit Artgenossen oder Artfremden um ein Revier kämpfen, solange sie nicht unterlegen sind. Farbkleid d kennzeichnet heftig erschrockene Tiere, die sich bewegungslos in irgendeinen Winkel drücken. Je angriffslustiger der Fisch ist, desto mehr verschwindet die schwarze Körperzeichnung; je fluchtbereiter er ist, desto mehr nimmt sie zu. Daraus ergibt sich nun, daß ein revierbesitzender, nicht von Rivalen bedrängter *Aspidontus*, der hungrig und deshalb beißlustig ist, jedoch keinen Rivalen, vielleicht aber einen recht großen Fisch vor sich hat, gerade in der Mitte zwischen Flucht- und Angriffstendenz steht und dementsprechend auch in der Körperzeichnung die Mitte zwischen den Extremen (hell und dunkel) hält und das putzergleiche Farbkleid b zeigt. Ähnliches ist auch an anderen Blenniiden zu beobachten, die niemanden nachahmen. Die »Putzerfärbung« tritt beim *Aspidontus* jedoch etwas häufiger auf, als man erwarten würde, offenbar also in einem größeren Mischungsbereich der beiden Stimmungen. Das ist für Farbwechselphasen mit Signalbedeutung ganz allgemein kennzeichnend; sie werden teilweise gegen stimmungsabhängige Änderungen abgepuffert, so daß das bedeutsame Signal länger und häufiger zur Verfügung steht. Beim *Aspidontus* ist das eine Anpassung im Dienste der Mimikry.

f) Die Schwimmweise. Die Blenniiden schwimmen sehr verschieden, abhängig von ihrem spezifischen Gewicht. Die spezialisierten Bodenformen mit stark reduzierter Schwimmblase sind deutlich schwerer als Wasser und können nur durch heftige Schlängelbewegungen schwimmen; hören sie mit diesen Bewegungen auf, so sinken sie sofort zu Boden. Ursprünglich haben auch die Blenniiden eine funktionsfähige Schwimmblase gehabt; die meisten haben sie heute noch als Larve, *Petroscirtes, Aspidontus* und *Runula* sogar auch als erwachsene Tiere. *Petroscirtes* ist ein außerordentlich eleganter Schwimmer, kann vor- und rückwärts schwimmen und frei im Wasser fast bewegungslos verharren; *Runula* ist wesentlich schwerer und muß entweder dauernd leichte Schlängelbewegungen mit dem Körper machen oder sehr schnell mit den Brustflossen und mit der Schwanzflosse arbeiten, wenn sie am Ort stehen will. Sie ist vor allem hinten zu schwer und steht meist schräg im Wasser. *Aspidontus* hält zwischen beiden die Mitte; er braucht noch nicht zu schlängeln, kann mit den Brustflossen allein vorwärtskommen, sinkt aber mit dem Schwanz leicht ab. Alle drei schwimmen schlängelnd, wenn sie es eilig haben, sonst oft mit den Brustflossen allein. Vor allem in Konfliktsituationen halten sie den Körper steif und schlängeln nicht. Das für den Putzer und seine Verwandtschaft typische Brustflossenschwimmen, wobei der Körper ruhig nachgeschleppt wird, ist also auch bei *Aspidontus* als eine von mehreren Möglichkeiten vorhanden und eine weitere Vor-Anpassung an die Nachahmung der Putzer, von der er automatisch – wie seine Verwandten – dann Gebrauch macht, wenn er sich in Konfliktsituationen befindet, also etwa hungrig und einem recht großen Beutefisch nahe ist. Dadurch wird er gerade in der rechten Situation dem Putzer auch in der Schwimmweise ähnlich. Wie beim Farbwechsel, ist auch hier der für die Verhaltensweise zuständige Konfliktbereich ausgeweitet, so daß das Brustflossenschwimmen als Fortbewegungsweise des *Aspidontus* vorwiegt.

Wenn *Aspidontus* schlängelnd schwimmt, ist er vom Putzer leicht zu unterscheiden.

g) Der »Tanz«. Alle genannten Blenniiden haben eine deutliche Winkbewegung, die auf Artgenossen gerichtet ist: *Emblemaria* klappt rasch die riesige Rückenflosse auf und zu, die anderen nicken mit dem Kopf, zuweilen auch noch mit dem Vorderkörper. Sie können das entweder im Schwimmen tun oder aber wenn sie in ihrem Versteck liegen und – wie gewöhnlich – mit dem Kopf herausgucken. Wird das Nicken dem Schwimmen überlagert, so bewegt sich das Tier auf einer Wellenbahn vorwärts. Nicken im Liegen und Nickschwimmen können innerhalb der Art und zwischen den Arten verschiedene Bedeutung haben: Nicken im Liegen ist bei *Blennius* eine Balzbewegung, bei *Ecsenius* eine Drohbewe-

37 Der Nachahmer *Aspidontus taeniatus* wechselt seine Färbung mit der Stimmung. Nur unter ganz bestimmten Umständen ist er mit dem Putzerlippfisch zu verwechseln, nämlich im Farbkleid *b*. Die einzelnen Färbungen bedeuten: ängstlich und zur Verteidigung gedrängt (a), »selbstsicher« und angriffsbereit (b), im heftigen Kampf (c), bei besonders großem Schreck (d).

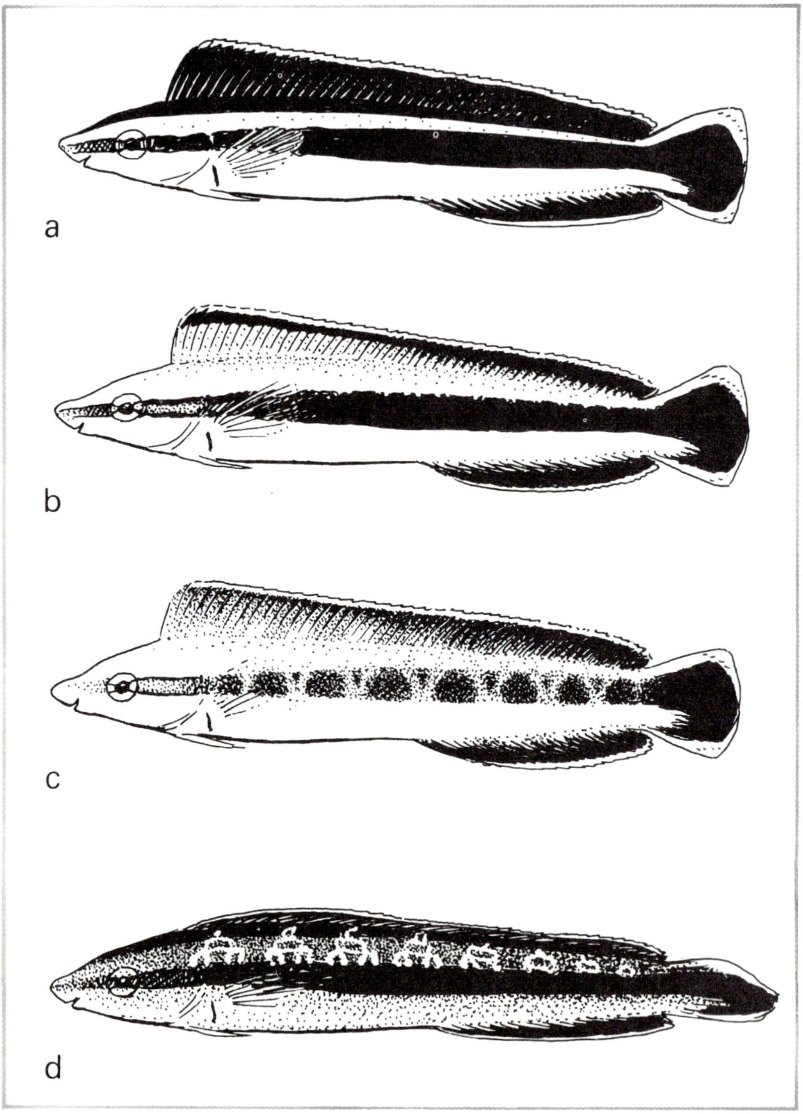

gung; die Balzbewegung des *Ecsenius* ist das Nickschwimmen. Das Nikken entstammt ursprünglich einem Konflikt zwischen Vorwärts, Auf-etwas-zu-Schwimmen und Rückwärts-Ausweichen bzw. Am-Ort-Bleiben. *Petroscirtes* stellt frei im Wasser den ganzen Körper kopfauf oder kopfab schräg, im Liegen nickt er fast gar nicht; *Blennius* nickt sehr deutlich, bewegt aber dabei nur den Kopf, *Ecsenius* nickt bei schwacher Intensität nur mit dem Kopf, schwenkt aber bei heftigem Drohen den ganzen Vorderkörper auf und ab. Neben diesen Unterschieden treten weitere im Rhythmus der Bewegung auf: Kommt *Ecsenius* unvermutet in eine Situation, in der er nicht weiß, ob er losschwimmen soll oder nicht, so hebt und senkt er den Kopf langsam, wenig und ganz unregelmäßig; naht aber ein Rivale, so schwenkt der Revierbesitzer Kopf und Vorderkörper weit und schnell (etwa 5mal) auf und ab, nach kurzer Pause wieder 5mal, und zwar immer mit genormter Amplitude. In dieser häufigen und eine innerartliche Verständigung erfordernden Situation tritt das Nicken also in »ritualisierter« Form auf, das heißt in einer hochentwikkelten Form, die das Signal möglichst unverwechselbar und auffällig macht. Ähnlich ist es bei den anderen Arten und auch beim Nickschwimmen. Da die entsprechenden Bewegungen von Gattung zu Gattung verschiedene Bedeutung haben können, sind sie wohl in der Form alt und wurden erst sekundär und unabhängig von der Nachbargruppe mit einer speziellen Bedeutung belegt, das heißt allmählich auf ganz bestimmte Situationen beschränkt.

Anders bei *Aspidontus*. Sein Nicken und Nickschwimmen sind zwar zum streng genormten Signal ritualisiert worden, treten aber dennoch in allen möglichen Situationen auf, »heißen« also nichts Bestimmtes. *Aspidontus* nickt vor Artgenossen ebenso wie vor einem Stück Holz, das man ihm vor die Nase hält, oder vor einem recht unruhigen oder großen Beutefisch. Tut er das im Schwimmen, so sind Schwanz- und Rückenflosse – wie bei den meisten Konflikten – gespreizt, wodurch die Putzerfärbung voll zur Geltung kommt; der ohnehin schwere Hinterkörper sinkt stärker ab und beschreibt eine größere Wellenbahn als der nickende Kopf; der ganze Fisch sieht einem tanzenden Putzer außerordentlich ähnlich, obwohl der Schwanz nicht hochgeschwenkt wird, sondern der Kopf die Wellenbahn vorzeichnet. Wie wichtig dieser Tanz für die Täuschung der Opfer ist, wissen wir allerdings noch nicht.

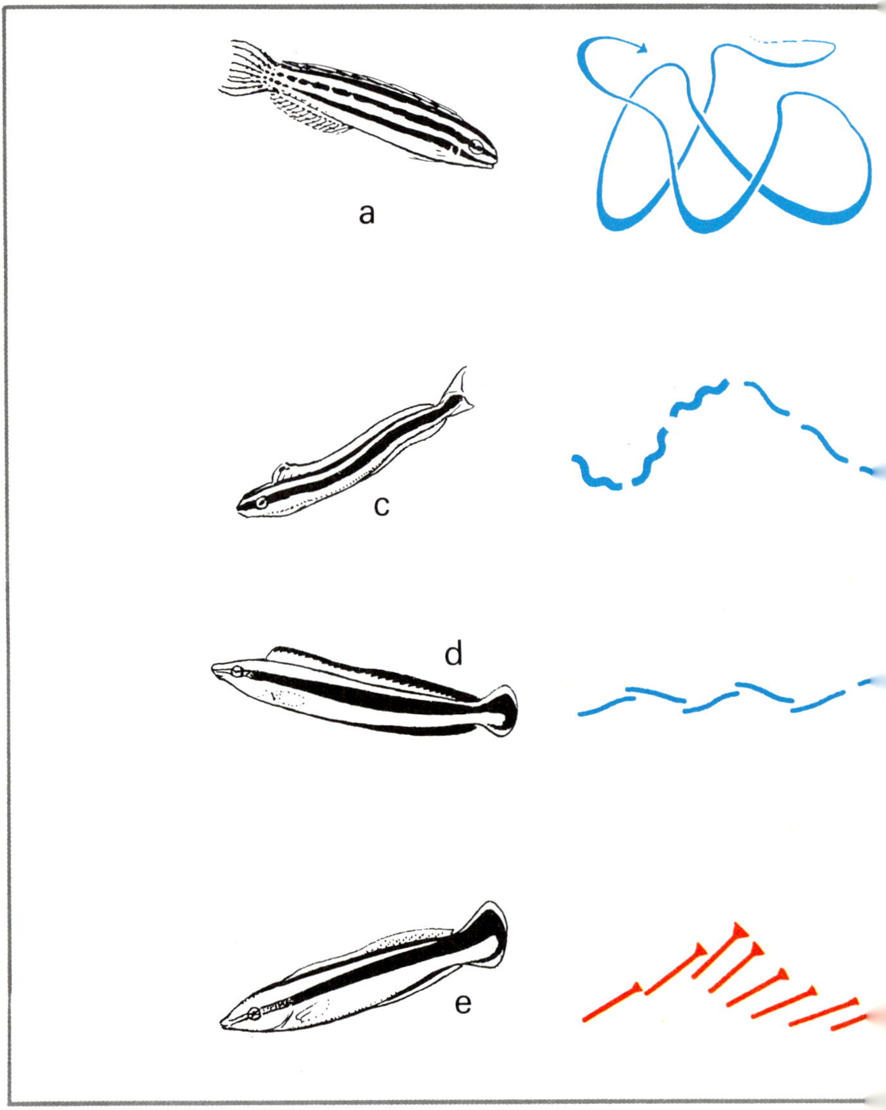
a
c
d
e

38 Der *Aspidontus* imitiert auch eine auffällige Verhaltensweise des Putzers. Wie es dazu kam, ist im Text besprochen. Diese Bewegungsskizzen zeigen den »Tanz« des Putzers *Labroides* (e), seine Nachahmung durch den *Aspidontus taeniatus* (d) sowie die Vorläufer der Nachahmung: den Drohtanz der *Runula rhinorhynchus* (c), den Balztanz von *Petroscirtes temminckii* (a) und das Drohschwimmen dieser Art (b).

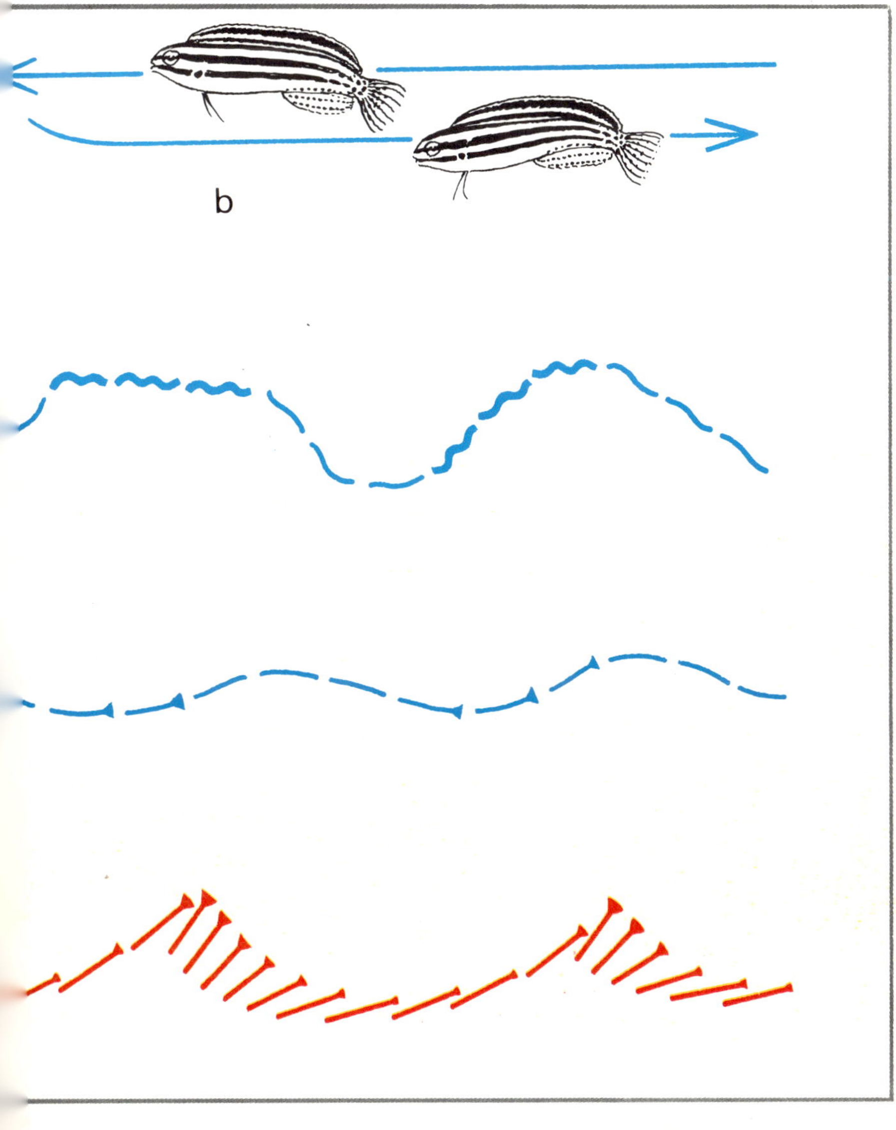

Die »Synthese« des Nachahmers

Faßt man alle genannten Einzelheiten zusammen, so hat man schon an einem noch unspezialisierten Ur-*Aspidontus* viele für den *Labroides* typische Merkmale beisammen: Körpergröße und -form stimmen weitgehend mit dem Putzer überein. Das Bestreben, sich anderen Fischen zu nähern, wird vorhanden gewesen sein, obwohl sich das nachträglich natürlich nicht beweisen läßt. Die veränderlichen Merkmale, Färbung und Schwimmweise, werden in Gegenwart fremder, als Beute geeigneter Fische putzerähnlich, und sogar eine Bewegungsweise, die an den Putzertanz erinnert, kommt in Konfliktsituationen zustande.
Betrachten wir nun die Fische, die sich zu einer Putzerstation begeben, um sich putzen zu lassen. Sie sehen einen Fisch frei im Wasser wartend umherschwimmen, der eine gewisse Ähnlichkeit mit dem *Labroides* hat. Wenn sie sich diesem nähern, so erhöht sich in ihm die Fluchtbereitschaft, die zusammen mit der vom Hunger motivierten Angriffsbereitschaft eine Konfliktlage schafft, in der er in Wellenbahnen schwimmt. Diese Bewegung aber, die für den Ur-*Aspidontus* situations-unspezifisch ist, hat für die Putzerkunden eine ganz bestimmte Bedeutung; wenn sie schon mit *Labroides* Erfahrungen gesammelt haben, kennen sie eine ähnliche Bewegung als Kennzeichen des Putzers. Etwaige »Zweifel« werden also verringert, und die Kunden begeben sich in Putzaufforderungsstellung. Das aber bietet dem *Aspidontus* die Gelegenheit, zum Biß zu kommen. Diese Szenen spielen sich heute noch so ab und lassen sich in Freiheit und im Aquarium beobachten. Allerdings ist der heutige *Aspidontus* dem Putzer viel ähnlicher als der Ur-*Aspidontus;* da die Putzkunden lernen und nach Merkmalen suchen, die böse und gute Putzer zu unterscheiden gestatten, lenken sie die Weiterentwicklung des Nachahmers in eine Richtung, die durch die Putzereigentümlichkeiten bestimmt ist und dazu führt, daß der Nachahmer als Art – wie besprochen – dem Vorbild immer ähnlicher wird.
Möglichst erfolgreich ist derjenige Nachahmer, dem es gelingt, möglichst viele Kunden möglichst oft zu beißen; anders als die früher erwähnten Räuber, die das angelockte Opfer auffressen (Angler) oder sich an oder in ihm festsetzen (Glochidien, Trematoden), hat *Aspidontus* die Gelegenheit, dieselben Opfer mehrfach zu täuschen, obwohl sie bereits Erfahrun-

gen mit ihm gemacht haben. Wie Beobachtungen freilebender Tiere zeigen, glückt ihm das nur bis zu einem gewissen Grade; alte, erfahrene Putzkunden können ihn von seinem Vorbild unterscheiden. Er ist also weitgehend auf die Unerfahrenheit der Jungfische angewiesen. Wir können daraus schließen, daß auch heute ein Selektionsdruck darauf hinwirkt, den *Aspidontus* dem *Labroides* noch weiter anzugleichen, und zwar in denjenigen Merkmalen, die den Kunden eine Unterscheidung erlauben. Wir können also vorhersagen, in welche Richtung die Evolution gehen wird — leider ohne Aussicht, die Richtigkeit der Vorhersage einmal nachprüfen zu können.

Vorteile für den Aspidontus

Den *Labroides* nachzuahmen, ist für *Aspidontus* von doppeltem Vorteil. Zunächst bleibt er von Räubern verschont, die auch den Putzer in Ruhe lassen. Ich habe schon erwähnt, daß dieser Schutz zum Teil auf Verhaltenseigentümlichkeiten des Putzers beruht, so daß auch diese imitiert werden müssen, wenn die Nachahmung schützen soll. Außerdem kann aber der *Aspidontus* seinerseits andere Fische überfallen und so als Putzer getarnt leichter Beute machen.

Ein Parallelfall

Wenn es richtig ist, daß Blenniiden sowieso schon manches mit den Putzern aus der Lippfischgruppe gemeinsam haben, also zu Nachahmern weitgehend vor-angepaßt sind, dann könnte man erwarten, daß es auch zu anderen bekannten putzenden Lippfischarten Nachahmer aus der Blenniidengruppe gibt. Tatsächlich lassen Zufallsbeobachtungen aus dem Meer mehrere solche Vorbild-Nachahmer-Paare vermuten. Durch Beobachtungen von Randall ist eines dieser Paare etwas genauer bekannt: An den Korallenriffen vor Florida und den anschließenden Inseln, den Keys, lebt der Lippfisch *Thalassoma bifasciatum* in großer Zahl und meist in Gruppen oder kleinen Schwärmen. Dieser Fisch wechselt mit dem Alter auch seine Färbung; namentlich als Jungfisch betätigt er sich als Putzer. In solchen *T.-bifasciatus*-Gruppen schwimmt oft unerkannt der wesentlich seltenere Blenniide *Hemiemblemaria simulus* mit, der wie die vor-

38a Die Putzergrundel *Elacatinus oceanops* an einem Schmetterlings-Korallenfisch (*Chaetodon capistrutus*).

genannten Blenniiden in Löchern und Spalten am Boden lebt, diese aber zur Jagd verläßt. Er imitiert die verschiedenen, altersabhängigen Färbungen des Lippfisches, schwimmt wie dieser nur mit Hilfe der Brustflossen und ist nur an der etwas abweichenden Kopfform zu erkennen. Die Nachahmung bringt ihm die gleichen Vorteile wie dem *Aspidontus*. Allerdings ist der *Hemiemblemaria* im Schwarm der Lippfische durch diese auch getarnt (s. S. 169), vergleichbar den Buntbarschen (Cichlidae) *Perissodus* und *Plecodus* im Tanganjika- und *Genyochromis* im Njassa-See, die anderen Cichliden Schuppen abraspeln und angeblich wenigstens zeitweise gut getarnt im Schwarm ihrer Opfer mitschwimmen. Ein solcher Tarneffekt spielt immer mit, wenn für den Signalempfänger zugleich mit dem Nachahmer auch Vorbilder wahrnehmbar sind (vgl. *Hymenopus*, S. 134).

Auch der *Labroides* hat einen Parallelfall: die etwa 7 cm lange Putzergrundel *Elacatinus oceanops*. Eibl-Eibesfeldt vermutet in dieser Ähnlichkeit eine »Putzeruniform«, die dann ein Gegenstück zur Müllerschen Mimikry wäre.

16 Angriffs-Mimikry mit nur zwei beteiligten Arten

Alle bisher besprochenen Mimikry-Fälle sind sehr schwer genauer zu untersuchen, weil meist recht verschiedene Lebewesen zu einem Mimikry-System gehören, in einigen der zuletzt besprochenen Beispiele sogar Pflanzen und mehrere Arten von Tieren. Diese Lebewesen haben verschiedene Lebensräume, verschiedene Lebensweisen und treffen nur gelegentlich zusammen, oft genug rein zufällig. Das reicht aber nicht aus, um die nach wie vor offenen Fragen des Mimikry-Problems zu beantworten, z. B. ob sich die Nachahmung lohnt, wie sie zustande gekommen ist usw. Wenn man etwa wissen will, ob die Färbung der Schwebfliegen, Hornissenschwärmer, Wespenböcke und anderer Tiere für ihre Träger vorteilhaft ist, weil sie Insektenfresser an wehrhafte und ungenießbare Wespen erinnert, dann muß man nicht nur wissen, wie oft ein Insektenfresser die vermuteten Vorbilder und Nachahmer trifft und wie er auf sie reagiert, sondern man muß überhaupt erst einmal wissen, wer denn dieser »Insektenfresser« eigentlich ist. Gerade im genannten Fall muß man aber mit ziemlich vielen Insektenfressern rechnen (und man hat Experimente auch mit sehr verschiedenen insektenfressenden Tieren angestellt, s. S. 88), etwa mit Fröschen, Kröten, Eidechsen, vielen Vogelarten und insektenjagenden Kleinsäugern. Man kann annehmen, daß jeder dieser Insektenfeinde etwas anders reagiert, andere Einzelheiten an der Beute beachtet, andere Jagdmethoden hat und jeweils eine ihm eigene »Trefferwahrscheinlichkeit« für Vorbilder und Nachahmer. Dann würde sich also der Gesamtvorteil, den eine Art von der Nachahmung etwa einer Wespe hat, zusammensetzen aus vielen verschieden großen Einzelvorteilen, die jeweils auf einen bestimmten Feind bezogen sind. Das kann man natürlich vermuten, nur verführt es dann dazu, alle Ungereimtheiten, denen man begegnet, auf diese unübersichtlichen Verhältnisse abzuschieben. Damit ist jedoch niemandem geholfen, weil der Weg zum Nachweis der Mimikry sowieso mit einem Gewirr von Fragezeichen blockiert ist. Wenn man die vielen auftauchenden Einzelfragen beantworten will, muß man systematische Beobachtungen anstellen; dazu wiederum muß man Begegnungen zwischen den beteiligten Arten voraussagen, man muß auf sie warten können.

Bezeichnenderweise kommt man im Fall der zuletzt erörterten Putzer-Mimikry ziemlich weit, weil Putzer und Nachahmer im selben Bereich vorkommen, am Ort bleiben und die Begegnungen mit den Putzkunden so regelmäßig und häufig stattfinden, daß man sich danebensetzen und zuschauen und zählen kann. Ähnliches gilt für die fleischfressenden und die nach Aas riechenden Pflanzen; auch sie bleiben am Ort, und man kann die verschiedenen ankommenden Tiere genau beobachten. Zu den Aaspflanzen kann man das Vorbild ebensogut unter Kontrolle halten, bei den Kannenpflanzen etwa wird das schon schwieriger.

In allen Fällen kann man natürlich mit dem Tier, das durch die Nachahmer vermutlich betrogen wird, Versuche anstellen: Man kann seine Sinnesleistungen prüfen und Attrappenversuche machen. Deren Aussagekraft hängt aber davon ab, wie sicher man ist, wirklich den in der Natur maßgebenden Signalempfänger entdeckt zu haben und wie weit man sich darauf verlassen kann, daß die untersuchten Signalreize für ihn auch unter natürlichen Bedingungen die Hauptrolle spielen. Man weiß vom Samtfalter, *Eumenis semele,* daß er Farben beachtet und unterscheiden kann, wenn er hungrig und auf Blütensuche ist; in Balzstimmung aber, wenn das Männchen nach einem Weibchen sucht, reagiert es auf Farbunterschiede überhaupt nicht und benimmt sich so, als sei es farbenblind. Dieselbe Tierart kann also je nach Situation auf gleiche Reize sehr verschieden reagieren – demnach müßte man nicht nur den Signalempfänger selbst genau kennen, sondern auch noch seine jeweilige Stimmung, wenn er auf Vorbild oder Nachahmer trifft.

Die Schwierigkeiten der Mimikry-Forschung haben also zwei Hauptwurzeln: Es sind zu viele Arten am einzelnen Mimikry-System beteiligt, und die Situationen, in denen der Signalempfänger auf die vermuteten Vorbilder und Nachahmer trifft, sind zu wenig bekannt.

Daß regelmäßig Vertreter ganz verschiedener Tierordnungen oder -klassen zu einem Mimikry-System gehören, stört ferner ganz empfindlich bei allen Versuchen, die Evolution dieser komplizierten Kommunikationssysteme zu rekonstruieren. Man muß dazu nämlich – wie am Beispiel des *Aspidontus* gezeigt – möglichst viele verwandte Arten von Vorbild, Nachahmer und Signalempfänger kennen, ihre Biologie erforschen und nach den ursprünglichen Stadien der Signalsendung oder der Reaktionen darauf suchen. Man müßte also – um beim Wespenbeispiel zu bleiben – die Wespenarten, aber auch die Bienen und Hornissen vergleichen, dann die Schwebfliegen mit anderen Fliegen, den Hornissenschwärmer mit anderen Schwärmern, die Wespenböcke mit anderen

Bockkäfern usw. und schließlich auch noch die möglichen Feinde (Spinnen, Frösche, Kröten, Eidechsen, Vögel, Kleinsäuger) auf ihre Reaktionen gegen solche Reize untersuchen, feststellen, ob sie die Warnfarben lernen müssen und wenn ja, wie das vor sich geht usw. usw. Und alle diese Daten müßte man für jeden einzelnen Mimikry-Fall zusammentragen. Prinzipiell ist das möglich, aber bis heute wissen wir selbst von den gewöhnlichsten Tieren so wenig, daß viele Fragen offen bleiben.
Das klingt nun recht entmutigend, zumindest für die Verfechter der Mimikry. Es gibt jedoch einen ziemlich einfachen Ausweg: Man muß Fälle suchen, an denen weniger Arten beteiligt sind. Selbst drei sind schon zuviel; aus mindestens drei Mitgliedern (Vorbild, Nachahmer, Signalempfänger) besteht aber definitionsgemäß ein Mimikry-System. Bleibt also nur die Hoffnung, daß ab und zu mehrere dieser System-Mitglieder zur selben Art gehören. Das gibt es nun tatsächlich. Drei Kombinationen sind möglich, in denen jeweils zwei Mitglieder Artgenossen sind:

1
Vorbild ——— Nachahmer
2 Signalempfänger 3

Die erste Möglichkeit kommt bei den Wespen und Bienen vor, deren giftfreie Drohnen – wie S. 235 besprochen – als Nachahmer der mit Giftstachel versehenen Weibchen gelten müssen.
Ein Beispiel dafür, daß auch Nachahmer und getäuschter Signalempfänger Artgenossen sein können, ist als Überleitung zum nächsten Kapitel angeführt (Der Drachenflosser, S. 212).
Am häufigsten sind Beispiele für die zweite Möglichkeit, daß Vorbild und getäuschter Signalempfänger zur gleichen Art gehören. Die folgenden vier Beispiele sind am besten untersucht und geben einen Eindruck von der Vielfalt der vorkommenden Täuschungen.

Der Kuckuck

Unser einheimischer Kuckuck, *Cuculus canorus canorus* Linné, legt bekanntlich seine Eier in die Nester anderer Vögel. Die unfreiwilligen

Pflegeeltern brüten seine Eier aus und ziehen die jungen Kuckucke groß. Als Kuckuckspfleger dienen vor allem Bachstelze, Gartengrasmücke, Rotrückenwürger, Teichrohrsänger, Baumpieper, Wiesenpieper, Wiesenstelze, Wacholderdrossel, Gartenrotschwanz, Bergfink, Hausrotschwanz, Dorngrasmücke und Heckenbraunelle. Insgesamt hat man Kuckuckseier in Nestern von etwa 180 verschiedenen Vogelarten gefunden, doch sind da Arten mitgezählt, bei denen ein Kuckucksei nur ganz selten vorkommt und von denen der Jungkuckuck nicht aufgezogen wird. Es kommt also immerhin vor, daß das Kuckucksweibchen ein Ei irgendwo ablegt, wo es keine Lebensaussichten hat. Man hat das damit zu erklären versucht, daß in Legenot irgendein Nest angenommen wird. Das paßt freilich nicht ganz zu dem, was man sonst vom Kuckuck weiß. Schon sehr früh hat man sich nämlich Gedanken darüber gemacht, wie der Kuckuck sein Ei etwa in das allseits geschlossene Nest des Zaunkönigs oder in die engen Nester der Höhlenbrüter hineinbekommt. Das Weibchen ist viel zu groß, als daß es sich in solche Nester setzen und das Ei direkt dort hineinlegen könnte. Man hat zwar beobachtet, daß es in dieser »regulären« Weise Eier in offene Nester fremder Vögel legt; aber in die genannten geschlossenen und Höhlennester muß es das Ei indirekt legen: Es legt das Ei auf den Boden, nimmt es in den Schnabel und trägt es ins Wirtsvogelnest. Wenn das aber geht – warum sollte das Weibchen dann aus Legenot ein ganz ungeeignetes Nest wählen? Es könnte doch das Ei – selbst wenn es im falschen Nest läge – im Schnabel an einen besseren Platz tragen. Wir können diese Frage bislang nicht beantworten. Freilich muß ein für den Kuckuck geeignetes Nest nicht nur einem Vogelpaar gehören, welches den Jungkuckuck auch aufzieht, sondern das Nest muß auch schon einige Eier des Wirtsvogelpaares enthalten. Und das ist eine Bedingung, die wir nur aus dem Verhalten der Wirtsvögel verstehen können. Wenn diese nämlich selbst noch nicht gelegt haben und als erstes ein fremdes Ei im Nest finden, verlassen sie es oft. Kommt später ein Ei dazu, so stört sie das wenig oder gar nicht. Das könnte daran liegen, daß diese Vögel nicht zählen können. Dennoch aber weiß man, daß das Kuckucksweibchen häufig ein oder auch mehrere Wirtsvogeleier aus dem Nest im Schnabel wegträgt und irgendwo fallen läßt oder frißt. Das wäre ja eigentlich überflüssig, wenn dem Wirtsvogel die falsche Zahl nicht auffiele; und wenn der Kuckuck mehr als ein Ei wegträgt, aber nur eins hineinlegt, stimmt die Zahl ja trotzdem nicht. Er legt nämlich immer nur ein Ei in jedes Wirtsvogelnest, und das ist auch sehr sinnvoll. Der junge Kuckuck schlüpft nämlich schon nach der sehr kurzen Brutdauer von 11–13 Tagen. Da die Wirtsvögel mindestens ebenso lange, oft 13–15 Tage brauchen, schlüpft der Kuckuck also kurz vor oder doch gleichzeitig (falls seine Mutter das Ei etwas spät zum Wirtsvogelgelege brachte) mit seinen Nestgeschwistern.

Seine Stiefgeschwister behandelt der noch nackte und blinde junge Kuckuck sehr unsanft: Gleichgültig, ob sie noch im Ei oder schon geschlüpft sind, er wirft sie aus dem Nest. Dazu schiebt er sich seitlich und rückwärts unter das Ei oder Junge, lädt es sich auf den Rücken, hält es mit den Flügelstummeln fest und klettert dann rückwärts – mit Stirn und Kopf schiebend – innen am Nestrand hoch, bis seine Last außen herabfällt. Diese Triebhandlung ist von zehn Stunden nach dem Schlüpfen bis zum vierten Lebenstag des Kuckucks auslösbar, dann erlischt sie. Angesichts dessen braucht die Kuckucksmutter also wirklich kein Ei des Wirtsvogels wegzutragen, falls sie es etwa deswegen täte, damit ihr Junges auch genug zu fressen bekommt; es kriegt sowieso alles, was die Pflegeeltern herbeischleppen. Warum die Mutter ein oder mehrere Eier wegträgt, ist unbekannt. Man kann vermuten, daß der Wirtsvogel dann nicht mehr Eier im Nest hat als er gut bebrüten kann. Alle fremden Eier darf die Kuckucksmutter nicht beseitigen, denn dann verlassen die Wirtseltern ihr Nest. Wenn der Jungkuckuck alles, was außer ihm im Nest sitzt, hinauswirft, darf das Kuckucksweibchen natürlich nur ein Ei in jedes Wirtsvogelnest legen, und es dürfen nicht zwei Kuckucksweibchen dasselbe Wirtsvogelnest benutzen, denn sonst beförderten sich ihre Kinder gegenseitig hinaus. Oder anders herum ausgedrückt: Der Trieb, alle Nestgeschwister über Bord zu werfen, konnte sich erst dann entwickeln, als in jedem Nest nur mehr eins dieser Jungen saß, das sich die Futterkonkurrenten vom Halse schaffen konnte, ohne der eigenen Art zu schaden. Das Nestjunge des in die Verwandtschaft der Bartvögel und Spechte gehörenden Kleinen Honiganzeigers (*Indicator minor*), der ebenfalls ein Brutparasit ist, bringt seine Stiefgeschwister dadurch um, daß er sie mit seinem dolchartig gebogenen, hakigen Schnabel hartnäckig stößt und schlägt.

Das Hinauswerfen der rechtmäßigen Kinder seiner Pflegeeltern ist für den Jungkuckuck sehr wichtig, weil er ja größer wird als seine Pflegeeltern und deswegen außerordentlich viel Futter braucht, das die Pflegeeltern dauernd herbeischaffen müssen. Aber sie tun das gerne. Um die hinausgeworfenen eigenen Kinder kümmern sie sich nicht, selbst wenn diese deutlich sichtbar sind oder dicht neben dem Nest liegen; statt dessen füttern sie den Kuckuck mit großer Begeisterung, und selbst dann noch, wenn er ihnen allmählich über den Kopf wächst. Warum? Die Antwort darauf geben die in den folgenden Absätzen besprochenen Experimente, die auch das später behandelte Verhalten anderer Brutparasiten erklären.

Das Füttersignal. Unser Wort »Gelbschnabel« oder »Grünschnabel«, meist auf vorlaute Jugendliche angewendet, bezieht sich auf die gelben oder grünlichen Wachshäute an den Schnabelrändern von Jungvögeln, die von vorn gesehen ein gelbes Viereck bilden, wenn der Jungvogel bettelnd den Schnabel aufreißt. Dieses Farbsignal heißt für den Altvogel: »Futter bitte hier einwerfen.« Er stopft das mitgebrachte Futter in jedes gelbgerandete Loch, auch wenn es aus Pappe geschnitten ist. Häufig ist allerdings die Färbung des Schnabelinneren und der Zunge ebenso wichtig, aber auf die übrigen Einzelheiten (Hals, Bauch, Flügel, Beine des Jungvogels) kommt es gar nicht an; der Vogel kann es sich gewissermaßen leisten, davon abzusehen und braucht nur auf das eine einfache Signal anzusprechen, weil es ja nie vorkommt, daß ein Schnabel allein für sich im Nest sitzt.

Wohl aber kommt es vor, daß ein Jungvogel nicht sperrt, wenn die fütternden Eltern kommen. Das kann, wenn es sich wiederholt, eine andere Reaktion in Gang setzen: Nie sperrende Jungvögel sind tot und werden von den Eltern aus dem Nest entfernt. Wie fein diese Reaktionen auf den Normalfall abgestimmt sind und wie völlig ohne Einsicht in den Zusammenhang sie ablaufen, erfuhr Professor Koenig, der Bartmeisen im Käfig züchtete, aber zunächst jedesmal nach wenigen Tagen die Jungvögel verlor, weil die Eltern sie aus dem Nest warfen. Die unerwartete Ursache dafür war ganz einfach: Normalerweise haben Bartmeisen Mühe, genug Futter für ihre Jungen zu sammeln, und die Jungen werden nie für längere Zeit satt, sperren also immer, wenn die Eltern kommen. Im Käfig jedoch bekamen die Eltern genug Futter vorbereitet hingestellt und hatten nur einen ganz kurzen Weg vom Nest dorthin zurückzulegen. Deshalb gelang ihnen, was im Freien nie passiert, nämlich die Jungen so zu sättigen, daß sie einige Zeit nicht mehr sperrten. Diese Situation ist im Bauplan der Art aber nicht vorgesehen, und die Eltern warfen die zu satten Jungen hinaus, als wären sie tot. Sorgfältig dosiertes Futterangebot behob den Schaden sofort, und von da an glückte die Zucht ohne Verluste.

Schon im normalen Nest bekommt das am heftigsten bettelnde Junge das meiste Futter, weil die Fütterreaktion um so stärker ausfällt, je stärker der Bettelreiz ist. Wehe dem Jungen, das schwächlich ist; es bettelt zu schwach, wird übergangen, wird dadurch noch schwächer, bettelt also noch schwächer und stirbt schnell. Daraus zieht der junge Kuckuck, wenn auch in umgekehrter Hinsicht, Vorteile. Sein riesiger, roter Rachen reizt die Stiefeltern zu dauerndem Füttern; dieses Bettelsignal ist für sie einfach unwiderstehlich, zumal das Kuckuckskind beim Schlucken den Schnabel nicht schließt, das Signal also ununterbrochen weitersendet. Wenn nach etwa drei Wochen der Jungkuckuck das Nest verläßt, aber noch weitergefüttert wird, beteiligen sich daran oft sogar fremde Altvögel, ja sogar gerade erst selbständig gewordene Jungvögel irgendwelcher Arten. Der berühmte Ornithologe Oskar Heinroth nannte deswegen den Kuckuck ein »Laster« seiner Pflegeeltern, die ja tatsächlich auf diesen übernormalen auslösenden Reiz so stark reagieren, als wären sie süchtig. Wir werden dafür gleich noch ein Beispiel kennenlernen.

Auslösende Reize, die das Ei kennzeichnen. Daß es übernormale Reize gibt, also solche, die eine bestimmte Reaktion stärker auslösen als die normalerweise vorkommenden Reize, wurde schon sehr früh an Vogeleiern beobachtet. Das bekannteste Beispiel ist der Austernfischer, der am liebsten auf möglichst großen Eiern brütet. Gibt man ihm ein Riesenei ins Nest, so versucht er beharrlich, es zu bebrüten, selbst wenn er nicht darauf sitzen kann und immer wieder herunterrutscht. Die normalen Eier daneben läßt er unbeachtet – wieder wird der stärkste Schlüsselreiz beantwortet. Auch das ist ein natürlicherweise ungefährliches Verhalten, denn so große Eier, wie der Austernfischer am liebsten bebrütet, kann er gar nicht legen. Erst im Experiment mit künstlichen Eiern verschiedener Größe kommt seine Vorliebe zum Vorschein.

Größe ist aber nicht allein entscheidend. Viele Vögel beachten und beantworten noch eine Anzahl weiterer Eigentümlichkeiten der Eier, wozu vor allem die oft von Art zu Art wechselnde Färbung und Musterung der

39 Eier von brutparasitischen Kuckucken und ihren Wirtsvögeln. In jedem Ei-Paar steht links das Wirtsvogel-, rechts das (meist etwas größere) Kuckucks-Ei. Jedes der durch graue Striche getrennten Bildfelder bezieht sich auf eine andere Kuckucks-Art. Bildfeld links oben: Europäischer Kuckuck, *Cuculus c. canorus* L.; oben links beim Drosselrohrsänger (*Acrocephalus arundinaceus*), oben rechts bei der Wiesenstelze (*Motacilla flava*), unten links beim Rotrückenwürger (*Lanius collurio*), unten rechts beim Gartenrotschwanz (*Phoenicurus phoenicurus*). Bildfeld rechts oben: Japanischer Kuckuck *Cuculus canorus telephonus* Heine

bei der Japanischen Rotohrammer (*Emberiza cioides ciopsis).* Bildfeld rechts Mitte: Kleiner indischer Kuckuck *Cuculus p. poliocephalus* Lath. bei der Gelbbauch-Prinie (*Prinia flaviventris*). Bildfeld unten: Südafrikanischer Kuckuck *Chrysococcyx caprius* (Boddaert) bei (von links nach rechts) *Euplectes orix turgidus* in Transvaal, *Ploceus velatus nigrifrons* in Transvaal und *P. velatus nigrifrons* in Natal. Dieser Kuckuck hat also in Transvaal verschiedene Eier, je nachdem, welchen Wirtsvogel er hat, legt aber auch beim selben Wirtsvogel verschiedene Eier, je nachdem, wo dieser Wirtsvogel vorkommt!

Eischale gehört. Damit ist schon viel experimentiert worden, und zwar benutzt man dabei meist eine ganz charakteristische Verhaltensweise der Vögel, nämlich das Zurückrollen eines Eies ins Nest. Legt man einer brütenden Möwe, Gans oder Taube eines ihrer Eier neben das Nest, so erhebt sich das Tier nach kurzer Zeit, streckt den Kopf nach dem Ei aus, faßt mit dem Kopf über das Ei und rollt es – mit der Unterseite des Schnabels schiebend – wieder zu sich ins Nest. Dieses berühmte »Eirollen« ist sehr leicht und zuverlässig auszulösen, also für das Experiment eine sehr geeignete Reaktion. Allerdings ist sie auf bodenbrütende Vögel beschränkt, deren Eier wirklich manchmal neben der meist flachen Nestmulde liegen können.

Wenn man nun die »Güte« verschiedener Eier oder Ei-Attrappen messen will, braucht man irgendein Maß dafür, wie der Vogel das Ei bewertet. Das gewinnt man folgendermaßen: Man legt dem brütenden Vogel zwei verschiedene Eier zugleich vor; er wird eins davon zuerst einrollen. Um sicherzugehen, daß er nicht nach Zufall handelt, wiederholt man den gleichen Versuch mit denselben beiden Eiern so oft, bis sich mit Hilfe der Wahrscheinlichkeitsrechnung entscheiden läßt, ob und wie stark der Vogel eines der Eier bevorzugt. Selbstverständlich muß man auch auf eine mögliche Seitenbevorzugung achten; manche Individuen neigen dazu, immer das rechts liegende von zwei Eiern zuerst einzurollen. Wenn man das aber weiß (man bekommt es mit zwei gleichen Eiern heraus), kann man auch diese Bevorzugung als Maßeinheit benutzen, indem man nämlich ausprobiert, um wieviel »schöner« das linke Ei sein muß, damit der Vogel es entgegen einer Rechts-Tendenz doch zuerst einrollt.

Versuche dieser Art hat man an vielen Vögeln gemacht, die ausführlichsten an Silbermöwen. Baerends und seine Schüler haben über 10 000 Versuche an über 500 brütenden Silbermöwen im Freiland angestellt, und ich will nur einige der Ergebnisse anführen, um zu zeigen, worauf der Vogel alles achtet. Zunächst hat man die Kunsteier möglichst naturgetreu, aber in verschiedenen Größen hergestellt, angefangen von Taubenei- bis zu Straußeneigröße. Regelmäßig bevorzugten die Vögel das größere, und sie zogen auch ein übergroßes ihrem normalen Ei vor. Dann änderte man die Form des »Eies« und bot normal gefärbte Würfel, Walzen, Pyramiden usw. vom gleichen Rauminhalt. Die normale Form wurde allem Anomalen vorgezogen. Ferner änderte man die Farbe und

40 Das Zurückrollen aus dem Nest geratener Eier (hier von einer Graugans gezeigt) eignet sich besonders gut, um zu prüfen, welche Merkmale des Eies vom Vogel beachtet oder bevorzugt werden.

die Fleckung des Eies. Die Grundfarben Grün, Gelb, Braun, Blau, Rot waren dabei in der Helligkeit möglichst gleich und wurden überdies gegen Eier in verschiedenen Graustufen getestet, um sicherzustellen, daß der Vogel wirklich die Farbe und nicht etwa nur eine bestimmte Helligkeit bevorzugt. Auch hier wählten die Vögel regelmäßig die normale grüne Grundfarbe. Die Fleckung läßt sich nun auf mehrererlei Weise abändern. Zunächst bevorzugt der Vogel gefleckte Eier vor einfarbigen; ferner bevorzugt er Gruppen kleiner Flecke vor großen Flecken, und schließlich bevorzugt er solche Flecke, die sich möglichst konstrastreich

vom Hintergrund abheben. Schließlich kann man die einzelnen Merkmale gegeneinander ausspielen und damit die relativen Wertigkeiten der geprüften Merkmale ausprobieren: Um wieviel größer als normal muß ein Ei sein (Größe wird bevorzugt), damit es auch ohne Flecken ebensogern eingerollt wird wie ein normales usw. usw.? Danach läßt sich zeigen, daß die Fleckung für den Vogel sehr wichtig ist, die Größe des Eies auch noch, die Grundfarbe schon weniger und die Form ganz wenig.
Um einen Eindruck von den Faktoren zu geben, die eine Rolle spielen, sei noch erwähnt, daß man außerdem die Höhe von Brut-, Flucht- und anderen Stimmungen des Vogels kontrollieren muß; durch Schreckreize furchtsam gemachte Vögel bevorzugen z. B. das kleinere von zwei Eiern. Ferner brüten die Tiere unruhig (stehen oft auf, wenden die Eier, putzen sich usw.), wenn sie zuwenig Eier im Nest haben oder wenn die Eier eine falsche Temperatur haben. Baerends hat normal gefärbte Kunsteier im Nest ferngeheizt und -gekühlt und auch diese Wirkungen geprüft. Eine gewisse Rolle spielt ferner, zu welchem Zeitpunkt der Brutperiode die Versuche angestellt werden. Immer wieder zeigt sich, daß man schon sehr viel Geduld und Mühe aufwenden muß, um zu verläßlichen Ergebnissen zu kommen; Einzeldaten sagen gar nichts: In 592 Versuchen bevorzugten 381 Silbermöwen das größere, 181 aber das kleinere von zwei Eiern, 299 die normale Form, 152 aber die anomale usw. 75% der Wahlen »gegen die Regel« gingen zu Lasten einer Seitenbevorzugung, ein weiterer Teil betraf Vögel, die gerade vom Nest aufstehen wollten.
Diese Untersuchungen hier zu erwähnen ist deshalb wichtig, weil der Kuckuck mit seinen Eiern ja gewissermaßen ähnliche Versuche anstellt. Er legt sie zwar ins Nest des Wirtsvogels und nicht davor, aber sie sollen andererseits richtig ausgebrütet und nicht nur eingerollt werden. Die genannten ganz genauen Versuche beziehen sich zwar nicht auf Wirtsvögel des Kuckucks, doch sind an so verschiedenen Arten einfachere Experimente angestellt worden, daß man sagen darf, Eigröße, Eifärbung und Fleckung spielen fast überall eine entscheidende Rolle.
Andererseits ist es nicht einmal notwendig, daß die Wirtsvögel des Kuckucks ihre arteigene Eimusterung genau kennen; es genügt ja, wenn sie aus ihrem Gelege jedes ungewöhnlich aussehende und auffallende Ei entfernen. Zumindest für einige Arten scheint das zuzutreffen. Rensch hat dazu in den Jahren 1924 und 1925 interessante Versuche angestellt.

41 Einige Ei-Attrappen, die man Reiherenten zum Einrollen geboten hat. Das mittelgroße Ei ist normal groß für den Vogel. Die verschiedenen Eimusterungen, die auch geprüft wurden, sind nicht gezeigt.

Er färbte zunächst jeweils eins der Eier im Nest um. Auf diese Weise änderte er nur ein Merkmal; andere Experimentatoren hatten jeweils ein Ei aus dem Gelege gegen ein artfremdes ausgetauscht, aber das war natürlich auch in Form, Größe und gegebenenfalls Gewicht anders als die arteigenen Eier. In allen Fällen warfen die Vögel das fremde Ei heraus oder verließen das Nest. Das geschah auch, wenn eins ihrer eigenen Eier anders gefärbt oder gemustert wurde. Rensch ging aber noch einen Schritt weiter; er tauschte vom ersten Ei an einer Gartengrasmücke jedes Ei sofort gegen eins der Klappergrasmücke aus. Die Gartengrasmücke nahm alle diese Eier an; das vierte eigene Ei blieb unvertauscht – und gerade das warf der Vogel daraufhin hinaus. Dieser Versuch zeigt ganz klar, daß zumindest diese Gartengrasmücke nicht etwa arteigene Eier bevorzugte, sondern einfach dasjenige beseitigte, das anders aussah als die anderen. Es scheint, daß diejenigen Vögel, die als Wirtsvögel des Kuckucks in Frage kommen, ihre Eier genauer von fremden unterscheiden als andere. Vielleicht ist das eine Anpassung, eine Art Abwehrmechanismus, der erst unter dem Druck des Parasiten entwickelt wurde; denn der Vogel, der seine eigenen Jungen großzieht, hat mehr Nachkom-

men als sein Konkurrent, der einen Kuckuck füttert, weil er auf dessen Ei »hereingefallen« ist. Als Ausnahme und für ihre »Wurstigkeit« bekannt ist die Heckenbraunelle, die auch ein geflecktes Kuckucksei neben ihren einfarbig blaugrünen Eiern duldet.
Auffällig ist schon, daß der Kuckuck für seine Körpergröße erstaunlich kleine Eier legt. Sie haben zwar eine sehr viel dickere und schwerere Schale als die Wirtsvogeleier, aber das merkt der Wirtsvogel nicht; die Schale muß der Jungkuckuck ja selbst aufbrechen. Am auffälligsten ist aber die Übereinstimmung der Kuckuckseier mit den im gleichen Nest gefundenen Wirtsvogeleiern in ihrer Farbe und Musterung. Dennoch kommen immer wieder einmal »Fehler« vor: Viele Vögel werfen dann das anders aussehende Ei aus dem Nest; ein Kuckucksweibchen, das regelmäßig seine Eier in »falsche« Nester legt, hat ebenso regelmäßig keine Nachkommen. Falls es also ein Erbfehler sein sollte, wird er durch die Wirtsvögel ausgemerzt. Die Mehrzahl der Wirtsvögel übt einen außerordentlich starken Selektionsdruck auf die genaue Imitation ihrer Eier durch den Kuckuck aus. Das fällt besonders auf bei so ungewöhnlich gemusterten Eiern wie denen der japanischen Rotohrammer mit ihren dünnen, gewundenen Linien. Aus den bekanntgewordenen Fällen hat man zusammengestellt, daß von 1642 in Nester der »richtigen« Wirtsvögel gelegten Kuckuckseiern 8% verlorengingen, von 298 in »falsche« Nester gelegten aber 24%. Allerdings hat das einen Bumerangeffekt, denn wenn eine Vogelart Kuckuckseier heranzüchtet, die sie immer zuverlässiger ausbrütet, so verliert sie ja immer mehr eigene Nachkommen, die der Jungkuckuck umbringt. Zu erfolgreiche Parasiten sägen den Ast ab, auf dem sie sitzen; denn jedes Kuckucksweibchen braucht ja mehrere Nester der gleichen Wirtsvogelart für ihre Eier. In einem Gebiet mit besonders erfolgreichen Kuckucken beobachtete Schiermann eine von Jahr zu Jahr abnehmende Zahl Teichrohrsängernester, von denen ein von Jahr zu Jahr steigender Prozentsatz vom Kuckuck parasitiert war.
Ein zu gut angepaßter Kuckuck würde also seine Wirtsvögel umbringen, ein schlecht angepaßter allerdings seine eigenen Jungen. Vermutlich wird sich durch Selektion und Gegenselektion eine ständige Schwankung in den Beständen von Wirtsvogel und Kuckuck ergeben, aber das ist aus ähnlichen Verhältnissen zwischen anderen Parasiten und ihren Wirten erschlossen; genaue Untersuchungen am Kuckuck gibt es darüber nicht.

Man kann sich leicht ausrechnen, daß ein Kuckuck, der seine Eier in irgendwelche Nester legte und es dem Zufall überließe, ob sie zu den Eiern des Wirtsvogels passen oder nicht, keine Aussichten auf Nachwuchs hätte. Da Kuckuckseier in der Mehrzahl der Fälle gut zu den Wirtsvogeleiern passen, neben denen sie liegen, muß also wohl der Kuckuck dafür verantwortlich sein. Nun weiß man auch, daß jedes Kuckucksweibchen zeitlebens die gleiche »Eisorte« legt. Damit ist es also auf eine ganz bestimmte Wirtsvogelart festgelegt. Und es hält sich auch an diese; von 61 Eiern, die ein und dasselbe Kuckucksweibchen in vier Jahren legte, kamen 58 in die Nester des Wiesenpiepers. Ja, es kann sogar sein, daß die Wirtsvogelart in verschiedenen Gegenden verschieden gefärbte Eier hat, wie etwa der Webervogel *Ploceus velatus nigrifrons* in Transvaal und in Natal; in diesem Fall macht der bei ihm brutparasitierende Kuckuck sogar diese regionalen Unterschiede mit (s. Abb. 39 unten). Das Kuckucksweibchen legt aber auch nicht etwa erst sein Ei, beguckt es sich genau, und sucht dann ein dazu passendes Singvogelgelege; erstens wäre das wohl viel zu umständlich und zu wenig erfolgversprechend, zweitens weiß man aus Beobachtungen schon, daß das Kuckucksweibchen sich sehr für ein nestbauendes Paar »seiner« Wirtsvogelart interessiert und es immer wieder besucht, auch schon bevor dieses mit dem Eierlegen begonnen hat. Der Kuckuck kennt also seinen Wirtsvogel. Nun ist das kein Wunder, denn er ist ja bei diesem Wirtsvogel aufgewachsen.
Das wirft aber ein neues Problem auf. Die Eimusterung jedes Kuckucks ist genetisch festgelegt. Jedes Kuckucksweibchen, das bei einer Wirtsvogelart aufwuchs, muß aus einem Ei stammen, dessen Muster für diesen Wirtsvogel annehmbar war. Wenn es dann seine Eier später zu denselben Wirtsvögeln legt, müßte alles stimmen – wenn es nicht die Kuckucksmännchen gäbe, deren Erbgut ja ebenfalls in das seiner Nachkommen eingeht. Nun gibt es zwei Möglichkeiten: Die erste und sehr komplizierte wäre, daß das männliche Erbgut über die Eimusterung seiner Nachkommen mit entscheidet. Dann dürften sich nur solche Kuckucke zu Paaren zusammenfinden, die bei gleichen Wirtsvögeln aufgewachsen sind, also aus gleichartig gemusterten Eiern stammen und beide übereinstimmende Erbanlagen für das Eimuster tragen; eine Vermischung verschiedener Muster hätte ja fatale Folgen. Aber woher sollen die erwachsenen Kuckucke wissen, welches der passende Partner wäre? Woran sol-

len sie feststellen, wer die Schwieger-Zieheltern waren? Außerdem würde das heißen, daß diese Kuckucke mit verschiedenen Eitypen genetisch getrennte Arten sind, die sich nicht kreuzen; diese aber hätten nach allem, was man bisher über Artentstehung weiß, vorerst voneinander isoliert sein müssen. Sie kommen aber heute miteinander vermengt im gleichen Gebiet vor. Außerdem gibt es zwar Kuckucksrassen, die man nach anderen Körpermerkmalen aufgestellt hat, doch stimmen diese Rassen nicht mit den Eitypen-Gruppen überein. Kuckucksweibchen haben ziemlich kleine Reviere von 91 bis 96 km^2, die Reviere der Männchen sind aber größer. Auch halten die Paare nicht zusammen. Alles das spricht gegen die erste Möglichkeit; das Erbgut des Männchens spielt wohl eine Rolle bei der gewöhnlichen Rassenbildung des Kuckucks, nicht aber bei der Ausbildung der Eitypen. Das würde dann heißen, daß nur das weibliche Erbgut über die Eifarbe und -musterung entscheidet; also müßte das dafür zuständige Erbmerkmal auf dem weiblichen Geschlechtschromosom liegen. Bislang ist das nur eine Vermutung. Der Beweis ist schwer zu erbringen, weil man Kuckucke noch nicht in Gefangenschaft züchten kann.

Daß die Kuckucksweibchen ihre Eier meist zum richtigen Wirtsvogel legen, ist vermutlich nicht genetisch bedingt, sondern geht auf Lernprozesse in früher Jugend zurück, als das Weibchen bei eben dieser Wirtsvogelart aufwuchs. Zum falschen Wirtsvogel gelegte Eier brauchen kein Zeichen von schlechtem Gedächtnis des betreffenden Kuckucksweibchens zu sein; alle Vogelarten haben ja ihre zeitlich ziemlich streng begrenzte Brutzeit, und nur innerhalb dieser kann ein Kuckuck bei seinem Wirtsvogel Eier unterbringen (der Teichrohrsänger beginnt erst spät im Mai, das Rotkehlchen hört Mitte Juni schon wieder auf zu brüten). Ist die Legezeit des Kuckucks länger, so muß er für die ersten oder letzten Eier einen Ersatzwirt suchen.

Stammesgeschichte des Brutparasitismus beim Kuckuck. Selbstverständlich hat niemand die Entstehung des Brutparasitismus beobachtet. Aber man kann doch diese in Jahrmillionen immer weitergegangene Spezialisierung rekonstruieren. Zunächst steht fest, daß das Nicht-selber-Brüten eine sekundäre Erscheinung und nicht das Ursprüngliche ist. Es gibt Kuckucke, die selber brüten. Diese haben ihrer Körpergröße entsprechend große Eier: Die Eier unseres Kuckucks messen etwa 23 mm ×

17 mm, die des kleineren, nichtparasitischen amerikanischen Kuckucks *Coccyzus americanus* dagegen 30 mm × 23 mm. Ebenso große Eier haben auch die Kuckucke, die wie der Häherkuckuck (*Clamator glandarius)* ihre Eier von großen Wirtsvögeln (Krähen, Elstern) ausbrüten lassen. Die ersten parasitischen Kuckucke haben wohl bei großen Vögeln parasitiert. Die kleinen Eier vieler parasitischer Kuckucke sind also ziemlich sicher eine Anpassung an die kleinen Wirtsvögel. Zwar würden manche Wirtsvögel wahrscheinlich größere Eier durchaus annehmen (wie auf S. 183 ausgeführt); aber für den Kuckuck kommt es ja nicht nur darauf an, daß der Wirtsvogel das Ei annimmt, sondern auch darauf, daß er für das Ei groß genug ist, um es zu bebrüten. Weder die selbstbrütenden noch die bei großen Vögeln parasitierenden Kuckucke werfen als Junge ihre Stiefgeschwister aus dem Nest; auch das ist eine jüngere Anpassung an kleine Wirtsvögel. Nichtparasitische Kuckucke haben einfarbige, teils sogar weiße Eier; die Kuckuckseier sind also erst im Lauf der Spezialisierung zum Brutparasitismus bunter geworden.

Bei den südamerikanischen Madenhacker-Kuckucken (Crotophaginae) legen oft mehrere Weibchen bis zu 20 Eier in ein gemeinsam bebrütetes Gelege zusammen. Die Regenkuckucke Nordamerikas (Coccyzinae) brüten meist auf den eigenen Eiern, manchmal legen sie sie aber einem Artgenossen ins Nest und können dann dem betroffenen Paar brüten helfen oder auch nicht. Mitunter legen sie ihr Ei auch in Nester anderer Vögel, wo sie aber wohl immer verlorengehen. So scheint allmählich der Brutparasitismus entstanden zu sein. Beim Häherkuckuck *Clamator glandarius* legen manchmal noch mehrere Weibchen ihre Eier in das Nest desselben Wirtsvogelpaares, nämlich einer Elster. Jedes Kuckucksweibchen nimmt zwar zum Ausgleich ein auf blaßgrünem Grund dunkel geflecktes Ei aus dem Wirtsnest, merkwürdigerweise aber nie eines, das schon von einem Kuckuck stammt; vermutlich kann der Kuckuck kleine Unterschiede zwischen den Eiern feststellen, die der Wirtsvogel nicht bemerkt. Gerade dieser Kuckuck hat aber Eier, die denen des Wirtsvogels besonders gut angeglichen sind.

Ursprünglich scheinen Kuckucke jeweils einen artspezifischen (d. h. für alle Artmitglieder »verbindlichen«) Wirtsvogel gehabt zu haben; die beim europäischen Kuckuck beobachtete Aufteilung der Art in Weibchen mit individuell verschiedener Wirtsvogelbindung ist wahrscheinlich eine höhere Spezialisierungsstufe. Die unterschiedlich spezialisierten Kukkucks-Typen (»Gentes«) machen sich dann untereinander in bezug auf die Wirtsvögel keine Konkurrenz mehr, auch wenn sie im gleichen Gebiet nebeneinander vorkommen.

Die Witwen

Brutparasitismus gibt es bei verschiedenen Vogelgruppen. Die Kuckucksente, *Heteronetta atricapilla* (Familie Anatidae), legt ihre Eier zu anderen Enten; unter den Webervögeln (Ploceidae) legt der Kuckucksweber seine Eier in die Nester von Verwandten des Laubsängers. Honiganzeiger (Indicatoridae) lassen ihre Jungen von Bartvögeln, Spechten und anderen aufziehen. Unter den Stärlingen (Icteridae) sind einige Arten Brutschmarotzer bei amerikanischen Singvögeln. Wir wollen hier nur noch auf die ebenfalls zu den Ploceidae zählenden Witwenvögel, Viduinae, Afrikas eingehen, weil sie ein ganz besonders interessantes Beispiel für Mimikry liefern.
Beim Kuckuck wurde schon erwähnt, daß die Jungen besonders starke Schlüsselreize für den sie fütternden Altvogel senden. Da unser Kuckuck seine Nestgeschwister beiseite schafft, taucht das Problem des Ähnlichkeitsvergleichs, das bei den Eiern eine so große Rolle spielt, nicht auf. Anders ist das schon bei den Häherkuckucken, deren Junge mit den Stiefgeschwistern zusammen aufwachsen. Hier kann der Wirtsvogel seine Jungen mit dem eingeschmuggelten Fremdling vergleichen. Und in diesem Fall ähnelt das Jugendkleid des Kuckucks dem seiner Nestgeschwister weitgehend. Noch drastischer ist das aber bei den Witwenvögeln. Deren Wirte sind verschiedene Arten von Prachtfinken (Estrildidae), und zwar hat jede Witwenart ihren Prachtfinkenwirt. Alle leben in den Steppen- und Savannengebieten Afrikas vom Südrand der Sahara bis zum äußersten Kapland. In diesem Fall ist die Eifarbe nicht sehr bezeichnend, denn Prachtfinkeneier wie Witweneier sind rein weiß. Dennoch haben die Witwenverwandten gefleckte Eier, was darauf schließen läßt, daß die Witwen in Anpassung an ihre Wirte die Eiflekkung verloren haben.
In der Regel zerstört das Witwenweibchen kein Wirtsvogelei, auch legt jedes Witwenweibchen nur je ein Ei in ein Wirtsvogelnest; doch kommt

es vor, daß mehrere Weibchen dasselbe Wirtsvogelnest erwählen und daß dann schließlich doch mehrere Witweneier im gleichen Wirtsvogelnest liegen. Nach jüngsten Freilandbeobachtungen von Nicolai können in solchem Fall die Witwenweibchen Eier zerstören, wahrscheinlich auffressen; und dabei wählen sie keins der vorhandenen Witweneier, sondern ein Wirtsvogelei – auch hier scheint der Parasit die Eier besser als der Wirt unterscheiden zu können, wie oben schon von Kuckucken erwähnt. Die Witweneier sind stets größer und ovaler als die der Wirtsvögel.

Alle Prachtfinken füttern ihre Jungen auf eine besondere Weise; wie manche andere Vögel auch, benutzen sie im Kropf vorverdaute Nahrung. Sie übergeben aber nicht jeweils nur eine geringe Menge Nahrungsbrei und lösen den Schnabel dann für kurze Zeit von dem des Jungen, sondern sie senken ihren Schnabel in den des Nestlings und pumpen dann lange ohne Pause einen großen Teil des Kropfinhaltes in den Rachen des Jungen. Diese unter den ganzen Sperlingsvögeln einmalige Füttertechnik ist die Ursache dafür, daß man weder Prachtfinkenjunge von anderen Ammeneltern aufziehen lassen noch domestizierten Prachtfinkeneltern, die auf die weiter unten zu besprechenden Schnabelsignale nicht mehr so genau achten, andere Jungvögel anvertrauen kann. Allein die Witwennestlinge sind auf die gleiche Füttertechnik eingestellt. Eifarbe und Füttertechnik sind bei allen Prachtfinken gleich und ebenso bei allen Witwen allgemein prachtfinkenartig. Zu diesen generellen Übereinstimmungen kommen aber noch weitere, die jeweils nur eine Witwen- und eine Prachtfinkenart betreffen.

Die junge Witwe tut ihren Nestgeschwistern nichts zuleide. In der Regel wird also die Wirtsvogelart kaum geschädigt; die Tiere müssen nur einen hungrigen Schnabel mehr stopfen. Gerade hier liegt aber das Problem. Die Prachtfinken haben nämlich hoch spezialisierte Rachenzeichnungen, weit komplizierter als die schon erwähnten Sperr-Rachen-Muster anderer Vögel. Der dem Elternvogel bettelnd entgegengehaltene offene Schnabel hat schwarze Flecken im Gaumen, auf der Zunge und im Unterschnabel, dazu auf den stark verdickten Schnabelwülsten des Ober- und Unterkiefers ein oder zwei rundliche Papillen, die meist weiß sind, bei einigen Arten aber auch stark lichtreflektierend blau »leuchten«. Dieses komplizierte Muster ist von Art zu Art verschieden; die Zahl und

Position der Flecke variiert, sie können auf der Zunge oder im Unterschnabel fehlen, zu Bögen zusammenfließen, usw. Die Prachtfinkeneltern kennen nun angeborenermaßen (d. h. ohne daß sie erst Erfahrungen damit sammeln müßten) die arteigene Rachenzeichnung sehr genau und füttern nur in dieses Muster hinein; Jungvögel mit abweichendem Muster, die man ihnen ins Nest schmuggelt, übergehen sie bei der Fütterung und lassen sie verhungern. Danach kann man nun schon voraussagen, wie die Schnäbel der Witwenjungen aussehen müssen: Die Nestlinge der verschiedenen Witwenarten haben Rachenzeichnungen, die von derjenigen ihrer Wirtsvogelart ununterscheidbar sind. Abb. 42 gibt dafür ein gutes Beispiel. Diese Übereinstimmung entspricht ganz derjenigen, die wir beim europäischen Kuckuck und seinen Wirtsvögeln in der Eifarbe finden. Daß beidemal gerade unter Brutparasiten leidende Vogelgruppen besonders streng auf die »Richtigkeit« der Signale (seien es Eier- oder Schnabelfärbungen) achten, könnte das Ergebnis einer gegen die Parasiten gerichteten »Abwehr«-Entwicklung sein. Bei den Prachtfinken kommen aber noch andere wichtige Teilsignale zum Füttersignal hinzu: Die Jungen haben bestimmte Bettellaute und betteln unter ganz merkwürdig drehenden Kopfbewegungen. Beides findet sich bei den Witwenjungen ganz ebenso. Schließlich stimmen Witwen- und Wirtsjunge auch in der Farbe des Jugendkleides überein — erst als Erwachsene unterscheiden sie sich dann deutlich, wie auf der Abb. 42 zu sehen ist. Da in diesem Fall der junge Parasit bis zum Selbständigwerden neben den — stets zum Vergleich vorhandenen — Wirtsvogeljungen sitzt, müssen mehr Merkmale übereinstimmen als beim Kuckucksjungen, das seine Nestgeschwister hinauswirft. Ebenso wichtig, aber weniger auffällig, sind die verdauungsphysiologischen Übereinstimmungen. Vom jungen Kuckuck nimmt man an, daß er nicht wählerisch sei und sich von einer Grasmücke ebensogern mit Insekten vollstopfen lasse wie vom Würger mit Mäusefleisch. Bei den verschiedenen Witwen weiß man aber, daß sie als Kinder genau auf das Futter angewiesen sind, welches die betreffende Prachtfinkenart ihren Jungen bringt; und das ist von Art zu Art sehr verschieden. Beim Witwenjungen müssen also Schnabelzeichnung, Bettellaut, Jugendgefieder und Verdauungssystem an die von Wirtsart zu Wirtsart wechselnden Bedingungen angepaßt sein. Es ist sehr unwahrscheinlich, daß das alles vom weiblichen Erbgut allein bestimmt wird, daß also wie beim Kuckuck nur das Y-Chromosom des Weibchens, nicht aber das Erbgut des Männchens, eine Rolle spielt. Nicolai, der den Brutparasitismus der Witwenvögel am genauesten untersucht hat, nimmt deshalb an, daß das männliche Erbgut ebenfalls wichtig ist. Das wird gestützt durch seine folgenden Befunde, die eine weitere überraschende Übereinstimmung zwischen Wirt und Parasit aufzeigen.

Wenn es richtig ist, daß das Männchen die Form der genannten Signale beeinflußt, dann muß eine Kreuzung zwischen Witwen mit verschiedenen genetischen Anlagen für Schnabelzeichnung usw. fatale Folgen haben: Das Mischlingskind wird ein Muster zeigen, das für keinen Wirtsvogel annehmbar ist und wird verhungern. Es dürfen sich also nur solche Partner paaren, die im Hinblick auf die zur Fütterung wichtigen Signale des Nestlings gleiches Erbgut tragen. Wie aber sollen sich die erkennen?

Nun sind die Witwenarten untereinander zum Teil recht verschieden, da machte es also keine besondere Schwierigkeit. Anders bei der Paradieswitwe, *Steganura*. Sie kommt in sieben schwer unterscheidbaren Formen vor, die als Rassen galten. Jede hat aber eine andere Prachtfinkenart als Wirtsvogel, also müssen wohl Kreuzungen zwischen diesen »Rassen« verhindert sein, d. h., es muß sich um verschiedene Arten handeln. Das aber ist hier nicht die Hauptfrage. Für unser Problem von Belang ist, woran diese äußerlich sehr ähnlichen Tiere einen Partner erkennen, der bei der gleichen Wirtsvogelart aufgewachsen ist, also das richtige Erbgut in bezug auf die Jungenmerkmale trägt. Die Antwort auf diese Frage ist nun überraschend einfach: Sie erkennen sich am Gesang, und zwar am Gesang des Wirtsvogels. Nicolai konnte in ausgedehnten Studien nachweisen, daß die Männchen der brutparasitischen Witwen nur wenige witwentypische Gesangselemente haben, dafür aber viele Gesangselemente »ihres« Wirtsvogels vortragen. Die Männchen der Breitschwanz-Paradieswitwe (*Steganura obtusa*) tragen die Lautäußerungen des Wiener Astrilden (*Pytilia afra*) vor, die Männchen der schmalschwänzigen Paradieswitwe (*S. paradisaea*) dagegen die flötenden Strophen des Buntastrilden (*Pytilia melba*) (Abb. 43). Beide Witwenformen kommen nebeneinander im gleichen Gebiet vor. Die Breitschwanz-Paradieswitwe äußert den gesamten »Wortschatz« ihres Wirtsvogels, die schmalschwänzige Form bringt nur den Männchengesang ihres Wirtes, die Atlaswitwe (*Hypochera*) ahmt alles nach, was sie im Haushalt ihrer Pflegeeltern zu hören bekam, sogar das vielstimmige Bettelrufen einer sich um den futterbringenden Altvogel drängenden Geschwistergruppe. Die Übereinstimmungen der Witwengesänge mit den Lautäußerungen der Wirte gehen so weit, daß selbst die Wirtsvögel nicht unterscheiden können, wer da gesungen hat.

Wie kommt diese Übereinstimmung zustande? Diese Frage ist bis heute ungeklärt. Die aus dem Ei schlüpfenden Witwenkinder müssen wohl den Bettellaut ihres Wirtsvogels angeborenermaßen »können«. Es ist aber unwahrscheinlich und auch unnötig, daß den Witwen alle Lautäußerungen des Wirtsvogels angeboren sind; sie haben ja Gelegenheit genug, sie zu lernen. Und daß Jungvögel den Gesang vom Vater, auch vom artfremden Pflegevater, auf dem Weg der Tradition übernehmen, ist weit verbreitet und gut bekannt. Es scheint also, daß sich auf dem Weg über entsprechende Lernvorgänge später nur solche Witwen untereinander verstehen, die bei dem gleichen Wirtsvogel aufwuchsen, sozusagen die gleiche Sprache gelernt haben. Das wäre dann zugleich der erste bekannte Fall einer durch Lernen aufgerichteten Kreuzungsbarriere zwischen an sich kreuzbaren Tieren.

Nun kommt aber noch hinzu, daß ja wieder, wie beim Kuckuck, jedes Witwenweibchen seine Eier in die Nester der richtigen Wirtsvogelart legen muß. Jedes Weibchen braucht also ein bestimmtes Männchen, aber auch bestimmte Wirtsvögel. Das Witwenweibchen geht auf die Suche nach dem Wirtsvogel, den es ebenfalls am Gesang erkennt, beobachtet ihn bei den Brutvorbereitungen, synchronisiert sein Eierlegen mit dem des Wirtsvogelweibchens und legt dann in dasselbe Nest. Bei selbstbrütenden Vogelarten wird das Weibchen durch Nestbautätigkeiten des Männchens zur Begattungsbereitschaft und zum Eierlegen stimuliert, und natürlich werden diese Nestbau- und Begattungshandlungen vom gleichen Männchen ausgeführt. Das Witwenweibchen aber erwartet sie von zwei Männchen, die verschiedenen Arten angehören. »Eingestimmt« wird es durch die Nestbauaktivität eines Männchens, das ihrem Pflegevater gleicht; begatten läßt es sich jedoch nur vom artgleichen Witwenmännchen, dessen Äußeres es angeborenermaßen kennt.

Lange Zeit galten die Übereinstimmungen zwischen Witwen und Prachtfinken in der Rachenzeichnung der Nestlinge wie im Balzgesang der er-

42 Der Buntastrild *Pytilia melba* (links oben) ist Wirtsvögel der brutparasitischen langschwänzigen Paradieswitwe *Steganura paradisaea.* Beidemale sind erwachsene Männchen abgebildet. Darunter 30tägige Jungvögel, links Buntastrild, rechts Paradieswitwe. Da die Astrilde Nestlinge nur auf ein artspezifisches Sperr-Rachen-Signal hin füttern, muß der Parasit auch das imitieren: im grauen Feld die Sperr-Rachen eintägiger Nestlinge, links der Paradieswitwe, rechts vom Buntastrild.

wachsenen Tiere als Verwandtschaftskriterium, man hielt die Witwen für Prachtfinkenverwandte. Es hat sich aber nun gezeigt, daß gerade diese Merkmale bei den Witwen – ebenso wie die Eimusterungen bei unserem Kuckuck – einem besonders starken Selektionsdruck unterliegen und im Dienste der Anpassung an den Wirtsvogel zu dieser Form gekommen sind; die nächsten Verwandten der Witwen sind die Feuerweber. Vermutlich ist die Ausbildung der Witwenarten streng parallel zu der Rassen- und Artbildung ihrer Wirtsvögel verlaufen.

Glühwürmchen als Sirenen

Glühwürmchen nennt man bei uns die in warmen Sommernächten aktiven Leuchtkäfer der Familie Lampyridae, von denen aber nur die Männchen käferartig aussehen; die flügellosen Weibchen sehen kaum anders als die Käferlarven aus; und solche Larven heißen im Volksmund fälschlich »Würmer« (Drahtwürmer beispielsweise sind die Larven der Schnellkäfer). Bei Tage sehen die Glühwürmchen oder Leuchtkäfer grau und unscheinbar aus, vor allem die Weibchen. Nachts aber leuchten beide Geschlechter an bestimmten Körperteilen mit kaltem, grünlichem Licht. Die Leuchtorgane sind Drüsen, die zwei Stoffe erzeugen und speichern, das Luziferin und die Luziferase. Luziferin wandelt sich zusammen mit Sauerstoff zu Oxyluziferin; Luziferase ist ein Enzym, dient als organischer Katalysator und bringt das Oxyluziferin zum Leuchten. Dem Menschen ist es bisher nicht gelungen, ebenso einfach kaltes Licht (bei dem fast keine Wärme auftritt) zu erzeugen.

Auch die Larven leuchten, manche schon bevor sie das Ei verlassen. Larven gibt es das ganze Jahr hindurch, die fertigen Käfer jedoch jährlich nur in einem sehr begrenzten Zeitabschnitt. In Mitteleuropa kommen vor allem zwei Arten vor, am häufigsten das Johanniswürmchen *Phausis splendidula* und seltener der Große Leuchtkäfer *Lampyris noctiluca.* Die *Lampyris*larven leuchten nicht dauernd, sondern jeweils nur für 1 Sekunde bis zu wenigen Minuten. Häufig leuchtet ihr Licht langsam auf (was etwa 1 Sekunde dauern kann), bleibt eine weitere Sekunde hell und erlischt dann im Laufe von 2 Sekunden allmählich. Berührt man ein gerade aufblinkendes Tier, so kann es das Licht sofort »ausschalten«. Wie es das macht, welche anderen Umstände für das Leuchten wichtig sind

43 Die Paradieswitwen benutzen zur Verständigung untereinander die Lautäußerungen der Wirtsvögel, bei denen sie aufwuchsen. Oben ein Ausschnitt aus dem Gesang des Buntastrilds *Pytilia melba*, darunter gleicher Ausschnitt aus der Gesangsimitation der Paradieswitwe *Steganura paradisaea* (Schallspektrogramme).

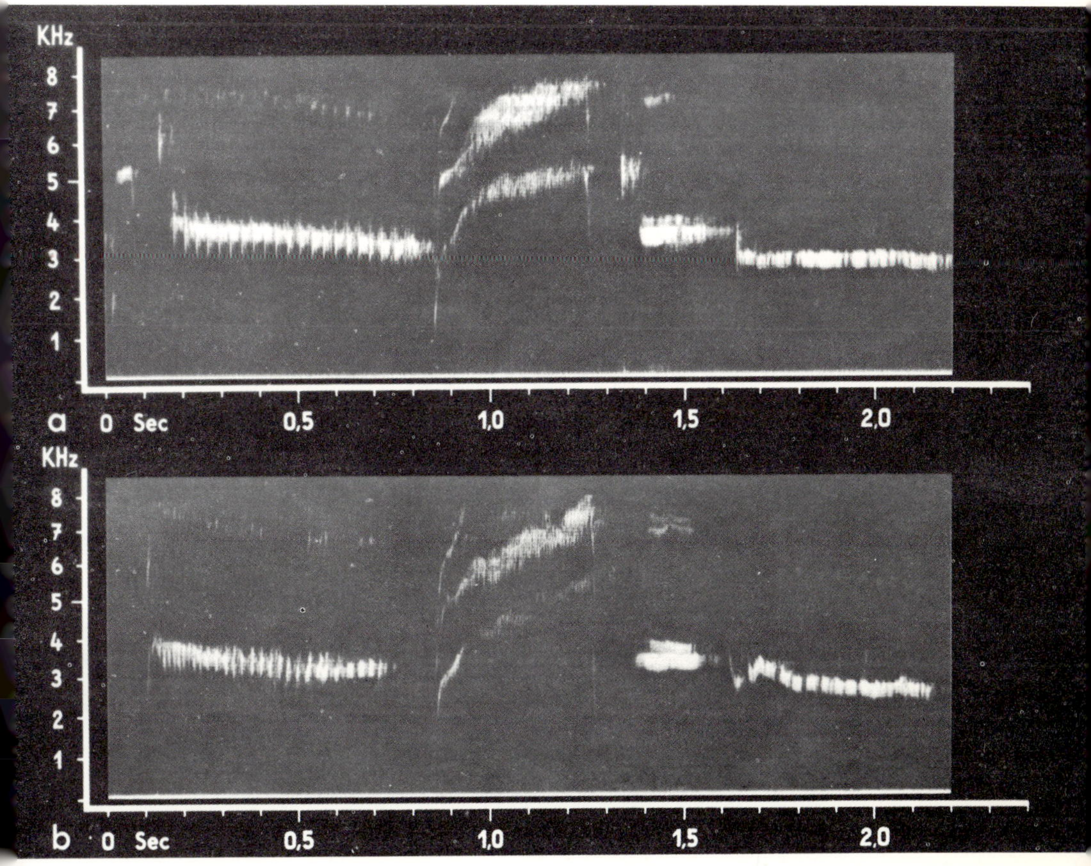

und welche Bedeutung das Leuchten für die Larven hat, ist unbekannt es dient weder zur Feindabwehr noch zum Anlocken von Beute (die Lar ven fressen Schnecken). *Phausis*-Larven leuchten meist nur nach Berüh rung oder auf Erschütterungsreize hin. Sie leuchten gewöhnlich länger doch können sie das Licht ebenso willkürlich ein- und ausschalten wie di Larven der vorigen Art.

Larven wie Erwachsene leuchten nur nachts, nicht etwa auch tagsüber

wo man es nicht sähe. Die Larvenleuchtorgane sitzen seitlich am Hinterleib; bei *Lampyris* sind es jederseits eins, bei *Phausis* meist drei. Diese Leuchtorgane können in der Puppe leuchten und funktionieren auch am erwachsenen Tier, doch sind sie bei den Männchen durch Pigment verdeckt. *Phausis*-Männchen dagegen haben zwei deutliche Leuchtplatten an der Unterseite des Hinterleibs. Diese werden – ebenso wie die Leuchtorgane des Weibchens – schon drei bis fünf Tage vor dem Schlüpfen tätig. Die Weibchen beider Arten haben neben den larvalen Leuchtorganen ebenfalls Leuchtplatten auf der Körperunterseite; zum Signalisieren verdrehen *Lampyris*-Weibchen den Hinterkörper um die Längsachse (ähnlich wie Engerlinge manchmal am Boden liegen), *Phausis*-Weibchen krümmen den Hinterleib nach oben. Beide leuchten kontinuierlich, solange sie nicht gestört werden.
An tropischen Arten fällt auf, daß sie meist blinken und zuweilen von Art zu Art verschiedenfarbiges Licht ausstrahlen. Hassenstein fand in Argentinien einen leuchtenden Käfer, der allerdings zu den Schnellkäfern (Elateridae) gehört. Dieser Käfer hat an der Oberseite des Halsschildes zwei große Leuchtflecken, die lebhaft grün leuchten, solange der Käfer sitzt. Kurz vor dem Start fällt manchmal aus der verschlossenen Einbuchtung zwischen Brust und Hinterleib schon ein feiner Lichtstrahl; im Flug biegt der Käfer den Hinterleib etwas nach oben, und das bauchseitige Leuchtorgan wird sichtbar. Es ist nur ein Leuchtfleck, und der strahlt gelbrot. Solange der Käfer mit diesem Fluglicht unterwegs ist, sind seine »Standlichter« ausgeschaltet. Und wozu das alles?
Für die erwachsenen Leuchtkäfer ist das Leuchten sehr bedeutsam, denn es dient dem Zusammenfinden der Geschlechter. Die leuchtenden Weibchen sitzen am Boden auf Steinen oder Grashalmen, die Männchen fliegen suchend umher. Man hat das lange aus verschiedenen Beobachtungen gefolgert, aber erst vor wenigen Jahren hat Schwalb es an unseren einheimischen Leuchtkäfern experimentell untersucht. Er fand, daß das Licht der Weibchen das einzige Signal ist, das die Männchen aus der Ferne anlockt; in der Nähe wirken dann auch noch Duftstoffe mit. Beide Arten (*Phausis* und *Lampyris*) senden Licht gleicher Wellenlängen (500–650 mμ) aus, das Maximum liegt bei 550–580 mμ; beide Arten leuchten gleich hell. Schwalb machte Attrappenversuche, um die wirksamen Faktoren des Lichtsignals herauszufinden; er benutzte Loch-

muster, die von unten mit verschiedenfarbigem Licht erleuchtet wurden. Das Ergebnis war: *Lampyris*-Männchen beachten blaues, grünes oder rotes Licht so gut wie nicht, auf gelbes sprechen sie stark an, am besten auf solches der Wellenlänge um 570 mμ. Sie bevorzugen ferner deutlich die Intensität des normalen Weibchenlichtes, helleres oder weniger helles Licht mögen sie nicht. Vergrößert oder verkleinert man die Attrappen, so sprechen die Männchen wiederum schlechter an als auf solche der normalen Weibchengröße. Läßt man die Attrappe blinken (1/2 Sekunde Licht, 1/2 Sekunde dunkel), so reagieren die Männchen schlechter als auf kontinuierliches Leuchten. Ebenso reagieren sie schlechter, wenn man die normale Leuchtfleck-Anordnung abändert (alles bei optimalem Licht geprüft), doch bevorzugen sie immer noch größere Leuchtflächen.

Ganz anders sieht das Ergebnis derselben Versuche mit *Phausis*-Männchen aus: Ebenso stark wie auf das normale Weibchenlicht sprechen sie auf blaues Licht an, das in ihrem arteigenen Licht gar nicht vorkommt. Sie bevorzugen ferner möglichst helles Licht, übergroße Attrappen, und wenn man die Elemente des Leuchtmusters vom *Phausis*-Weibchen schematisiert und vervielfältigt und überdies blau strahlen läßt, wirkt das als übernormale Attrappe, der gegenüber wirkliche Weibchen vernachlässigt werden.

Beide Arten kommen bei uns nebeneinander vor. Wie nach den Experimenten zu erwarten, können *Lampyris*-Männchen die Leuchtsignale der Weibchen beider Arten gut unterscheiden; *Phausis*-Männchen dagegen verwechseln ihre eigenen Weibchen mit denen der anderen Art und merken den Irrtum erst am Geruch, wenn sie dem Weibchen ganz nahe gekommen sind.

Diese Experimente sind wichtig für das Verständnis des folgenden Vorganges, der erst 1965 von Lloyd beobachtet wurde; dabei handelt es sich um Verwechslungen, die ein verhängnisvolles Ende nehmen – und dieses Ende ist offenbar eingeplant.

Wie schon erwähnt, blinken die meisten tropischen Leuchtkäfer. Nah verwandte Arten blinken oft in verschiedenem Rhythmus; eine Art sendet alle drei bis vier Sekunden zwei Blitze im Abstand von einer halben Sekunde, als morste sie den Buchstaben »i«, eine andere sendet ununterbrochen viertelsekundenlange Lichtblitze im Abstand von einer viertel Sekunde. Häufig blinken beide Geschlechter einer Art, aber in verschie-

44 Lichtmuster einheimischer Leuchtkäferweibchen (oben) und einige der geprüften Attrappen (unten); links vom Großen Leuchtkäfer *Lampyris noctiluca*, rechts vom Johanniswürmchen *Phausis splendidula*. Bei *Lampyris* ist die Normalattrappe (ganz links) weit wirksamer als irgendeine der danebenstehenden. Besonders bemerkenswert ist die geringe Auslösewirkung der rechts gezeigten Attrappe, bei der nur die Anordnung der normalen Elemente geändert ist. Bei *Phausis* ist die Normalattrappe (Mitte) schlechter als die links und besser als die rechts daneben gezeigte; Vermehren der Elemente schafft übernormale Attrappen.

dener Weise. Die Männchen von *Phractomena lucifera* senden in knapp einer Sekunde fünf Lichtblitze unmittelbar hintereinander, die Weibchen senden nur einen langsam an- und abschwellenden Blitz von einer Sekunde Länge; bei *Photinus pennsylvanicus* blinken die Männchen in 3/4 Sekunde dreimal unmittelbar nacheinander mit abnehmender Helligkeit, die Weibchen antworten mit einem Lichtsignal, das etwa achtmal in knapp einer Sekunde pulsiert und dabei immer heller wird. Bei diesen Tieren wartet das Weibchen oft, bis es das Signal von einem artgleichen, fliegenden Männchen sieht und antwortet erst dann, woraufhin das Männchen blinkend näherkommt und schließlich neben dem Weibchen landet. Das sieht bei *Photinus consanguineus* etwa so aus: Die Männchen fliegen umher und senden im Abstand von etwa zwei Sekunden zwei kurze Lichtsignale und wiederholen das alle vier bis sieben Sekunden. Das Weibchen antwortet mit einem einzigen Aufleuchten etwa eine Sekunde nach dem zweiten Blinken des Männchens.
Eine andere, ebenfalls mit unseren einheimischen Leuchtkäfern nah verwandte Gattung, *Photuris*, hat andere Blinksignale zum Zusammenführen der Geschlechter. Ihre Weibchen sind als ausgewachsene Tiere noch räuberisch und fressen Käfer. Und zwar fressen sie die Männchen der vorerwähnten Gattung *Photinus*. Sie locken diese an, indem sie auf das Blinken etwa eines *Photinus sanguineus*-Männchens mit dem oben beschriebenen Blinkmuster des artgleichen Weibchens antworten. Zwar macht das räuberische Weibchen manchmal den Fehler, nach beiden Lichtblitzen des Männchens ihr Signal zu senden, nicht nur nach dem zweiten, doch nehmen die Männchen es damit nicht so genau (ähnlich wie unser Johanniswürmchen auch auf andere als die arttypischen Signale anspricht); sie kommen näher, das *Photuris*-Weibchen antwortet weiter und drosselt dabei sogar die Lichtintensität, was wohl wichtig ist, weil Lichtblitze des rechtmäßigen Weibchens deutlich schwächer sind. Schließlich landet das fremde Männchen neben dem falschen Weibchen und wird nach kurzem Wechselblinken ergriffen und gefressen. Die räuberischen *Photuris*-Weibchen kennen also neben ihrem arteigenen Signalcode zumindest noch einen anderen. Wie das Ganze entstanden ist, weiß

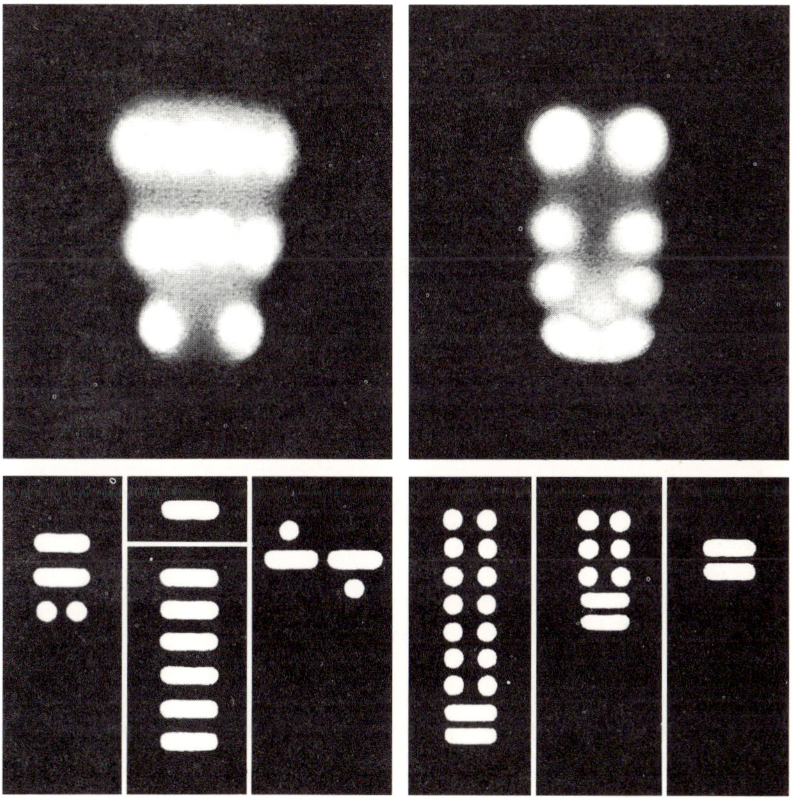

man bislang noch nicht. Jedenfalls sind die Weibchen der Leuchtkäfergattung *Photuris* die schönste Illustration für die altgriechische Sage von den verführerischen Sirenen.

Entdeckt wurde die ganze Geschichte dadurch, daß Sammler mit der Taschenlampe die Lichtsignale derjenigen Käferart morsten, deren Weibchen sie suchten und die auch darauf antworten – nur fand man eben manchmal auf diese Weise auch ganz »falsche« Weibchen.

Hinzuzufügen ist noch, daß zumindest viele der Leuchtkäfer aus der Familie Lampyridae ungenießbar sind. In Nicaragua fand Belt verschiedene Schabenarten, die den Leuchtkäfern zum Verwechseln ähnlich sahen und sich auch nicht in Spalten versteckten, wie es Schaben sonst tun, sondern tagsüber offen auf Blättern saßen, genau wie es die Leuchtkäfer tun. Das erinnert an diejenigen Schaben, die auf S. 8 f besprochen sind.

Attraktive Orchideen

Einige Orchideen werden von Insekten bestäubt, ohne überhaupt eine materielle Gegengabe zu bieten. Die bekanntesten davon sind die Ragwurzarten der Gattung *Ophrys*. Die hübschen Blüten haben seit Jahrhunderten die Aufmerksamkeit der Menschen erregt und zu Artnamen Anlaß gegeben, die lateinisch wie deutsch recht phantasievoll klingen: *Ophrys insectifera, O. muscifera, O. aranifera, O. apifera, O. bombyliflora,* Fliegen-, Hummel-, Spinnen-, Bienen-Orchis. Diese Namen beziehen sich auf Form und Farbe der Blüte, genauer gesagt ihres Labellums. Linné schrieb 1745, die Blüten von *Ophrys insectifera* sähen Fliegen so ähnlich, daß Uneingeweihte annehmen würden, es säßen wirklich mehrere Fliegen an diesem Pflanzenstengel, denn auch ein Künstler hätte Fliegen nicht besser imitieren können. Man vermutete, daß diese Ähnlichkeit keine bloße Spielerei der Natur sei, sondern irgendeinen biologischen Sinn haben müsse. Aber welchen? Blüten sind regelmäßige Signale für Insekten, die die Bestäubung vornehmen. Nun zerbrach man sich den Kopf, wie die *Ophrys*-Blüten wohl auf Insekten wirkten. Schon sehr früh tauchte die naheliegende Vermutung auf, Insekten sähen diese Blüten wie wir und hielten sie für ihresgleichen. Man nahm außerdem an, Blütenbesucher würden vorbeifliegen, wenn sie eine Blüte bemerkten, die »schon besetzt« ist. Aber warum sollten Orchideen die Insekten abweisen statt sie anzulocken? Zwar sind viele Orchideen zur Selbstbestäubung fähig, und 1831 äußerte Brown die Ansicht, *Ophrys*-Arten schreckten mit ihren Blüten Insekten ab, weil sie deren Hilfe nicht brauchten. Da die Ragwurzarten aber sowieso keinen Nektar haben, war nicht recht einzusehen, warum sie mit so viel Aufwand Insekten vertreiben müssen. Mit der theoretischen Weisheit war man am Ende. Die Lösung des Problems wäre durch Beobachtungen leicht zu erbringen gewesen. Schon Darwin zitierte die Beobachtung eines Herrn Price aus dem Jahr 1829, der »Angriffe« von Bienen auf die Bienenragwurz gesehen hatte, fügt aber hinzu, er könne sich keinen Reim darauf machen. Price war wohl der erste, der den Bestäubungsvorgang richtig gesehen hat, wenn er ihn auch falsch deutete. 1916 beobachtete Pouyanne Hautflügler-Männchen an *Ophrys*-Blüten, von 1920 bis 1930 sammelte Godfery weitere Beobachtungen, und zwischen 1927 und 1938 beschrieb Frau Coleman

45 Die Blüten der Ragwurz-Arten sind hochspezialisierte Weibchen-Attrappen für die Männchen bestimmter Bienen- und Wespenarten, die beim Kopulationsversuch diese Blüten bestäuben. Die Blüte der Bienenragwurz, *Ophrys apifera*, erscheint auch uns einer schwirrenden Biene oder Hummel sehr ähnlich.

ganz ähnliche Vorgänge an australischen Orchideen der Gattung *Cryptostylis.* Alle hatten nur männliche Insekten an diesen Blüten gesehen und vertraten übereinstimmend die Meinung, daß diese Tiere die Blüte als Geschlechtspartner behandelten und sie dabei bestäubten. Das kann so rasch gehen, daß die Bezeichnung »Angriff« verständlich ist. Niemand hatte je irgendeine andere Bestäubungsweise bei diesen Pflanzen beobachtet. Dennoch glaubten die Experten nicht an diese Deutung und bezweifelten sogar, ob die Beobachtungen selbst vertrauenswürdig seien. Aber immer mehr Beobachter sahen dasselbe, und schließlich machte Kullenberg genaue vergleichende Untersuchungen, vor allem aber Experimente im Freiland, und füllte 1961 einen ganzen Zeitschriftenband mit seinen Ergebnissen.

Die Bestäubung der *Ophrys*-Blüten (und verwandter Orchideen) wird tatsächlich durch eine Kopulation mit männlichen Insekten vollzogen, allerdings nicht mit Insektensperma, sondern mit arteigenen Pollen. Die Insektenmännchen nehmen von einer Blüte zur nächsten die ganzen Pollenkölbchen (Pollinien) samt dem Stiel, an dem diese sitzen, mit.

In vielen Arten von stacheltragenden Hautflüglern gibt es Männchen im Überfluß, die auf der Suche nach begattungswilligen Weibchen umherfliegen. Viele Arten halten dabei bestimmte Bahnen ein, auf denen sie immer wieder fliegen. Ähnlich wie schon für Schmetterlinge beschrieben (S. 28), spielen beim Erkennen des arteigenen Weibchens Form,- Farb- und Geruchsreize eine Rolle. Zu einer Probelandung auf einem weibchenähnlichen Gegenstand kann man einige Arten recht leicht veranlassen. Zur Kopula sind dann auch noch spezielle Berührungsreize wichtig. Besucher von *Ophrys*-Blüten sind vor allem die Männchen von Erdbienen (*Andrena*) und Langhornbienen (*Eucera*), außerdem von Grabwespen (Sphecidae) und Dolchwespen (Scoliidae). Die australische *Cryptostylis* wird von Schlupfwespenmännchen (Ichneumonidae) der Gattung *Lissopimpla* besucht. Genaue Beobachtungen zeigen, daß diese Männchen auf der Blüte ihren Kopulationsapparat betätigen und daß oft das männliche Kopulationsorgan das Labellum der Blüte betastet oder sogar erigiert ist. Ausgestoßenes Sperma hat jedoch niemand gefunden, auch Kullenberg nicht. Während die Männchen kopulationseinleitende und Begattungsbewegungen ausführen, heften sich die Pollenkölbchen (d. h. die kompakten Pollenmassen) an ihren Körper und wer-

den mitgenommen, wenn das Männchen schließlich weiter und zur nächsten Blüte fliegt. Aus allen genaueren Beobachtungen geht zweifelsfrei hervor, daß *Ophrys*-Blüten auf diese Insektenmännchen als Attrappenweibchen wirken. Wie danach zu erwarten, sind die einzelnen *Ophrys*-Arten auf bestimmte Insektenarten spezialisiert, das heißt, sie ahmen jeweils die Weibchen einer Insektenart nach. Dennoch gibt es Überschneidungen, so daß gleiche Männchen mitunter verschiedene *Ophrys*-Arten besuchen und so Kreuzungen schaffen. Ich will aber hier nicht auf die vielen interessanten Einzelheiten eingehen, sondern nur eine Übersicht der vor allem von Kullenberg untersuchten, bei der Pseudokopulation wichtigen Merkmale der Blüte geben, und zwar am Beispiel der Fliegenorchis *O. insectifera*, die vorwiegend von *Gorytes*-Männchen (Grabwespen, Sphecidae) besucht wird.
Wichtig für eine wirksame Weibchenattrappe ist zunächst ihre Größe; zu kleine Blüten werden von den Männchen zwar angeflogen, aber dann wieder verlassen. Auf zu großen Blüten, die gelegentlich vorkommen, setzen sich die Männchen normal nieder und rutschen dann rückwärts, mit auf das Labellum gedrücktem Hinterleib, bis sie an den Rand mit den beiden Endlappen kommen, die deutlich warzig sind. Dort tasten die Tiere mit der Hinterleibsspitze und dem Kopulationsapparat umher. Man sieht daraus, daß die Männchen nicht die im Blüteninnern vermutete Nahrung, sondern etwas Bestimmtes mit den Genitalien suchen. Zu große Blüten sind aber für die Pflanze unpraktisch, weil die Männchen mit dem Kopf nicht an die Narbe reichen und keine Pollen übertragen.
Die Form des Labellums spielt keine sehr große Rolle, obwohl längsovale Objekte anziehender auf die Männchen wirken als quadratische. Allerdings wirken im Wahlversuch Wespenformen stärker als andere und bewegte Objekte stärker als ruhige. Das Labellum von *Ophrys insectifera* und die zusammengelegten Flügel einer *Gorytes*-Wespe auf dunklem Hintergrund waren die besten Schlüsselreize, vorausgesetzt, daß sie mit Geruchsreizen zusammen geboten wurden. Es scheint, daß bestimmte Gerüche die Männchen veranlassen, auf alles mögliche zuzufliegen, und seien es Nagelköpfe oder dunkle Flecken auf Blättern.
Die Färbung des Labellums ist wichtig für den Anflug der Männchen. Sie bevorzugen dunkle Farben vor hellen und reagieren auch auf dunkle,

farblose Graustufen; blaue und violette Farben wirken aber stärker, und wenn sie einen deutlichen Ultraviolettanteil enthalten, wirken sie sogar stärker als echte Weibchen. Ein Kontrastfleck im Mittelfeld der Attrappe erhöht ihre Wirksamkeit; dasselbe läßt sich durch ein aufgelegtes Glasstückchen oder durch metallischen Glanz erreichen. Eine samtene Oberfläche wirkt stärker als eine glatte. Es gehört nicht viel Scharfsinn dazu, aus den nachweislich für die Hautflüglermännchen bedeutsamen Signalreizen der *Ophrys*-Blüten auf die Eigenschaften der jeweiligen Hautflüglerweibchen rückzuschließen. Tatsächlich hat man in einigen Fällen durch die Blüten wichtige Hinweise auf die Vorgänge während der Kopulation bei solchen Insekten gewonnen. Kullenberg hat aber, um nicht auf bloße Vermutungen angewiesen zu sein, die Weibchen der *Ophrys*-Bestäuber mituntersucht. An der Blüte von *Ophrys insectifera* ist der mittlere Teil des Labellums so dunkelrot, daß er fast schwarz erscheint; die Seitenlappen sind etwas heller purpurrot. Die *Gorytes*-Weibchen, deren Männchen sich so ausdauernd um diese Blüten bemühen, haben einen oberseits schwarzen Körper, dunkel-purpurne Flügel und gelbe oder weiße Querbinden auf dem Hinterkörper, die der Blüte fehlen. Wenn die Weibchen ihre Flügel über dem Hinterkörper zusammenlegen, entsteht eine Glanzstelle, sehr ähnlich dem Spiegelfleck auf dem Blütenlabellum. Die Rückenansicht der Weibchen als Vergleich zu wählen, ist berechtigt, weil die Männchen ihre Weibchen von dieser Seite her anfliegen. Wenn man die bisher untersuchten Merkmale vergleicht, so wirken sie alle ziemlich unabhängig voneinander (Kontrast zum Hintergrund, Farbe, Glanz, Samtigkeit, Muster und Umriß), teils additiv, und können einander vertreten.

Eine besondere Rolle beim Anlocken der Männchen spielt der Geruch. Manche Hautflüglerweibchen sondern Duftstoffe ab – wahrscheinlich am Hinterleib – wodurch Männchen sexuell erregt und auf die Weibchen aufmerksam werden. Es scheint, daß der Duft die Männchen intensiv nach Weibchen suchen läßt, wobei sie »probehalber« auch Objekte anfliegen, die mit einem Weibchen nur geringe Ähnlichkeit haben. Diese Duftstoffe sind möglicherweise artspezifisch; mit Sicherheit wirken sie nur auf eine bestimmte Artengruppe, Verwechslungen werden dann durch andere artspezifische Merkmale verhindert. Diese Duftstoffe sind bisher chemisch noch nicht analysiert; man kann aber nach unserem Geruchseindruck Unterschiede zwischen ihnen feststellen und andererseits chemische Substanzen angeben, die für uns ähnlich riechen wie irgendein solcher Weibchenduftstoff. Kullenberg hat derartige Stoffe in Verbindung mit Weibchenattrappen verschiedenster Art im Freiland an den Männchen der *Ophrys* besuchenden Hautflügler geprüft und mehrere Stoffe gefunden, die bestimmte Männchen zuverlässig anlocken. Aber das ist nicht eigentlich das Erstaunliche; er fand vielmehr, daß auch die *Ophrys*blüten selbst duften, und zwar sehr ähnlich (wenn nicht sogar genauso) wie die Weibchen derjenigen Insektenarten, der die Blüte in Form und Farbe ähnelt. In einigen Fällen ist der Blütengeruch sogar wirksamer auf die Männchen als der Duft ihrer Weibchen.

Sind die Männchen auf der *Ophrys*-Blüte oder auf einer anderen Attrappe gelandet, so beginnen sie mit Kopulationseinleitungen, für die aber weitere Signalreize wichtig sind, vor allem Tastreize. Das Labellum muß nach oben konvex gekrümmt sein, genau wie die Rückenfläche des Weibchens; auf alten, schon einschrumpfenden oder auf jungen Blüten, die noch nach oben konkav gebogen sind, landen die Männchen zwar, fliegen aber gleich wieder ab. Auch auf einem isolierten Labellum machen die Männchen nur wenig mehr; hier fehlt ihnen ein Widerlager für den Kopf, das sonst von den anderen, kleinen Blütenblättern gestellt wird. Die Labellumfläche muß breit genug sein, daß das Männchen sie gut festhalten kann; sie muß so groß sein, daß das Männchen einen möglichst großen Teil seiner Körperunterseite (und vor allem des Hinterleibs) darauflegen kann. Besonders wichtig sind die Berührungsreize, die das Männchen mit der Körperunterseite und mit den Füßen von der Unterlage empfängt. Weder auf glattem Papier noch auf einem künstlich geglätteten Labellum oder auf der Labellumunterseite macht das Männchen ernsthafte Kopulationsversuche; es fehlen nämlich die entscheidenden mit kurzen und längeren Haaren bestandenen Flächen, die es auf dem Blütenlabellum ebenso gibt wie auf der Rückenseite des Weibchens. Wie diese Haare genau aussehen, ist dabei nicht wichtig; sie müssen nur die rechte Biegsamkeit haben. Lange und kurze Haare müssen in ganz bestimmten Bereichen stehen, und wahrscheinlich spielt auch noch die Richtung, in der sie geneigt sind – der »Strich« – eine Rolle. Alle diese bedeutsamen Schlüsselreize wirken jedoch nur in Anwesenheit des Weibchengeruches auf die Männchen lockend und kopulationsauslösend.

46 So reagieren die Insektenmännchen auf weibchenähnliche Orchideenblüten. Links: Fliegenorchis, *Ophrys insectifera*-Blüte; unten Männchen einer Langhornbie beim Kopulationsversuch auf dieser Blüte, darüber Kopf der Biene mit angehefteten Staubkölbchen. Rechts: Blüte der australischen *Cryptostylis leptochila* mit Männche der Wespe *Lissopimpla semipunctata;* in der Mitte das Männchen beim Pseudokopulationsakt, unten mit Staubkölbchen am Hinterleib. *P* = Staubkölbchen (Pollinien) in der Blüte.

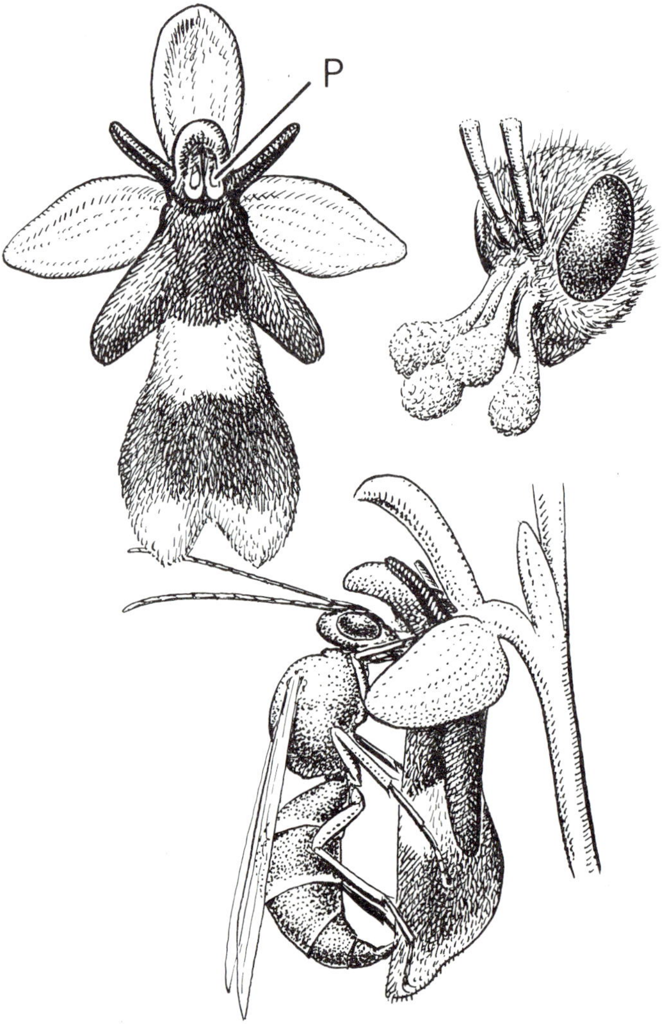

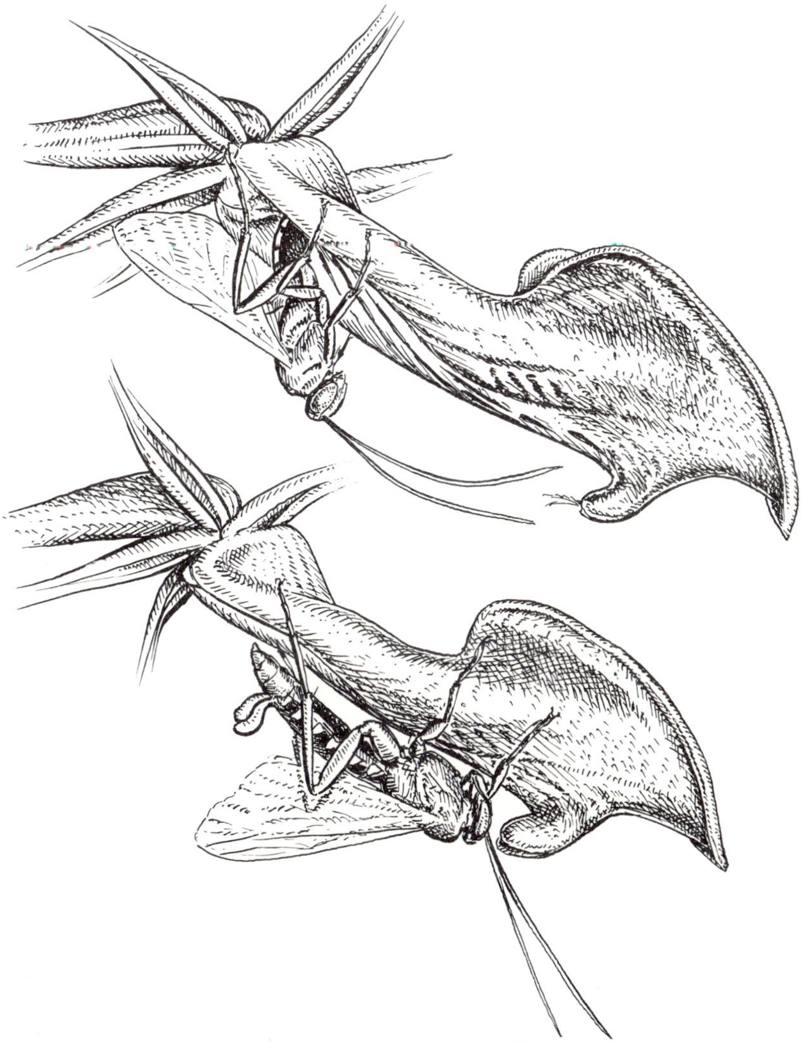

Vergleicht man das Verhalten verschiedener Hautflüglermännchen auf den jeweils ihnen angepaßten Orchideenblüten, so fällt auf, daß es zwei Typen von Blüten gibt, die sich in der »Interpretation« durch die Insektenmännchen unterscheiden. Auf manchen sitzen die Männchen immer mit dem Kopf zur Blütenmitte, auf anderen gerade umgekehrt mit dem Kopf von der Blütenmitte weg. Da alle Männchen gleichsinnig auf dem Weibchen sitzend (mit ihrem Kopf zum Weibchenkopf) kopulieren, heißt das, daß vom Labellum der Blüten im ersten Fall das am Stengel angewachsene Ende, im zweiten Fall das freie Ende dem Weibchenvorderende entspricht. Die Insektenmännchen tragen deswegen die Pollenkölbchen entweder am Kopf oder am Hinterleibsende davon. Mit dem Kopf zur Blütenmitte sitzen *Campsoscolia*-Männchen auf *Ophrys speculum*, *Gorytes*-Männchen auf *O. insectifera*, *Andrena*-Männchen auf *O. aranifera* und *Eucera*-Männchen auf *O. apifera*, *O. bombyliflora*, *O. tenthredinifera* und anderen. Mit dem Kopf zum freien Ende des Labellums sitzen *Andrena*-Männchen auf *O. lutea*, *O. fusca* und in Australien die *Lissopimpla*-Männchen auf *Cryptostylis* (s. Abb. 46).
Kullenberg und einige andere Forscher haben inzwischen eine ganze Reihe von Orchideenarten näher untersucht, die alle dadurch bestäubt werden, daß sie Insektenmännchen Gelegenheit zu Kopulationsversuchen bieten. Mit dieser Spezialisierung haben sie sich aber auf einige wenige Pollenüberträger festgelegt, denn nur die Männchen ganz bestimmter Arten fühlen sich von den jeweiligen Attrappenweibchen angesprochen. Das schränkt die mögliche Verbreitung der betreffenden Orchideen ein, weil sie ja nur dort befruchtet werden, wo »ihre« Insektenmännchen vorkommen. Die Bienenragwurz, *Ophrys apifera*, wird im Mittelmeerraum durch Langhornbienenmännchen bestäubt, ist aber außerdem besonders stark zur Selbstbefruchtung fähig, also nicht unbedingt auf Insektenbesuch angewiesen; in der nacheiszeitlichen Wärmeperiode konnte sie vom Mittelmeerraum durch das Rhônetal zu uns kommen, wo sie nun fast ausschließlich auf Selbstbefruchtung angewiesen ist (die Pollenkölbchen senken sich auf die Narbe derselben Blüte).
Die Fragen, welche Stoffe in den Blüten den Sexuallockstoffen gleichen und wie die Pflanzen dazu kamen, sie zu entwickeln, sind unbeantwortet. Doch ist es für die Pflanze nicht gar so schwer, derartige Stoffe herzustellen; es könnte sogar sein, daß sich die Frage umkehrt. Ver-

gleicht man nämlich Pflanzen und Tiere ganz allgemein, so sind die Pflanzen durch ungewöhnlich viele, teils recht kompliziert gebaute Stoffe ausgezeichnet, die, einmal gebildet, keine Funktion im Stoffwechsel mehr haben und irgendwo in der Pflanze liegen bleiben. Dazu gehören Alkaloide, Terpene und Phenylpropane der ätherischen Öle und Harze, Lignane und Lignine, Saponine, Flavonole, Anthocyane usw. Man nennt sie »Exkrete des Stoffwechsels« oder auch »sekundäre Pflanzenstoffe«, doch ist diese Bezeichnung nicht sehr glücklich, wie Mothes jüngst betonte. Zwar sind solche Stoffe besonders häufig in Pflanzen zu finden, weil diese kein Ausscheidungssystem haben, mit dem sie sie wegschaffen könnten; sie kommen aber auch in Tieren vor, vor allem dann, wenn auch ihnen – wenigstens zeitweise – das Hinausbefördern dieser Stoffe aus dem Körper nicht möglich ist (das gilt etwa für sich entwickelnde Eier von Insekten, Landreptilien und Vögeln oder für Insektenpuppen). Diese »sekundären Pflanzenstoffe« sind vom Tier nicht etwa aufgenommen worden, sondern im Tier gebildet, zum Teil auf die gleiche Weise wie von der Pflanze. Die meisten derartigen Stoffe sind allerdings sehr aggressiv, zum Teil Stoffwechselgifte, und werden von den Tieren durch das hochentwickelte Ausscheidungssystem (oft in unschädlicher Form im Harn) nach außen abgegeben. Einige den sekundären Pflanzenstoffen vergleichbare Exkrete werden aber auch von Tieren in Drüsentaschen (Biber, Moschustier) gespeichert. Vor allem die Arthropoden (Gliedertiere, zu denen auch die Insekten zählen), können typische Pflanzenexkrete bilden und benutzen sie oft als Abwehrstoffe. Saftkugler (Glomeridae, vom Laien oft mit Tausendfüßlern verwechselt) scheiden einen Bitterstoff (Chinazolon) aus, der die Vögel abschreckt; die nur um eine Ketogruppe ärmeren Chinazoline sind bei Efeugewächsen (Araliaceae), Steinbrechgewächsen (Saxifragaceae), Rautengewächsen (Rutaceae) oder auch Palmen verbreitet. Man weiß aber bislang nicht, wie diese Stoffe in den Tieren unschädlich gemacht und erst recht nicht, wie sie hergestellt werden. Doch darf man sich durch die mitunter spezifische Funktion, die chemische Verbindungen haben – etwa als Sexuallockstoff – nicht zu dem Schluß verführen lassen, sie müßten eigens zu diesem Zweck »mühsam« hergestellt worden sein. Möglicherweise ist die Natur viel bequemer und nutzt einfach sowieso anfallende Verbindungen aus. Überdies kennen wir ja schon Fälle, in denen Insekten ihre Abwehrstoffe aus

Pflanzen beziehen, etwa die auf S. 26 erwähnten Danaiden. Und die Prachtbienen benutzen Pflanzendüfte im Paarungsverhalten (S. 145). Dadurch könnte die »Imitation« solcher Stoffe durch andere Lebewesen viel weniger aufregend werden, als sie uns jetzt scheint.

Zipfelkäfer, Drachenflosser und Hochzeitsgeschenke

Man sagt vom Menschen, Liebe geht durch den Magen; bei Tieren kommt durchaus Vergleichbares vor. Viele Vögel füttern einander während der Paarungseinleitung, vor allem Papageien, Tauben oder Rabenvögel. Abgeleitet ist dieses Verhalten aus der Brutpflege, und es kann in der abgeleiteten Funktion erhalten bleiben, auch wenn die Brutpflege verlorenging, wie bei einigen Kuckucken. In manchen Fällen wird daraus ein Zeichen sozialer Verbundenheit, wie beim Schwalbenstar (*Artamus*), bei staatenbildenden Insekten (Termiten, Ameisen, Bienen, Wespen) oder beim Hyänenhund (*Lycaon*). Gegenseitiges Füttern als Begrüßungshandlung kann schließlich eine reine Geste werden, die ihre soziale Bedeutung behält, bei der aber kein Futter mehr übergeben wird; das kennen wir von Raben, Hyänenhunden, vom Schwalbenstar und vom Schimpansen. Hier kann man klar erkennen, woher das Verhalten stammt: Es ist das Reduktionsstadium einer echten Fütterung; es wird also keine Fütterung imitiert, der Vorgang unterscheidet sich vom echten Füttern nur durch den sekundären Fortfall des Futterstoffes. Die Männchen verschiedener Spinnenarten überreichen dem Weibchen zur Paarung eine Beute, mit der es während der Kopulation beschäftigt ist. Das sieht nach einem Ablenkungsmanöver aus, denn die Spinnenweibchen können auch dem Männchen gefährlich werden. Ähnliche Geschenke überbringen die Männchen der räuberischen Tanzfliegen (Empididae). Die Weibchen fangen allerdings in der Regel keine Beute, die Männchen bringen ihnen aber zur Paarung ein gefangenes und getötetes Insekt (etwa eine Blattlaus) mit. Bei den *Empis*-Arten ist dieses Geschenk unverpackt, bei einigen verwandten Arten wird es mit Hilfe der Spinndrüsen an den Vorderfüßen eingesponnen. Schließlich gibt es Arten, deren Männchen dem Weibchen zur Paarungseinleitung Geschenkattrappen mitbringen, ein leeres Gespinst ohne Beute. Das ist aus einem echten Geschenk dadurch entstanden, daß die Verpackung den Inhalt allmählich immer mehr überflügelte und schließlich ganz ersetzte. Derartige Attrappen kommen in entsprechender Funktion und auf ähnliche Weise auch in anderen Tier-, vor allem Insektengruppen zustande, denn Lock- oder Reizspeisen spielen zur Geschlechterfindung oft eine große Rolle. Die zwittrigen Wegschnecken (*Arion*) fressen vor der Kopulation vom Schleimsekret ihres Partners und geraten dadurch in höhere sexuelle Erregung. Verschiedene Fliegenmännchen füttern ihre Weibchen: *Rivellia* und *Cardicephala* mit erbrochenen Tropfen flüssiger Nahrung, die Skorpionsfliegen (*Panorpa*-Arten) mit kleinen Eiweißkügelchen aus erhärtetem Speichel, die vor dem Weibchen abgesetzt werden; diese Fraßkörper spart sich das Männchen, falls das Weibchen schon ohne sie zur Kopula stille hält.

In den bisher genannten Beispielen wurden den Weibchen Futter, Futterhüllen oder Speicheltropfen überreicht, jedenfalls also Nahrungsbestandteile, die auch das Männchen selbst zu sich nimmt. Oft aber sondern die Männchen an bestimmten Körperstellen Sekrete ab, die von den Weibchen aufgenommen werden, dem Männchen selbst aber unerreichbar sind. Diese Sekrete sind bisher noch nicht eingehend untersucht, doch sind sie wohl in allen Fällen von besonderen Drüsen abgesondert, also eigens hergestellt und keine normalen Nahrungsbestandteile, die das Männchen nur überbringt. Beispiele dafür finden sich in großer Zahl unter den Geradflüglern (Orthopteren), also den Heuschrecken, Grillen, Schaben usw. Die Männchen der Gewächshausschrecke *Tachycines asynamorus*, der Höhlenschrecken der Gattung *Troglophilus* und anderer Schrecken (*Pristoceutophilus, Isophya*) tragen auf oder zwischen einigen Rückenschildern des Hinterleibs Anhänge oder Taschen, an oder in denen sich ein Drüsensekret befindet, das vom Weibchen aufgeleckt oder beknabbert wird. Dazu muß man wissen, daß bei diesen Tieren die Weibchen während der Kopula auf dem Männchen stehen, das ihnen eine Spermatophore (ein Spermapaket) in die Geschlechtsöffnung schiebt. Ob nun die Sekrete das Weibchen dazu bringen, auf den Rükken des Männchens zu steigen oder während des Begattungsaktes stillzuhalten oder beides, ist noch nicht entschieden. Die ganz entsprechenden »Dorsaldrüsen« der Männchen mehrerer Schabengattungen (*Blatella, Supella, Ectobius, Parcoblatta*), die ebenfalls den Weibchen vor der Kopula angeboten und von den Weibchen beleckt werden, dienen dazu, das Weibchen in eine Position zu locken, die es dem Männchen erlaubt, mit den Genitalanhängen die weiblichen Genitalien zu ergreifen. Die ausführlichste Untersuchung über Bau und Funktion solcher Sekretorgane verdanken wir Matthes. Die auch in Deutschland mit über 20 Arten vertretenen Zipfelkäfer (Weichkäfer der Familie Malachiidae) haben im männlichen Geschlecht tief eingedrückte oder eingekniffene Flügeldeckenspitzen mit verschiedenen häutigen, lederartigen oder hornigen Fortsätzen, die stachel-, napf- oder zipfelförmig sind und von denen der deutsche Name der Käfer abgeleitet wurde. Einige Arten haben ähnliche Organe auch an der Stirn, den Fühlern oder den Palpen. Entsprechend verschieden in den Einzelheiten verläuft das Paarungsvorspiel; immer jedoch bietet das Männchen die Sekretorgane dem Weibchen dar, und das Weibchen geht – wenn es paarungswillig ist – nach dem Genuß des Sekrets in Kopulationsstellung, so daß das Männchen aufsteigen und das Weibchen begatten kann. Das Sekret scheint eine stimulierende Wirkung auf das Weibchen zu haben und ein ganz bestimmtes, zur Paarung gehöriges Verhalten bei ihm auszulösen. Man kann also nicht behaupten, daß das Weibchen getäuscht würde, wenn auch ungeklärt ist, wodurch es zum Aufnehmen des Sozialsekrets veranlaßt wird.

Diese Beispiele mögen zeigen, wie schwer es ist, Füttern, Pseudofüttern, Anlocken des Partners mit Duft und Übergabe von Signalstoffen, die wahrscheinlich als Futter getarnt sind, voneinander abzugrenzen. Wenn dem Weibchen das Sekret des Männchens nicht verlockend vorkommt, würde es nicht davon fressen; da Fressen oder Zubeißen ausgelöst wird, muß das Sekret Ähnlichkeit mit der Nahrung haben, auch wenn es keinerlei Nährstoffe enthält, das Weibchen also getäuscht wird. Wir werden auf dieses Problem noch zurückkommen.

Ganz deutlich getäuscht wird das Weibchen des Zwergdrachenflossers, *Corynopoma riisei,* eines kleinen, als Zierfisch bekannten Bewohners venezolanischer Flüsse, der zur großen Familie der Salmler (Characidae, Unterfamilie Glaudulocanodinae) gehört. Dieser Fisch und seine Verwandten zeigen eine Besonderheit bei der Fortpflanzung: Die Eier werden im Weibchen besamt und erst später an Pflanzen abgelegt, ohne daß ein Männchen dabei ist. Um das Weibchen zu begatten, muß ein Männchen ihm vorher ganz nahe kommen, aber zu einer Zeit, da das Weib-

47 Balz des Zwergdrachenflossers *Corynopoma riisei*, wobei das Männchen seinen Kiemendeckelfortsatz als Beutetier-Attrappe dem Weibchen vorhält. Darunter Vorderkörper des verwandten *Pterobrycon landoni* (Männchen), der einen entsprechenden Fortsatz aus einer Schuppe bildet.

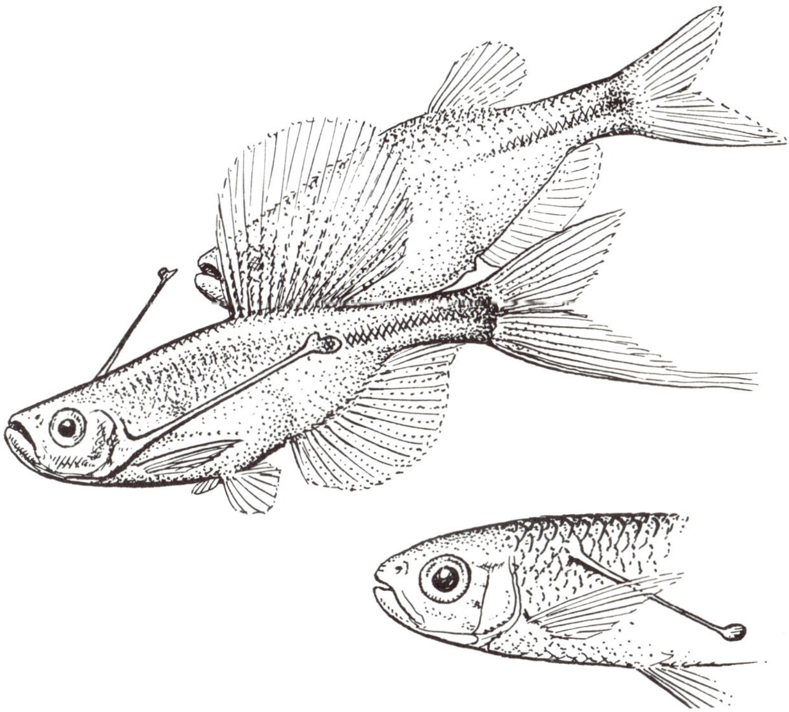

chen noch nicht laichbereit ist; regelmäßig dulden aber erst laichreife Weibchen ein Männchen in der Nähe. Dieses – hier vereinfacht, aber richtig dargestellte – Problem hat nun bei den Drachenflossern eine bemerkenswerte Lösung gefunden. Die Männchen balzen fast unentwegt vor jedem Weibchen, dem sie begegnen. Das komplizierte Balzverhalten des Zwergdrachenflossers ist von Nelson genauestens analysiert worden; er hat sogar mit Hilfe von kybernetischen Methoden und Rechenautomaten das dem Balzverhalten zugrunde liegende »Schaltschema« oder besser Wirkungsgefüge verschiedener Triebe im Männchen aufklären können. Von all dem ist in unserem Zusammenhang aber nur ein Detail von Bedeutung:

Das Männchen besitzt am Hinterrand jedes Kiemendeckels einen Fortsatz, der wie ein langgestieltes Löffelchen aussieht. Der Endknopf dieses Fortsatzes wird in Erregung ganz dunkel; das balzende Männchen spreizt auf der Seite, wo das Weibchen gerade steht, seinen Kiemendeckel ab und bewegt den Knopf zitternd vor dem Weibchen her. Das täuscht dem Weibchen einen Hüpferling oder ein anderes Futtertier vor, das Weibchen nähert sich der Attrappe und beißt zuweilen auch darauf; und diesen Augenblick nutzt das Männchen zur Begattung. Bei einer nah verwandten Art, *Pterobrycon landoni*, haben die Männchen ein ebensolches Löffelchen, aber nicht als Verlängerung des Kiemendeckels, sondern einer besonderen Schuppe oben an der Flanke. Gerade wenn übereinstimmende Strukturen – in unserem Fall Signalattrappen – bei nah verwandten Formen auf ganz verschiedene Weise zustande kommen, kann man mit einiger Sicherheit schließen, daß sie keine Spielerei der Natur sind, sondern eine wichtige Aufgabe zu erfüllen haben.
Den in diesem Abschnitt erläuterten Beispielen ist gemeinsam, daß jeweils Nachahmer und getäuschter Signalempfänger zur selben Art gehören, daß also durch die Signalattrappe ein Artgenosse getäuscht wird. Wenn sich so etwas in einer Art herausbildet, muß es wohl einen Selektionsvorteil bedeuten, das heißt der innerartliche Betrug muß vorteilhaft sein. So abstrakt gesprochen klingt das zwar merkwürdig, in den einzelnen Fällen aber ist es ganz plausibel.
Ich will das erst am Ende des nächsten Kapitels weiter erörtern, wenn wir noch einfacher überschaubare Beispiele kennengelernt haben. Gegenüber den vorn besprochenen Mimikry-Fällen ist es zwar schon ein großer Fortschritt, wenn es sich um eine innerartliche Täuschung handelt und ein Futterobjekt nachgeahmt wird; aber immer noch bleiben einige Zweifel, wie denn das richtige Futterobjekt beschaffen ist, welche Reize es liefert (vor allem dann, wenn es um chemische Sinnesreize geht), und letztlich wäre natürlich auch zu beweisen, daß das Weibchen überhaupt hungrig ist und die Attrappe wirklich wie ein Nahrungsobjekt behandelt. Zwar kann man das mit ziemlicher Sicherheit voraussetzen; es wäre aber doch schön, wenn man einmal alle Daten an einem Beispiel beieinander hätte. Um solche fast idealen Beispiele handelt es sich bei der im nächsten Kapitel zu besprechenden innerartlichen Mimikry.

17 Innerartliche Mimikry

Mitunter gehören nicht nur zwei der drei Mitglieder eines Mimikry-Systems, sondern sogar alle drei – Vorbild, Nachahmer und Signalempfänger – zur gleichen Art. Bisher sind erst wenige solche Fälle bekanntgeworden.

Unter den in tropischen Süßgewässern verbreiteten Buntbarschen (Cichlidae) gibt es eine merkwürdige Form der Brutpflege: Das Weibchen nimmt die abgelegten Eier ins Maul und bewahrt sie dort, im ständigen Atemwasserstrom gut belüftet und sicher vor Feinden, auf, bis sie schlüpfen oder gar bis die Jungen fast selbständig sind. Entstanden ist dieses Maulbrüten aus dem ursprünglicheren Offenbrüten, bei dem die Eltern ihr auf einen Stein oder ein Blatt geheftetes Gelege bis zum Schlüpfen bewachen und die frischgeschlüpften Larven in vorbereitete Gruben am Boden bringen und weiter hüten, bis sie mit den Eltern davonschwimmen können. Zwischen Eiablage und Schlüpfen der Larven liegen einige (2–4) Tage; die Eltern betupfen die Eier immer wieder mit dem Maul und pflücken schließlich die schlüpfreifen Eier oder nehmen die Larven von der schon aufgeplatzten Eihülle ab. Auf dem Weg vom Offenbrüten zum Maulbrüten (den ich an anderer Stelle 1962 ausführlicher besprochen habe) nehmen die Tiere die Eier immer früher ins Maul. Der südamerikanische *Geophagus jurupari* (aus unbekannten Gründen auch Teufelsangel genannt) bewacht die Eier 24 Stunden auf einem Stein und nimmt sie dann ins Maul, wo sie nach zwei weiteren Tagen schlüpfen. Einige afrikanische *Tilapia*-Arten lassen nach dem Ende des Ablaichens nur etwa 10 Minuten verstreichen, andere kaum 2 Minuten. Die Eier werden in Schüben zu je 5 bis 20 Stück abgelegt. Die *Haplochromis*-Arten nehmen unverzüglich jeden Schub eben gelegter Eier ins Maul, und der aus dem Tanganjikasee stammende *Tropheus* legt fast alle Eier einzeln und schnappt jedes einzelne sofort auf. Das Aufnehmen der Eier wird also im Ablaichverhalten immer weiter vorverlegt. Ursprünglich wurden aber die Eier in der – auch bei Maulbrütern zunächst noch vorhandenen – Pause zwischen Ablaichen und Aufsammeln besamt. Bei den höchstspezialisierten Maulbrütern indessen ist dazu keine Pause mehr übrig, das Weibchen sammelt die Eier blitzschnell und unbesamt ein.

Das hat nur deswegen keine katastrophalen Folgen, weil inzwischen ein anderer Weg zur Besamung der Eier »erfunden« wurde. Die speziali-

48 Beim afrikanischen Maulbrüter *Haplochromis burtoni* trägt das Männchen auf der Afterflosse Ei-Attrappen, auf die das Weibchen wie auf richtige Eier reagiert. In der typischen Balzstellung (a) lockt das Männchen ein Weibchen mit Hilfe des Attrappen-Geleges heran. Beim Absamen (b) spreizt das Männchen wieder die Afterflosse, und das Weibchen versucht, auch die Attrappen-Eier ins Maul zu sammeln. Was dabei geschieht, zeigt Abbildung 49.

sierten Maulbrüter zeigen eine Arbeitsteilung zwischen den Geschlechtern: Das Männchen baut und bewacht die Laichgrube, balzt und führt das Weibchen dorthin, das Weibchen bebrütet die Eier und pflegt die Jungen. Je verschiedener die Aufgaben der Geschlechter, desto verschiedener wird auch ihre Färbung; in der Regel trägt das Männchen in der Fortpflanzungszeit ein Prachtkleid, zu dem bei vielen Arten runde, rote Farbflecken in Rücken-, Schwanz- und Afterflosse gehören. Zwar sind diese Flossen bei den substratbrütenden Buntbarschen während des Ablaichens gefaltet, aber das liegt daran, daß diese Tiere schon lange vor dem Ablaichen feste Paare bilden, deren Partner sich individuell sehr genau kennen und das für Konfliktsituationen gegenüber unbekannten oder halbbekannten Artgenossen typische Flossenspreizen längst überwunden haben. Bei den Maulbrütern geht jedoch die Paarbindung allmählich verloren, und schließlich treffen die Partner nur mehr direkt

zum Ablaichen für wenige Minuten zusammen, ohne sich kennenzulernen. Deswegen halten namentlich die zur Grubenverteidigung verpflichteten Männchen die unpaaren Flossen auch beim Absamen gespreizt, so daß die Farbflecke gut sichtbar sind. Die Weibchen ihrerseits suchen immer wieder emsig nach liegengebliebenen Eiern, um sie ins Maul zu nehmen; sie prüfen dabei – fast möchte man sagen vorsichtshalber – auch ziemlich ei-unähnliche Objekte (dementsprechend entfernen die Männchen beim Laichgrubenbau nach Möglichkeit alle etwa eigroßen Kiesel). Die Eier der Maulbrüter sind größer als die der Offenbrüter und reicher an gelbem oder gar rötlichem Dottermaterial. Nun kann man sich ausrechnen, was beim Ablaichen eines solchen Maulbrüters passieren wird: Das Weibchen nimmt alle Eier sofort ins Maul; das absamende Männchen spreizt seine Flossen, auf denen rötliche runde Flecke zu sehen sind; die Afterflosse schleift beim Absamen über den Sand –

49 Phasen des Ablaichvorgangs von *Haplochromis burtoni.*
1–3: Das Weibchen legt einen Schub Eier ab (Weibchen rechts im Bild).
4–5: Das Weibchen sammelt die Eier ins Maul, wo sie sie erbrütet.
Das Männchen wartet im Hintergrund, es hat die Eier noch nicht besamt.
6–8: Das Männchen besamt den leeren Boden. Dabei versucht das Weibchen,
die Ei-Attrappen aufzunehmen und bekommt dabei
die Spermien ins Maul, wo die Eier nun besamt werden.
9: Das Weibchen legt einen weiteren Schub Eier.

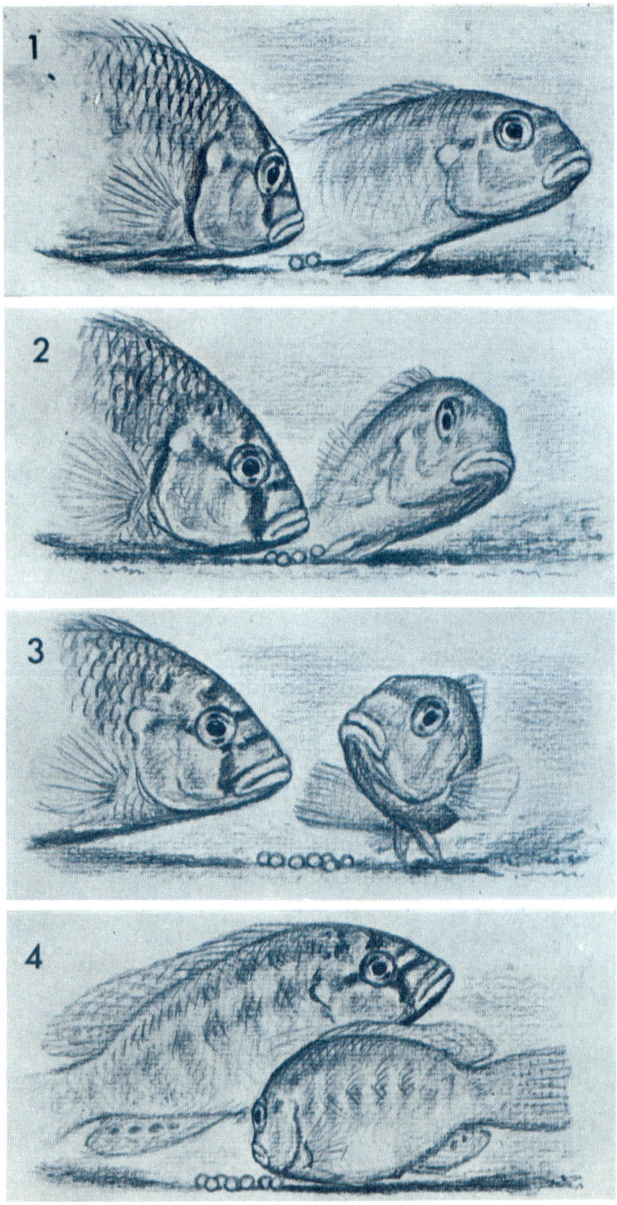

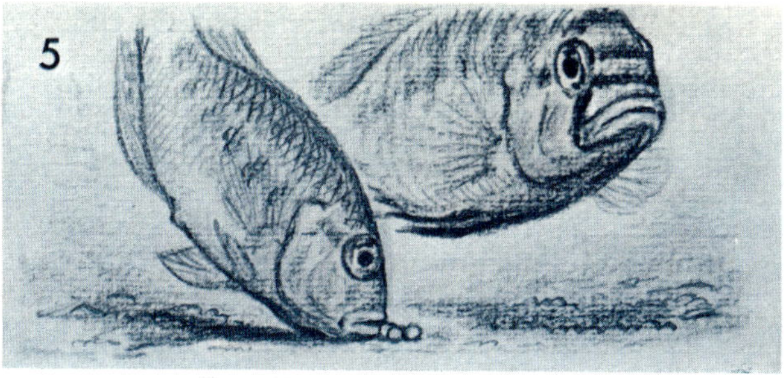
5

6

7

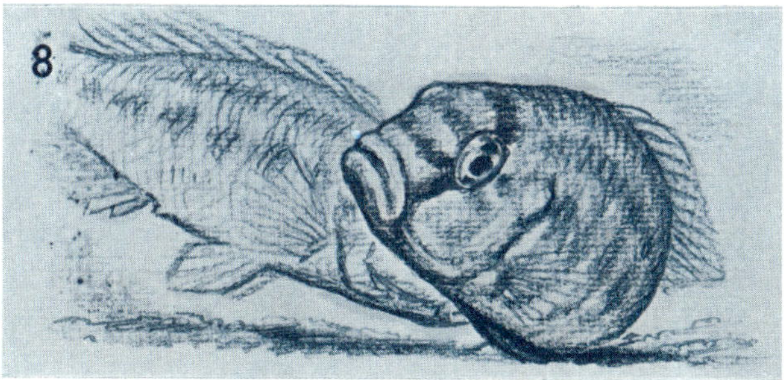
8

9

und tatsächlich probiert das Weibchen hin und wieder, die runden Flossenflecke wie Eier ins Maul zu nehmen. Da die Flecke in unmittelbarer Nähe der männlichen Geschlechtsöffnung liegen, gelangen bei diesen Versuchen automatisch Spermien zu den Eiern ins Maul des Weibchens.
Wir können glücklicherweise die Entstehung der »Maulbesamung« ziemlich leicht rekonstruieren, und zwar durch Vergleichen von Arten, die aus bisher unbekannten Gründen heute noch auf verschiedenen Zwischenstufen dazu stehen. Die Endstufe der Entwicklung sieht so aus: Das Weibchen nimmt alle Eier unbesamt auf; das Männchen wartet, bis das Weibchen die Eier eingesammelt hat, legt sich dann absamend schräg auf die Seite und spreizt die am Boden liegende Afterflosse dem Weibchen entgegen; die runden Flossenflecke sind auf der Afterflosse besonders auffällig geworden, sie entsprechen in Form, Farbe und Größe den Eiern der jeweiligen Art und sind durch einen kontrastierenden Ring deutlich abgehoben. Das Weibchen versucht wieder und wieder, diese sehr auffälligen Ei-Attrappen einzusammeln, genau wie sie es mit einzeln liegenden Eiern tut. Ihre Aufsammelbewegung ist nicht zu verkennen (es ist weder Beißen, noch Graben, noch Fressen). Da bei sehr vielen Buntbarschen der gerade ablaichende oder absamende Partner vom anderen mit dem Maul in die Flanke gestupst wird, ist die geeignete Stellung möglicherweise schon vorgegeben, und die Ei-Attrappen stellen vielleicht nur noch sicher, daß aus dem Stupsen ein Aufsaugen wird.
Die *Haplochromis*-Männchen ahmen also mit den Afterflossenflecken die arteigenen Eier nach, auf die das Weibchen anspricht. Daß sich innerhalb einer Art solche »trügerischen« Signale entwickeln, ist ein deutlicher Hinweis darauf, daß sie einen Selektionsvorteil haben. Die Untersuchung dieses Beispiels bietet gegenüber den typischen Mimikry-Beispielen außerdem folgende Vorteile: Das Weibchen als der Signalempfänger spricht mehrmals abwechselnd in nur wenigen Sekunden Abstand auf Vorbild (Eier) und Nachahmer (Ei-Attrappen) an; das geschieht innerhalb einer Laichgrube, also auch am selben Ort, so daß wechselnde Umwelteinflüsse praktisch wegfallen; ebenso fallen aber auch Stimmungsänderungen der handelnden Tiere weg; und schließlich braucht man, um die Entstehung dieses Signalsystems zu untersuchen, nur eine verwandtschaftlich ganz eng umgrenzte Artengruppe zu erforschen und nicht, wie bei den typischen Mimikry-Fällen, mehrere oder

50 Entwicklungsreihe der Ei-Attrappen auf den Afterflossen verschiedener afrikanischer Cichliden vom einfachen Fleckenmuster (links oben) bis zur übernormalen Ei-Attrappe (rechts unten), etwa der mit *Haplochromis* verwandten Gattung *Schubotzia*.

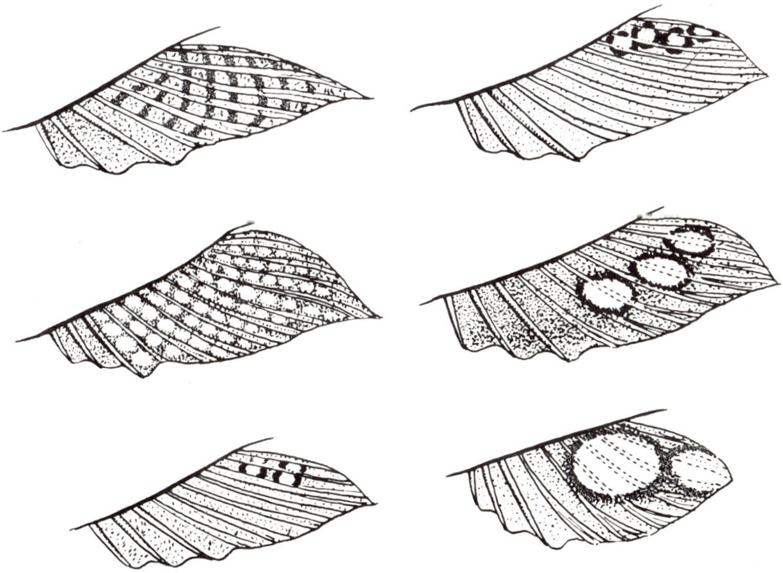

gar viele verschiedene Artengruppen aus ganz verschiedenen Tierstämmen, deren Verhaltenseigentümlichkeiten und wechselseitige ökologische Beziehungen im Freiland ganz ungenügend bekannt sind.
Ich habe diese Form der Selbstnachahmung (oder Automimese) einer Art »Innerartliche Mimikry« genannt; auf die Mimikry-Definition komme ich im Schlußkapitel noch zurück. Bei Fischen kennen wir inzwischen schon mehrere ähnliche Fälle. Einen weiteren von Säugetieren enthält das nächste Kapitel.

18 Mimikry und die Evolution von Signalen

Wer sich für die Stammesgeschichte von Signalen interessiert, ist in einer mißlichen Lage. Signale werden ja nur ausgebildet, wenn ein sie aufnehmender Signalempfänger vorhanden ist. Das heißt, zur Ausbildung eines Signales gehört immer eine Interessengemeinschaft zwischen Sender und Empfänger. Einseitiges Interesse kann zur Spezialisierung eines Signalempfängers führen, wenn etwa ein Raubfeind seine Beute oder wenn diese Beute den Raubfeind möglichst früh entdecken will; es kann auch zum Abbau eines Signales führen, zum Beispiel wenn sich ein Räuber seiner Beute unbemerkt nähern oder wenn das Beutetier möglichst unbemerkt bleiben will. Aufbauen wird man ein Signal aber nur, wenn ein Empfänger daran interessiert ist. Wer also heute die Stammesgeschichte hochentwickelter Verständigungssysteme rekonstruieren will, hat seine liebe Not, zu entwirren, was in der Höherentwicklung auf Kosten des Senders und was auf Kosten des Empfängers ging. Die einzige Ausnahme, bei der es sich um die Entwicklung eines Signals handelt, an dem der Empfänger gar nicht interessiert ist, bildet die Mimikry. Ganz einfach ausgedrückt: Wespe und Vogel als Vorbild und Signalempfänger sind beide an dem von der Wespe gesendeten Signal »schwarz-gelbe Ringelung« interessiert – die Wespe will nicht gefressen, der Vogel nicht gestochen werden; an der entsprechenden Färbung einer Schwebfliege ist der Vogel gar nicht interessiert, die Schwebfliege selbst aber sehr.

Man kann das Kommunikationssystem zwischen Vorbild und Signalempfänger als konstant annehmen. Falls der Empfänger das Signal kennenlernen muß, kann allerdings das Vorbild unter dem Druck des Nachahmers Ausweichentwicklungen machen, sein Signal also abändern, um den lästigen Nachahmer funktionell abzuschütteln. Ein Beispiel dafür bildet wohl der schon behandelte Putzerfisch *Labroides.* Dasselbe scheint vorzukommen, wenn Vorbild und Signalempfänger zur gleichen Art gehören, so daß wieder nur eine Art die Ausweichentwicklung machen muß und keine »Verabredung« mit einer zweiten Art nötig ist; ein Beispiel dafür sind wohl die von Witwen parasitierten Prachtfinken, die – wie der Putzer – eine auf sehr rascher Entwicklung beruhende, ganz ungewöhnliche Variabilität gerade in den entscheidenden Merkmalen aufweisen. Der Signalempfänger entwickelt sich in diesen Fällen höchstens vom Nachahmer weg, kommt ihm aber auf dem Wege der

Verständigung nicht entgegen. Eine Anpassung an den Nachahmer von seiten des Signalempfängers könnte höchstens so aussehen, daß er ihn vom Vorbild unterscheiden lernt, und das hätte sofort eine genauere Nachahmung zur Folge, die diese Unterscheidung unmöglich macht. Das heißt aber, daß wir in diesem Fall sogar voraussagen können, wie die Evolution weitergehen wird. Für den Evolutionsforscher bietet die Mimikry also zwei große Vorteile: 1. Mimetische Signale werden vom Nachahmer allein in seinem eigenen Interesse aufgebaut, ohne jede entgegenkommende Anpassung auf seiten des Signalempfängers. 2. Das Endstadium dieser Signalevolution ist uns bekannt, nämlich im Vorbild; welche Merkmale des Vorbildes signalträchtig sind, kann man im Attrappenversuch am Signalempfänger ausprobieren, und damit hat man es bei mimetischen Signalen mit Evolutionsabläufen zu tun, deren Ziel wir schon kennen. Außerdem kennen wir aber auch das »Widerlager« dieses adaptiven Evolutionsganges, nämlich die Reaktion des Empfängers auf das Signal.

Besonders gut läßt sich das natürlich an einer innerartlichen Mimikry zeigen, wie bei den Ei-Attrappen des *Haplochromis*. Sie lösen ja beim Weibchen eine ganz spezifische Handlung aus, nämlich das Aufnehmen der Eier, das zur Brutpflege gehört. An dieser Reaktion – einfacher gesagt an der »Absicht« des Weibchens – ändert sich zunächst nichts, wenn es Ei-Attrappen sieht: Es will sie brutpflegend aufnehmen. Erreicht wird damit freilich etwas ganz anderes, nämlich die Besamung der Eier. Auf diese Weise wechselt zwar nicht die Motivation der Handlung, wohl aber ihre Funktion: Was eine Brutpflegehandlung war, wird eine Besamungshandlung. Es folgt aber noch ein Funktionswechsel. Wie erinnerlich, sind *Haplochromis*-Weibchen bereit, Eier aufzunehmen, sobald sie bereit sind, welche zu legen. Die *Haplochromis*-Männchen warten bei ihrer Laichgrube, bis ein laichbereites Weibchen kommt; dann schwimmen sie ihm entgegen, jeder bemüht, es in seine Grube zu locken. Dazu stellen sie balzend ihr Prachtkleid zur Schau und damit auch die Ei-Attrappen, die sie dem Weibchen mit gespreizter Flosse vorhalten (Abb. 48a). Und schon jetzt reagiert »die Mutter im Weibchen« auf die (Attrappen-)Eier: Das Weibchen nähert sich den Ei-Attrappen mit Aufnehmeabsichten und folgt so dem Männchen zur Grube. Da Männchen mit schöneren Ei-Attrappen mehr Chancen haben, führte das zur Ent-

wicklung weit übernormaler Ei-Attrappen. Hier wird – noch vor dem Ablaichen! – die Brutpflegereaktion des Weibchens zum Zusammenführen der Geschlechter ausgenutzt.
Da, wie schon besprochen, die Reaktion nicht an irgendwelchen Situationskennzeichen, sondern nur am Signal hängt, läßt sie sich zu anderen Funktionen in neue Situationen verpflanzen, wenn das sie auslösende Signal verpflanzt wird. Wenn man dieses Argument umkehrt, bekommt man eine sehr wirksame Methode, um den Ursprung sozialer Signale aufzufinden. Statt mit Hilfe von Vorbild und Signalempfänger vorherzusagen, wohin sich der Nachahmer entwickeln wird, kann man mit Hilfe von Nachahmer und Signalempfänger zu erschließen suchen, was das Vorbild ist. Wenn man etwa sieht, wie die *Haplochromis*-Weibchen reagieren, und nicht versteht, warum, so könnte man die Hypothese aufstellen, die Flecke seien Nachahmungen von irgend etwas und würden vom Weibchen fälschlich für dieses »Irgendetwas« gehalten. Diese Methode läßt sich kennzeichnen als die »Suche nach dem Vorbild«. Man würde prüfen, welche Merkmale allen Fleckenbesitzern eigen sind und sie zugleich von Nicht-Fleckenbesitzern unterscheiden; in welchen Situationen die Flecken besonders auffällig werden; ob Untermerkmale der Flecken mit irgend etwas anderem übereinstimmen usw. Auf diesem Wege würde man finden, daß diese Flecken nur bei solchen Arten (verschiedener Gattungen) vorkommen, deren Weibchen maulbrüten, daß die Flecken am Weibchen fehlen oder ganz unscheinbar sind, daß sie oft allein am Männchen vorkommen, daß sie durch Flossenspreizen besonders auffällig dargeboten werden und daß ihre von Art zu Art verschiedene Farbe und Größe jeweils der Farbe und Größe der arteigenen Eier entspricht; die Arbeitshypothese, es seien Ei-Attrappen, ließe sich dann durch gezielte Beobachtung des Laichaktes prüfen.
Daß das nun nicht bloß so schön geht, wenn man es eigentlich schon weiß, mag das folgende Beispiel zeigen, mit dem jeder Zoobesucher vertraut sein dürfte. Warum haben Mantelpavianmännchen ein so leuchtend rotes Gesäß? Bei einer vergleichenden Untersuchung vieler Affenarten der Alten Welt wird man finden, daß ähnlich farbige Kehrseiten für bodenlebende Affen typisch sind, daß sie nur bei Arten vorkommen, deren Weibchen ausgeprägte Brunstschwellungen zeigen, daß sie bei sozialen Begrüßungen dem Partner präsentiert werden und daß sie bei man-

chen Arten verblüffende Übereinstimmungen mit der Form der weiblichen Genitalien zeigen. Die Arbeitshypothese, es seien Nachahmungen weiblicher Sexualsignale, läßt sich durch genauere Untersuchungen des Sozialverhaltens bestätigen: Das Darbieten der Kehrseite (»Präsentieren«) mit erhobenem oder seitlich weggebogenem Schwanz ist die typische Kopulationsaufforderung der Weibchen gegenüber einem Männchen. Sie wirkt aggressionshemmend und ist besonders wichtig bei Arten mit großen Männchen, die sozial im Rang hoch über den Weibchen stehen. So große Männchen sind besonders wichtig für bodenlebende Arten, die bei Gefahr nicht auf Bäume fliehen können. Außerdem wird das Präsentieren aber auch benutzt, um angriffslustige Gruppengenossen zu besänftigen, und zwar unabhängig vom Geschlecht; das heißt, auch rangtiefe Männchen präsentieren vor ranghöheren Weibchen. Das Präsentieren kann in abgeschwächter Form als Gruß bei einer Begegnung mit Ranghöheren vorkommen (vergleichbar unserem Hutabnehmen). Wie stark es vor Angriffen schützt, zeigt die sogenannte »gesicherte Drohung« (Abb. 51): Ein Tier bedroht ein anderes mit wütendem Gekreisch; das ruft regelmäßig den Ranghöchsten auf den Plan; wenn der Drohende nun gleichzeitig vor dem Ranghöchsten präsentiert, so geht der um ihn herum und vertreibt den Bedrohten – der Urheber des Zankes geht straffrei aus. In Arten mit besonders kampflüsternen Männchen entwikkeln die Weibchen in der Brunstzeit, wenn sie sich den ranghohen Männchen bis zum körperlichen Kontakt nähern müssen, besondere Farbsignale, die das Präsentieren unterstreichen, nämlich die meist leuchtend roten, manchmal pathologisch wirkenden Schwellungen der Anogenitalregion. Da sich die Männchen aber auch untereinander mit Präsentieren grüßen und besänftigen, müssen sie – damit ihr Präsentieren ebenso wirksam bleibt – diese Schwellungen des Weibchens kopieren. Auch hier hat die Imitation eine etwas andere Funktion als das Original: Die Männchen benutzen die Brunstschwellungsattrappe natürlich nie bei der Paarungseinleitung, sondern nur im sozialen Zusammenhang. Das Präsentieren selbst ist als soziale Beschwichtigungshandlung selbständig und vom Sexualverhalten unabhängig geworden.

Auch die Brunstschwellungsattrappen sind innerartliche Mimikry. Mit diesen Beispielen sind wir aber in einen anderen Problemkreis geraten, nämlich in den der Entwicklung sozialer Signale. Die Suche nach dem

51 Das »Präsentieren« dient als Kopulationsaufforderung und als soziale Begrüßung (oben). Wie stark es Angriffe hemmt, zeigt die »gesicherte Drohung« (unten): das mittlere Tier bedroht das linke, präsentiert aber zugleich vor dem ranghohen Männchen (rechts). Dieses wird, um den Streit zu beenden, daraufhin den Bedrohten vertreiben.

Vorbild hat uns auch in anderen, ähnlichen Fällen Erfolg gebracht, doch will ich darauf hier nicht weiter eingehen. Dieses Verfahren gründet auf der Annahme, daß das betreffende, heute hoch entwickelte Signal zumindest ursprünglich eine mimetische Phase durchgemacht hat, in der es

vom jetzigen Signalempfänger für etwas anderes gehalten wurde, so wie das *Haplochromis*-Weibchen die Afterflossenflecke für Eier, Langhornbienenmännchen die Ragwurzblüten für ein Weibchen, oder ein Vogel die Schwebfliege für Wespen hält. Wahrscheinlich sind ziemlich viele Signale ursprünglich durch eine mimetische Phase gegangen; es ist deshalb erfolgversprechend, zunächst zu prüfen, ob in einem gegebenen Fall

52 Bei Pavianen entwickeln die brünstigen Weibchen ein auffälliges Signal in Form einer Genitalschwellung, welche die Kopulationsaufforderung – das Darbieten der Kehrseite oder »Präsentieren« – unterstreicht. Diese Geste dient außerdem als Beschwichtigungsgebärde und als Gruß gegen angriffslustige und ranghohe Gruppenmitglieder. Beim Mantelpavian (unten) haben die Männchen (rechts) im Dienst dieser Begrüßung eine Kopie der weiblichen Brunstschwellung (links) entwickelt.
Oben: Kehrseiten vom Braunen Pavian, *Papio anubis*, links Männchen, rechts brünstiges Weibchen.

die Natur eine bereits bestehende Reaktion für neue Funktionen ausgenutzt oder mißbraucht hat, indem sie das ursprünglich diese Reaktion auslösende Signal anderswo kopierte und eventuell übertrieb, so daß wir heute eher auf die Kopie als auf das Original stoßen. In solchen Fällen kann die Auslese einer weiteren Wahrnehmungsschärfung entgegenwirken. *Haplochromis*-Weibchen, die die Attrappe als solche erkennen und nicht wie Eier behandeln, müßten ohne Nachkommen bleiben; nur »dümmere« Weibchen, die den Unterschied nicht machen, pflanzen sich fort.

Damit aber ist die Mimikry-Forschung ein Hilfsmittel zum Studium der Stammesgeschichte von Signalen geworden; und mir scheint, als Mittel zum Zweck wird die Erforschung der Mimikry ebenso wichtig wie als Selbstzweck. Denn aus den oben genannten Gründen können wir am besten von den »Lügnern« die Wahrheit über die Signalentstehung erfahren.

19 Was ist Mimikry?

Aus den vorgehend besprochenen Beispielen wird man unschwer ersehen, daß Mimikry tatsächlich ein für die Evolutionsforschung wichtiges Gebiet ist. Als Evolutions- und speziell als Beispiele für Anpassung werden in einschlägigen Lehrbüchern heute gern Mimikry-Beispiele benutzt (z. B. bei Wallace und Srb), und zwar vor allem deshalb, weil man hier so einfach zeigen kann, wohin die Evolution geht. In einigen Fällen weiß man sogar, wie die Selektion arbeitet. So unbeabsichtigt, wie der Mensch mimetische Kulturpflanzen-Schädlinge züchtet, züchten Singvögel sich selbst zum Schaden bestimmte Kuckucksformen. Es gibt aber auch einen Fall absichtlicher Mimikry-Züchtung durch den Menschen, nämlich den Finnischen Vogelhund, der jahrhundertelang auf Fuchsähnlichkeit gezüchtet wurde (als Fuchsattrappe zur Vogeljagd) und heute täuschend wie ein Fuchs aussieht.

Mimikry kann verschiedene Funktionen haben, unter anderem auch als Schutz dienen. Daß es ein hundertprozentiger Schutz sei, kann man nicht erwarten. Auch echte Warnfarben werden wohl immer einen Spezialräuber auf den Plan rufen, der dann konkurrenzlos diese Nahrungsquelle ausnutzen kann und eventuell die Nachahmer noch als Zugabe hat.

Die Ausbildung mimetischer Merkmale hat oft weitere Änderungen im Gefolge, von denen einige aus dem Verhalten schon mitbesprochen wurden. Auffällig und von verschiedenen Untersuchern unabhängig entdeckt ist aber auch die Lebenszähigkeit vieler Vorbilder im Vergleich mit ihren Nachahmern. Natürlich ist es für ein geschütztes und warnfarbiges Individuum vorteilhaft, wenn es einige Angriffe von Räubern vertragen und so auch selbst in den Genuß seiner Warnfarbe kommen kann: Manche Weichkäfer der Familie Lycidae laufen noch munter weiter, nachdem drei Hühner nach ihnen gepickt haben; der als Vorbild für andere Schmetterlinge sehr bekannte Monarch (*Danaus plexippus*) in Amerika hat sehr feste Flügel und Schuppen, an denen man ihn ruhig festhalten kann, während man seinen ungeschützten Nachahmern beim Anfassen sofort Schuppen abreibt.

Eine interessante Voraussage hat Blest gemacht, aber erst zum Teil bestätigen können: Viele Insekten kommen nur einmal zur Fortpflanzung. Wenn danach tarnfarbige und genießbare noch lange weiterleben, erhöhen sie die Gefahr, doch noch entdeckt zu werden und den Räuber auf diese Tarnfarbe aufmerksam zu machen. Bei warnfarbigen und geschützten ist es gerade umgekehrt: Je länger sie nach dem Fortpflanzungsgeschäft noch leben, desto leichter können Räuber an ihnen die nötigen unangenehmen Erfahrungen sammeln, ohne die Art zu schädigen. Bei tarnfarbigen, genießbaren Insekten sollte also die Überlebenszeit nach dem Fortpflanzungsgeschäft viel kürzer als bei warnfarbigen und geschützten sein.

Mimikry dient zur Täuschung eines Signalempfängers. In der Regel sind Täuschungen erfolgreich, wenn sie wenigstens *einmal* glücken; je öfter sie glücken, desto besser. Die Täuschblumen aber sind erst erfolgreich, wenn sie das anzulockende Tier *zweimal* genasführt haben; einmal hilft gar nichts, weil ja der Pollen von einer Stelle geholt und zur anderen gebracht werden muß. Man könnte erwarten, daß diese Pflanzen deshalb ihre Boten recht sorgsam behandeln. Das zeigt sich drastisch etwa bei den Kesselfallenblüten von *Arisaema*, einem Aaronstabgewächs: Diese Pflanze ist zweihäusig, das heißt es gibt männliche und weibliche Blütenstände; sie locken mit Ozongeruch Pilzmücken an, die in den Kessel stürzen und bei den männlichen Blüten nach der Pollenschütte durch ein Flugloch unten an der Blattflanke sofort wieder ins Freie kommen – im sonst gleichen weiblichen Blütenstand fehlt das Flugloch, das heißt die Pollenbringer kommen drinnen um. Das Flugloch im männlichen Blütenstand ist eine deutliche Anpassung, die einen zweiten Blütenbesuch erlaubt. Merkwürdig »rücksichtslos« sind viele *Stapelia*blüten, die so genau nach Aas riechen, daß Aasfliegen ihre Eier oder Larven darin ablegen, die dann zugrunde gehen – gäbe es also irgendwo sehr viele solcher Blumen, so könnten sie ihre Pollenüberträger ausrotten (allerdings kommt die Pflanze einzeln in Wüstengebieten vor). Bei den Ragwurzarten setzen die genarrten Hautflüglermännchen aber nie Sperma ab (s. S. 202); ob das eine besondere Anpassung der Blüten ist, wissen wir nicht.

Einverständnis mit manchen Kritikern der Mimikry-Theorie herrscht darüber, daß man die Reaktionen der beteiligten Tiere noch zu wenig kennt; verschieden sind die Erwartungen, die an neue Einsichten geknüpft werden. Entgegen der Erwartung der Mimikry-Gegner – vor allem ihres entschiedensten Wortführers Heikertinger – bringen genauere Untersuchungen oft zusätzliche Argumente für die Wirksamkeit der Mimikry. Diese Untersuchungen erstrecken sich auf alle möglichen Teilaspekte: z. B. hat Daumer untersucht, wie den Bienen eigentlich die Blumenfarben erscheinen; an verschiedensten Tieren wurde geprüft, wie rasch nach der ersten Reaktion auf einen Reiz der Strafreiz folgen muß, damit er möglichst fest im Gedächtnis bleibt (das optimale Intervall liegt für viele Tiere bei etwa $^1/_2$ Sekunde, für einen Zahnkarpfen bei 2 Sekunden); Sexton und seine Mitarbeiter untersuchten an Eidechsen, wie weit sie schlechtschmeckende, warnfarbige Käfer auch bei Hunger noch mieden.

Das Lernvermögen der zu täuschenden Tiere spielt eine sehr verschiedene Rolle. Manche getäuschten Tiere haben keine Lerngelegenheit, weil sie gefressen werden (z. B. vom Anglerfisch), andere haben ausgiebige Lernmöglichkeit, wie etwa die Putzkunden im Meer, die dann einen starken Selektionsdruck auf genaueste Nachahmung ausüben (s. S. 156). Viele Warnfarben sind auf möglichst leichte Lernbarkeit angelegt, doch gilt das auch für manche anderen Warnsignale. Spinnen meiden die stinkenden Blindwanzen (Capsidae) nach einer einzigen Erfahrung – wie lange sie das behalten, ist aber unbekannt. Jeder Warn- und Strafreiz wirkt nur gegen ganz bestimmte Feinde; das Stinken z. B. schützt kaum gegen Vögel, das von der südamerikanischen Stabheuschrecke *Anisomorpha* versprühte Wehrsekret wirkt gegen Ameisen, Laufkäfer, Mäuse, Häher, aber nicht gegen das Opossum. Solche Untersuchungen in genau festgelegten Situationen fehlen noch weitgehend.

Wie vorn schon erwähnt, brauchen mimetische Merkmale nicht unbedingt wegen der Täuschung eines Signalempfängers ausgebildet worden zu sein; ähnliches gilt auch für nichttäuschende Signale: Anthocyanin als Blütenfarbe lockt zwar Insekten an, kommt aber auch in Blättern, Stengeln und Wurzeln vor, ferner auch bei Gräsern und Farnen, wo Insekten nichts zu erwarten haben und Insektenbesuch der Pflanze auch nichts nutzt. Merkmale, Signale oder einfach Stoffe brauchen nicht von jeher die heutige Funktion gehabt zu haben; oft haben sie heute mehrere Funktionen, ohne daß wir wissen, ob eine davon älter ist: Das Abwehrsekret einiger Ameisen wirkt zugleich als Alarmsignal auf Artgenossen, die dann zu Hilfe kommen; Weichkäfer der Gattung *Stenus* verwenden das am Hinterleibsende austretende Wehrsekret auch zum »Entspannungsschwimmen«, wenn sie aufs Wasser fallen (das Sekret ändert die Oberflächenspannung, und das Aufreißen des Wasserhäutchens treibt den Käfer rasch voran); viele Abwehrstoffe der Insekten finden wir auch als sekundäre Pflanzenstoffe (s. S. 208), wo sie vielleicht als Fraßschutzstoffe wirken – auch das Nepetalakton des Katzenkrautes (»catnip«, s. S. 100) wirkt insektenabschreckend. Natürlich gibt es Merkmale, die ziemlich eindeutig im Dienste bestimmter Funktionen entwickelt wurden; die Kesselfallenblüte der *Ceropegia* muß genau senkrecht stehen, damit die Insekten hineinrutschen können (vgl. S. 142) und hat dazu eigens Statolithenzellen. Man kann nur nicht fordern, daß Mimikry-Merkmale *immer* erst nachträglich – in Angleichung an ein bereits bestehendes Vorbild – entwickelt werden.

Demnach sind die meisten gewöhnlich genannten Indizien für Mimikry höchstens in Spezialfällen gültig. Mimetische Merkmale sind auch nicht notwendig (falsche) *Warn*signale, sondern können auf den Beutefang-, Brutpflege-, Begattungs- oder einen beliebigen anderen Trieb zielen. Beispiele dafür sind vorn genannt, und alle diese Beispiele (abgesehen zunächst von der Innerartlichen Mimikry) sind in der Literatur bereits »Mimikry« genannt worden. Keine der eingangs zitierten Mimikry-Definitionen allerdings umfaßt alle diese Fälle. Was aber ist dann eigentlich Mimikry?

Einige der zur Definition benutzten Gesichtspunkte haben wir schon erörtert (S. 40 und S. 78). Schlüsselfigur ist in allen Fällen der zu täuschende Signalempfänger; von ihm aus gesehen kann man einen Unterschied machen zwischen Tarnen und Mimikry, obwohl in beiden Fällen ein Lebewesen anderen Objekten ähnlich wird. Man hatte eine Angleichung an tote Gegenstände (z. B. Sand) »Mimese« genannt und sogar Angleichungen an Objekte pflanzlichen oder tierischen Ursprungs »Phyto-« bzw. »Zoomimese« getauft – doch stiftete dieser Formalismus sofort Verwirrung, weil eine Anpassung an lebende Blätter nicht wesentlich verschieden von einer Anpassung an tote Blätter ist. Die Bedingung, daß das Tarnvorbild unbelebt sein soll, ließ man bald wieder fallen – und handelte dafür das Problem ein, ob die Kuckuckseier nun unter Zoomimese oder unter aggressiver Mimikry zu verbuchen wären. Geht man vom Signalempfänger aus, so läßt sich ein Unterschied machen: Wird ein ihn interessierendes Signal nachgeahmt, so handelt es sich um Mimikry; wird der ihn nicht interessierende »Hintergrund« nachgeahmt, handelt es sich um Tarnung oder Mimese. Wie wichtig die Reaktionen des Signalempfängers für die Leistungen eines Mimikry-Systems und für unsere, darauf aufgebauten Beurteilungen sind, zeigen einige Versuche de Ruiters. Insektenfressende Vögel meiden Spannerraupen wegen ihrer Ähnlichkeit mit kleinen Ästchen. Bietet man aber im Käfig mehr Spannerraupen als vergleichbare Ästchen, so trifft doch per Zufall der Vogel einmal auf eine Raupe und frißt sie, sucht dann nach weiteren solchen Raupen und nimmt schließlich probehalber auch die Ästchen – die auf diese Weise wie Raupennachahmer behandelt und zu Mit-Leidtragenden werden. Erst wenn Raupen so selten sind, wie im Freien, wo Ästchen überwiegen, läßt der enttäuschte Vogel bald beide wieder in Ruhe. Das ist ein Beispiel für Tarnung, die sich jedoch in der Theorie wie Batessche Mimikry behandeln läßt, wie weiter unten gezeigt wird.

Voraussetzung für Mimikry sind zwei verschiedene Signalsender – nennen wir sie S_1 und S_2 – die dasselbe Signal senden und mindestens einen Signalempfänger (E) gemeinsam haben, der auf beide gleich reagiert. Man nennt nun einen der Signalsender »Vorbild«, den anderen »Nachahmer« und das Ganze ein Mimikry-System, wenn es für den Signalempfänger vorteilhaft ist (was wir durch ein + kennzeichnen wollen), seine Reaktion auf einen der beiden Sender zu richten, es aber für ihn nachteilig ist (–), ebenso auf den anderen zu reagieren. Wir können das so schreiben:

$$S_1 \quad + E - \quad S_2$$

Das heißt: Wären die beiden Signale für den Empfänger unterscheidbar, so würden individuelle Erfahrung und Selektion auch zu verschiedenen Reaktionen führen (so wie im Falle der Putzer-Mimikry erfahrene Putzkunden tatsächlich Putzer und Nachahmer unterscheiden und auf sie verschieden reagieren).

Damit haben wir nun auch eine Möglichkeit, festzustellen, wer in einem Mimikry-System Vorbild und wer Nachahmer ist. Diese Frage wurde bisher immer beiläufig und wie selbstverständlich entschieden; es gibt aber eine allgemeine Aussage darüber: Nachahmer ist derjenige der beiden Signalsender, auf dessen Signal hin der Empfänger eine Reaktion bringt, die für ihn selbst nicht vorteilhaft ist (die also nie entwickelt oder wegselektiert würde, wenn sie nur auf diesen einen Signalsender gerichtet wäre). Für den Nachahmer ist die Reaktion des Empfängers natürlich immer vorteilhaft; andernfalls bliebe das Nachahmungssignal ja nicht erhalten. Wenn wir uns darauf einigen, den Nachahmer S_2 zu nennen, können wir die Formel also ergänzen:

$$S_1 \quad + E - + S_2$$

Entgegen einer weitverbreiteten, mehr gefühlsmäßig begründeten Ansicht braucht das Vorbild von der Reaktion des Empfängers keinen Vorteil zu haben; Interessengemeinschaft zwischen Vorbild und Empfänger besteht bei den Fällen Peckhamscher Mimikry, in denen Vorbild und Empfänger zur gleichen Art gehören (s. S. 173 f), und im Falle der Batesschen Mimikry, vorausgesetzt, daß das Vorbild ein Lebewesen ist. Denn natürlich hat etwa ein warnfarbiges und geschütztes Insekt einen Vorteil, wenn es von Räubern in Ruhe gelassen wird. Andererseits ist es für den Hüpferling durchaus nachteilig, von einem Fisch gefressen zu werden, und dennoch dient er als Vorbild für Trematodenlarven, die aufgenommen werden müssen (s. S. 122). Im Falle echter Müllerscher Mimikry haben alle Beteiligten nur Vorteile:

$$S_1 + + E + + S_2$$

Nach unserer Definition ist das keine Mimikry, denn niemand wird getäuscht, und man kann zwischen Vorbild und Nachahmer nicht unterscheiden. Man hat versucht, in solchen Fällen denjenigen Nachahmer zu nennen, der sich sekundär einem anderen warnfarbigen Tier angeglichen hat; das ist aber schwer herauszubekommen und es bringt nicht viel ein, weil man überdies annehmen darf, daß auch beide Signalsender sich aneinander angenähert, sich also auf einen Kompromiß geeinigt haben, so daß man dann nur Nachahmer und kein Vorbild hätte.

Ein anderes, häufig vorgebrachtes Argument lautet, bei der Mimikry müsse eine Art eine andere ausnutzen; dann müßten Vorbild und Nachahmer zu verschiedenen Arten gehören. Wenn also von zwei sehr nahe verwandten warnfarbigen Formen nur eine geschützt ist, bleibe die Entscheidung, ob es sich um Mimikry handelt, dem Systematiker überlassen, der dann entscheiden muß, ob es z. B. Rassen oder Arten sind. Es könnte ja auch eine polymorphe Art sein, die sich eine Wehrkaste leistet (ähnlich wie sich Ameisen und Termiten Soldatenkasten leisten), und dann dürfte man es nicht Mimikry nennen. So etwas kommt sogar vor: Bei Bienen, Wespen und Hummeln sehen die Männchen den Weibchen sehr ähnlich, aber nur die Weibchen sind geschützt (wie Liepelt zeigte, vor allem durch das eklig schmeckende Stachelgift). Wollte man dem vorgeschlagenen Kriterium folgen, dürfte man von Mimikry sprechen, wenn man die Männchen einer Art als Nachahmer der Weibchen einer anderen Art ansieht, nicht aber, wenn man die Weibchen derselben Art als Vorbilder ansieht. Natürlich ist das Unsinn, und man wird auch innerartliche Mimikry zulassen müssen. Im Grunde steckt hinter solchen Schwierigkeiten unausgesprochen die Annahme, der Nachahmer müsse seine Ähnlichkeit unabhängig erworben haben, was aber – wie schon S. 79 besprochen – durchaus nicht immer zutrifft.

Allen genannten Mimikrybeispielen gemeinsam ist, daß der Signalempfänger durch ein gefälschtes Signal, das für ihn eine ganz bestimmte Bedeutung hat, getäuscht wird. Das gilt auch für die innerartliche Mimikry, denn das Individuum wird getäuscht, auch wenn diese Täuschung für die Art nützlich ist, wie am Maulbrüterbeispiel erläutert wurde.

Wichtig zu wissen ist ferner, ob die Kenntnis der Signalbedeutung dem Signalempfänger angeboren ist oder ob er sie lernen muß. Da alle bisher daraufhin untersuchten Fälle zeigten, daß die Signalempfänger nicht voneinander lernen (etwa Wespen zu meiden), können wir uns auf das Lernen am Objekt beschränken. Das *E* in der Formel steht für das Individuum, wenn die Bedeutung des Signals erlernt ist; es steht für die Art, wenn die Signalbedeutung angeborenermaßen bekannt ist. Ob der Empfänger das Signal lernen muß oder nicht, kann darüber entscheiden, wer Vorbild und wer Nachahmer ist. Am klarsten wird das im Fall der Mertensschen Mimikry (s. S. 105 ff): Wenn die Kenntnis der Korallenschlangenzeichnung als Warnfarbe angeboren ist, dann sind die giftigsten Vertreter die Vorbilder, weil sie alle Räuber vernichten, die sie angreifen, so daß – vereinfacht ausgedrückt – diejenigen Mutanten übrigbleiben, die so gefärbte Objekte meiden. Man könnte sagen, die Art habe »gelernt« oder die Anpassung ausgebildet. Wenn das Meiden der Korallenzeichnung aber nicht im Erbgut verankert ist, sondern von jedem Individuum durch Erfahrung erworben werden muß, dann sind die giftigsten Formen Nachahmer, denn zum Lernen bieten sie dem Räuber keine Gelegenheit. In diesem Fall sieht unsere Formel so aus, wie sie oben für die Müllersche Mimikry angegeben wurde, obwohl wir einen Signalsender als Nachahmer erkennen können; die Formel setzt nämlich voraus, daß auf beiden Seiten von *E* gleiche Bedingungen herrschen. Muß der Empfänger Erfahrungen sammeln, kann es aber nur an einem der beiden Sender, so ist der andere ein Nachahmer, selbst wenn die auf ihn gerichtete Reaktion dem Empfänger selbst Vorteile bringt. Die Formel soll nur eine Kurzfassung all der Argumente bieten, die normalerweise fast wie selbstverständlich Vorbild und Nachahmer richtig zu erkennen gestatten.

Die Formel läßt sich auch auf innerartliche Mimikry und auf Fälle wie den Drachenflosser anwenden; dann ist E immer das Individuum, auch wenn das Signal angeborenermaßen bekannt ist. Auf das nachgeahmte Signal allein wäre die Reaktion nie ausgebildet worden, denn sie bleibt ja unbelohnt. Es könnte allerdings auch eine andersartige Belohnung vorliegen. (Ein Weibchen könnte statt auf eine reine Beuteattrappe des Männchens wie beim Drachenflosser auf etwas tatsächlich Eßbares stoßen, wie bei den auf S. 212 genannten Insekten.) Damit kommen wir formal wieder in den Bereich Müllerscher Mimikry. Ein interessantes Beispiel dafür hat Rothschild kürzlich angeführt, nämlich die als Leckereien und Bonbons verkleideten Tabletten und Pillen; auch flüssige Arzneien – namentlich für Kinder – sehen jetzt ja schön farbig wie Obstsaft aus. Im zwischenartlichen Bereich kann man erwarten, daß Vergleichbares bei Symbiosen vorkommt; nur hat noch niemand danach gesucht. Allerdings nennt Rothschild in ihrem Vergleich die reinen Süßigkeiten Batessche Nachahmer und die ebenso gefärbten oft sogar mit Zucker umkleideten Drogen Vorbilder, weil sie meist schlecht schmecken oder gar gefährlich sind. Das aber ist falsch! Es sind ja keine Warn-, sondern Lockfarben. Es ist eben nicht immer der Gefährlichere das Vorbild; auch im Putzerbeispiel (S. 149ff) ist ja nicht der Säbelzahnfisch das Vorbild und der Putzer der Nachahmer, sondern es ist umgekehrt.

Wenn, wie in diesem Fall, der Gefährliche der Nachahmer ist, hat seine Häufigkeit einen Einfluß auf das Vorbild (vorausgesetzt, daß der Signalempfänger das von Vorbild und Nachahmer ausgehende Signal erlernen muß; s. S. 40/41). Ist der Nachahmer dagegen harmlos, so wirkt es auf ihn selbst zurück, wenn er zu häufig wird, denn dann wächst die Wahrscheinlichkeit, daß er auf den Signalempfänger trifft, bevor dieser Erfahrungen am Vorbild sammeln konnte, die Übereinstimmung mit dem Vorbild »lohnt sich« immer weniger.

Diese Überlegungen zeigen nur erneut, wie entscheidend die genaue Kenntnis des Signalempfängers und der von ihm ausgebildeten Reaktionen auf das Signal ist, wenn man Mimikry-Fälle untersuchen und verstehen will. Sie zeigen aber auch, welche Einblicke in die Evolution von Signalen man gewinnen kann, wenn man geeignete Mimikry-Fälle untersucht. Sich nicht auf die ursprüngliche Definition einengen zu lassen, die von falscher Warntracht und einem Raubfeind als Signalempfänger ausgeht, ist schon durch die bisherige Beispielsammlung und die Abgrenzung verschiedener Mimikry-Formen (Batessche, Peckkamsche usw.) vorgezeichnet. Übergänge zwischen Mimikry und Tarnung oder Mimikry und allgemeiner Signalnormung, bei der es darauf ankommt, einem bestimmten Sachverhalt ein möglichst einheitliches Signal zuzuordnen – sei es innerhalb einer Art oder unter verschiedenen »gleichbedeutenden« Arten wie in der Müllerschen Mimikry – zeigen, daß die Mimikry kein aus dem normalen Rahmen natürlicher Erscheinungen fallendes Prinzip ist. Und die Fülle der verschiedenartigsten Beispiele gibt Henry Walter Bates recht, der schon 1862 behauptete: »The process by which a mimetic analogy is brought about in nature is a problem which involves that of the origin of all species and all adaptations.«

Literaturhinweise

N. Annandale: »Observations on the habits and natural surrounding of insect made during the ›Skeat Expedition‹ to the Malay Peninsula, 1899–1900«, *Proc. Zool. Soc. London* (1900), S. 837–869.

G. P. Baerends: »The ethological analysis of incubation behaviour«, *Ibis* Bd. 101 (1959), S. 357–368.

G. P. Baerends: »La reconnaissance de l'œuf par le Goéland argenté«, *Bull. Soc. Sci. Bretagne* Bd. 37 (1962), S. 193–208.

R. Bänsch: »Vergleichende Untersuchungen zur Biologie und zum Beutefangverhalten aphidivorer Coccinelliden, Chrysopiden und Syrphiden«, *Zool. Jb. Syst.* Bd. 91 (1964), S. 271–340.

W. A. Beebe: »Contribution to the life history of the Euchromid moth, Aethria carnicauda Butler«, *Zoologica,* New York Bd. 38 (1953), S. 155–160.

A. D. Blest: »The function of eyespot patterns in the Lepidoptera«, *Behaviour* Bd. 11 (1957), S. 209–256.

A. D. Blest: »Longevity, palatability and natural selection in five species of New World saturniid moth«, *Nature* Bd. 197 (1963), S. 1183–1186.

J. VZ. Brower: »Experimental studies of Mimicry 4«, *Amer. Nat.* Bd. 44 (1960), S. 271–282.

Brower, L. C.: »Ecological Chemistry«. *Scientific American* (2), 1969, S. 22–29.

L. P. Brower, J. VZ. Brower und C. T. Collins: »Experimental studies of mimicry 7«, *Zoologica,* New York Bd. 48 (1963), S. 65–84.

J. VZ. Brower, L. P. Brower: »Experimental studies of mimicry 8«, *Amer. Nat.* Bd. 49 (1965) S. 173–188.

L. P. Brower, J. VZ. Brower und F. P. Cranston: »Courtship behavior of the Queen Butterfly, Danaus gilippus berenice (Cramer)«, *Zoologica,* New York Bd. 50 (1965), S. 1–39.

J. M. Burns: »Preferential mating versus mimicry«, *Science* Bd. 153 (1966), S. 551–553.

W. E. China: »Historical survey of notes on the ›protective‹ resemblance to a spike of blossom borne by clusters of an African Homopteron of the genus Ityraea«, *Ann. Mag. Nat. Hist. ser.* Bd. 10, (3) (1929), S. 347–354.

C. A. Clarke, P. M. Sheppard: »Interactions between major genes and polygenes in the determination of the mimetic patterns of Papilio dardanus«, *Evolution* Bd. 17 (1963), S. 404–413.

U. M. Cowgill: »Perodictius potto and some insects«, *J. Mammal* Bd. 47 (1966) S. 156–157.

J. Crane: »Imaginal behavior of a Trinidad butterfly, Heliconius erato hydara Hewitson, with special reference to the social use of color«, *Zoologica,* New

York Bd. 40 (1955), S. 167–196.
E. Curio: »Die Schutzanpassungen dreier Raupen eines Schwärmers (Lepidopt., Sphingidae) auf Galapagos«, *Zool. Jb. Syst.* Bd. 92 (1965), S. 487–522.
E. Curio: »Ein Falter mit ›falschem Kopf‹«, *Natur und Museum* Bd. 95 (1965), S. 43–46.
P. J. Darlington: »Experiments on mimicry in Cuba, with suggestions for future study«, *Trans. Roy. Entomol. Soc.* London Bd. 87 (1938), S. 681–695.
K. Daumer: »Blumenfarben, wie die Bienen sie sehen«, *Z. vergl. Physiol.* Bd. 41 (1958), S. 49–110.
C. J. Duncan, P. M. Sheppard: »Sensory discrimination and its role in the evolution of Batesian Mimicry«, *Behaviour* Bd. 24 (1965), S. 269–282.
Eibl-Eibesfeldt, I.: »Der Fisch Aspidontus taeniatus als Nachahmer des Putzers Labroides dimidiatus«, *Z. Tierpsychol.* Bd. 16 (1959), S. 19–25.
T. Eisner, F. C. Kafatos und E. G. Linsley: »Lycid predation by mimetic adult Cerambycidae (Coleoptera)«, *Evolution* Bd. 16 (1962), S. 316–324.
T. Eisner, J. Shepherd: »Caterpillar feeding on a Sundew Plant«, *Science* Bd. 150 (1965), S. 1608–1609.
T. Eisner, J. Meinwald: »Defensive secretions of arthropods«, *Science* Bd. 153 (1966), S. 1341–1350.
H. M. Feder: »Cleaning symbiosis in the Marine Environment«, in S. M. Henry (Hg.): *Symbiosis* Bd. 1, New York/London 1966, S. 327–380.
E. B. Ford: *Ecological genetics,* London/New York 1964.
J. B. Gatenby: »The New Zealand glow-worm«, *Tuatara* Bd. 8 (1960), S. 86–92.
W. J. Gertsch: »Spiders that lasso their prey«, *Natural History* (*Mag. Am. Mus. Nat. Hist.*) Bd. 56 (1947), S. 152–158.
J. J. Gilbert: »Rotifer ecology and embryological induction«, *Science* Bd. 151 (1966), S. 1234–1237.
B. P. Hall, R. E. Moreau und I. C. J. Galbraith: »Polymorphism and parallelism in the African bush-shrikes of the genus Malaconotus«, *Ibis* Bd. 108 (1966), S. 161–182.
F. Heikertinger: *Das Rätsel der Mimikry und seine Lösung.* Jena 1954.
W. M. Herrebout, P. J. Kuyten und L. de Ruiter: »Observations on colour patterns and behaviour of caterpillars feeding on Scots Pine«, *Arch. Néerl. Zool.* Bd. 15 (1963), S. 315–357.
S. L. Hinde: »The protective resemblance to flowers borne by an African homopterous insect, Flata nigrocincta«, *Trans. Ent. Soc. London (IV)* (1902), S. 695–698.
R. W. G. Hingston: »Protective devices in spiders' snares«, *Proc. Zool. Soc.*

London (1927).
B. Hocking, C. D. Sharplin: »Flower basking by arctic insect«, *Nature* Bd. 208 (1965), S. 215.
W. Hohorst, G. Graefe: »Ameisen – obligatorische Zwischenwirte des Lanzettegels (Dicrocoelium dendriticum)«, *Naturwiss.* Bd. 48 (1961), S. 229–230.
B. Hölldobler: »Zur Physiologie der Gast-Wirt-Beziehungen (Myrmecophilie) bei Ameisen«, *Z. f. vergl. Physiologie* Bd. 56 (1967), S. 1–21.
C. L. Hull: *Principles of Behavior.* New York 1943.
H. B. D. Kettlewell: »Insect adaptions«, *Animals* Bd. 5 (1965), S. 520–523.
E. G. Kinsley: »Mimetic form and coloration in the Cerambicidae (Coleoptera)«, *Ann. Entomol. Soc. Amer.* Bd. 52 (1958), S. 125–131.
Kistner, D. H.: »Revision of the African species of the termitophilous tribe Corotocini«, *I. J. N. Y. Entomol. Soc.* Bd. 76 (1968), S. 213–221.
W. Kloft: »Versuch einer Analyse der trophobiotischen Beziehungen von Ameisen zu Aphiden«, *Biol. Zbl.* Bd. 78 (1959), S. 863–870.
H. Kugler: »Über die optische Wirkung von Fliegenblumen auf Fliegen«, *Ber. dtsch. Botan. Ges.* Bd. 69 (1956), S. 387–398.
H. Kugler: *Einführung in die Blütenökologie.* Stuttgart 1966.
B. Kullenberg: »Studies in Ophrys pollination«, *Zool. Bidrag Uppsala* Bd. 34 (1961), S. 1–340.
P. Kuyten: »Verhaltensbeobachtungen an der Raupe des Kaiseratlas«, *Entomol. Z.* Bd. 72 (1962), S. 203–207.
C. Lane, M. Rothschild: »A case of Müllerian mimicry of sound«, *Proc. Roy. ent. Soc. London (A)* Bd. 40 (1965), S. 156–158.
W. Liepelt: »Zur Schutzwirkung des Stachelgiftes von Bienen und Wespen gegenüber Trauerfliegenschnäpper und Fartenrotschwanz«, *Zool. Jb. Physiol.* Bd. 70 (1963), S. 167–176.
E. G. Linsley, T. Eisner und A. B. Klots: »Mimetic assemblages of sibling species of lycid beetles«, *Evolution* Bd. 15 (1961), S. 15–29.
J. E. Lloyd: »Aggressive mimicry in Photuris: Firefly femmes fatales«, *Science* Bd. 149 (1965), S. 653–654.
D. Magnus: »Experimentelle Untersuchungen zur Bionomie und Ethologie des Kaisermantels Argynnis paphia L.«, *Z. Tierpsychol.* Bd. 15 (1958), S. 397–426.
D. Matthes: »Exitatoren und Paarungsverhalten mitteleuropäischer Malachiiden (Coleopt., Malacodermata)«, *Z. Morph. Ökol. Tiere* Bd. 51 (1962), S. 375–546.
B. J. D. Meeuse: *The story of pollination.* New York 1961.
B. J. D. Meeuse: »The Voodoo Lily«, *Sci. Amer.* Bd. 215 (1) (1966), S. 80–88.

R. Mertens: »Die Warn- und Droh-Reaktionen der Reptilien«, *Abh. Senckenberg, naturf. Ges. No. 471*, Frankfurt/M. (1946).

R. Mertens: »Das Problem der Mimikry bei Korallenschlangen«, *Zool. Jb. Syst.* Bd. 84 (1956) S. 541–576.

R. Mertens: *The world of amphibians and reptiles.* London 1960.

K. Mothes: »Zur Problematik der metabolischen Exkretion bei Pflanzen«, *Naturwiss.* Bd. 53 (1966). S. 317–323.

K. Nelson: »Behavior and morphology in the glandulocaudine fishes«, *Univ. California Publ. Zool.* Bd. 75 (1964), S. 59–152.

J. Nicolai: »Der Brutparasitismus der Viduinae als ethologisches Problem«, Z. Tierpsychol. Bd. 21 (1964), S. 129–204.

J. Ottow, G. Duve: »Zur Kenntnis der Fortpflanzung von Chrysococcyx caprius und Cuculus canorus gularis in Süd-Afrika«, *J. Ornith.* Bd. 106 (1965), S. 431–439.

D. F. Owen: »Industrial melanism in North American moths«, *Amer. Nat.* Bd. 95 (1961), S. 227–223.

D. F. Owen: »Similar polymorphismus in an insect and a land snail«, *Nature* Bd. 198 (1963), S. 201–203.

G. F. Palen, F. V. Goddard: »Catnip and oestrous behaviour in the cat«, *Anim. Beh.* Bd. 14 (1966), S. 372–377.

R. I. Pocock: »Warning coloration in the musteline carnivora«, *Proc. Zool. Soc. London* (1908), S. 944–959.

H. Poulsen: »A study of incubation responses and some other behaviour patterns in birds«, *Videsnk. Medd. fra Dansk. naturh. Foren* Bd. 115 (1953), S. 1–131.

R. C. Punnet: *Mimicry in butterflies.* Cambridge 1915.

J. E. Randall, H. E. Randall: »Examples of mimicry and protective resemblance in tropical marine fishes«, *Bull. Mar. Sci. Gulf & Caribbean* Bd. 10 (1960), S. 444–480.

T. Reichstein, »Cardenolide (herzwirksame Glykoside) als Abwehrstoffe bei Insekten«, *Naturw. Rdsch.* Bd. 20 (1967), S. 499–511.

C. M. Rick, R. I. Bowman: »Galapagos tomatoes and Tortoises«, *Evolution* Bd. 15 (1961), S. 407–417.

J. Robinson: »Pilobolus spp. and the translation of the infective larvae of Dictyocaulus viviparus from faeces to pastures«, *Nature* Bd. 193 (1962), S. 353.

M. Rothschild: »Fleas«, *Sci. Amer.* Bd. 312 No. 6 (1965), S. 44–53.

M. Rothschild: »Mimicry«, *Natural History* Bd. 76 (1967), S. 44–51.

L. de Ruiter: »Some remarks on problems of the ecology and evolution of mimicry«, *Arch. Néerl. Zool.* Bd. 13, 1. Suppl. (1958), S. 351–368.

H. Schifter: »Beobachtungen am Großmaulwels Chaca chaca«, *Natur und Museum* Bd. 95 (1965), S. 465–472.

F. Schremmer: »Wechselbeziehungen zwischen Pilzen und Insekten«, *Österr. Bot. Z.* Bd. 110 (1963), S. 380–400.

H. H. Schwalb: »Beiträge zur Biologie der einheimischen Lampyriden«, *Zool. Jb. Syst.* Bd. 88 (1961), S. 399–550.

F. Schwanitz: »Die Entstehung der Nutzpflanzen«, in G. Heberer (Hg.): *Die Evolution der Organismen,* Stuttgart 1959, S. 713–800.

C. H. Seevers: »The Systematics, Evolution and Zoogeography of Staphylinid beetles associated with army ants (Coleoptera, Staphylinidae)«, *Fieldiana, Zoology* Bd. 47 (1965), S. 137–351.

O. J. Sexton, C. Hoger und E. Ortleb: »Anolis carolinensis: Effects of feeding on reaction to aposematic prey«, *Science* Bd. 153 (1966), S. 1140.

D. Sharp: »The modification and attitude of Idolum diabolicum, a Mantis of the kind called ›floral simulators‹«, *Proc Cambr. Philos. Soc.* Bd. 10 (1899), S. 175–180.

R. Shelford: »Observations on some mimetic Insects and spiders from Borneo and Singapore«, *Proc. Zool. Soc. London* (1902), S. 230–274 (Pt. 2).

R. Shelford: »Mimicry amongst the Blattidae; with a revision of the genus Prosoplecta Sauss., and the Description of a new genus«, *Proc. Zool. Soc. London* (1912), S. 358–376.

C. S. Sibley: »Behavioral mimicry in titmice (Paridae) and certain other birds«, *The Wilson Bull.* Bd. 67 (1955), S. 128–132.

G. O. Stride: »Investigations into the courtship behaviour of the male of Hypolimnas misippus L. (Lepidoptera, Nymphalidae), with special reference to the role of visual stimuli«, *Brit. J. anim. Beh.* Bd. 5 (1957), S. 153–167.

G. O. Stride: »Further studies on the courtship behaviour of African mimetic butterflies«, *Brit. J. anim. Beh.* Bd. 6, (1958), S. 224–230.

L. Szidat: »Über cysticerke Riesencercarien«, *Z. f. Parasitenkde.* Bd. 4 (1932), S. 477–505.

J. G. R. Turner: »Evolution of complex polymorphism and mimicry in distasteful South American butterflies«, *Proc. 13th Congr. Entomol. London,* Sect. 4 (1965), S. 267.

S. Vogel: »Duftdrüsen im Dienste der Bestäubung. Über Bau und Funktion der Osmophoren«, *Abh. Akad. Wiss. Lit. Mainz* (math.-nat. Reihe) Nr. 10 (1963).

S. Vogel: »Pollination neotropischer Orchideen durch duftstoff-höselnde Prachtbienen-Männchen«, *Naturwiss.* Bd. 53, (1966), S. 181–182.
B. Wallace, A. M. Srb: *Adaptation.* London ²1964.
E. Wasman: »Die Ameisenmimikry«, *Abhandl. z. theoret. Biol.* Heft 19 (1925).
W. Wickler: »Zur Stammesgeschichte funktionell korrelierter Organ- und Verhaltensmerkmale: Ei-Attrappen und Maulbrüten bei afrikanischen Cichliden«, *Z. Tierpsychol.* Bd. 19 (1962), S. 129–164.
W. Wickler: »Zum Problem der Signalbildung, am Beispiel der Verhaltensmimikry zwischen Aspidontus und Labroides«, *Z. Tierpsychol.* Bd. 20 (1963), S. 657–679.
W. Wickler: »Mimicry and the Evolution of animal communication«, *Nature* Bd. 208 (1966), S. 519–521.
W. Wickler: »Socio-sexual signals and their intraspecific imitation among primates«, in D. Morris (Hg.): *Primate Ethology*, London 1967, S. 69–147.
R. Wiesmann: »Geruchsorientierung der Stubenfliege Musca domestica L.«, *Z. angew. Entomol.* Bd. 50 (1962), S. 74–81.
E. O. Willis: »Is the zone-tailed hawk a mimic of the turkey vulture?«, *The Condor* Bd. 65 (1963), S. 313–317.
V. C. Wynne-Edwards: *Animal dispersion in relation to behaviour*, Edinburgh/London 1962.

Filme

Einige der in diesem Buch besprochenen Vorgänge sind in Dokumentarfilmen festgehalten. Diese Filme sind vom deutschen Institut für den wissenschaftlichen Film veröffentlicht (34 Göttingen, Nonnenstieg 72) und von dort sowie über die deutschen Landesbildstellen auszuleihen. Alle E-Filme sind außerdem erhältlich in Österreich durch die Bundesstaatliche Hauptstelle für Lichtbild und Bildungsfilm (Wien IX, Sensengasse 3), in Holland durch Stichting Film en Wetenschap, Universitaire Film (Catharijnesingel 59, Utrecht), in den USA durch The Pennsylvania State University (103 Carnegie Building, University Park, Pennsylvania 16802).

Optisches Erkennen der Weibchen bei Schmetterlingen:
»Sehschema ›Weibchen‹ beim Kaisermantel (Attrappenversuche)« W 705

Tarn- und Schutztrachten:
»Maja verrucosa (Majidae) – Tarnen« E 894
»Schutzfärbung und Schutztracht bei Insekten« C 264

Abwehrverhalten von Raupen:	
»Dicranura vinula (Notodontidae) – Drohverhalten«	E 973
Anglerfische beim Beutefang:	
»Antennarius nummifer (Antennariidae) – Beutefang«	E 141
»Phrynelox scaber (Antennariidae) – Beutefang«	E 1039
Trematoden-Sporocysten in Schnecken:	
»Leucochloridium macrostomum (Trematodes) – Sporocystenstadium in Succinea putris und Succinea elegans (Succineidae)	E 634
Fleischfressende Pflanze:	
»Reizbarkeit der Leistung des Tierfangapparates von Dionaea muscipula (Venusfliegenfalle)«	C 333
Hinauswerfen der Nestgeschwister beim Kuckuck:	
»Die Triebhandlungen des nestjungen Kuckucks«	C 385
Verhalten des Putzerlippfisches und der Nachahmer:	
»Labroides dimidiatus (Labridae) – Putzen verschiedener Fische. Freiwasser-Aufnahmen«	E 754
»Labroides dimidiatus (Labridae) – Putzen verschiedener Fische. Aquarien-Aufnahmen«	E 127
»Aspidontus taeniatus (Blenniidae) – Nahrungsaufnahme«	E 140
»Runula rhinorhynchus (Blenniidae) – Nahrungserwerb«	E 139
Ablaichen der Maulbrüter mit Ei-Attrappen:	
»Haplochromis burtoni (Cichlidae) – Ablaichen«	E 1122
»Haplochromis wingatii (Cichlidae) – Balz und Ablaichen«	E 523

Quellenverzeichnis

Die folgenden Illustrationen hat Herr H. Kacher nach folgenden Vorlagen gezeichnet (die Ziffern beziehen sich auf die jeweilige Abbildung): 1 nach Shelford 1902; 2 nach Shelford 1912; 3a nach Shelford 1902; 3b nach National Geographic 128 (1965); 4a nach Wynne-Edwards 1962; 4b nach Animals 8, 12 (1966); 4c nach Bertram 1967; 5 nach Eisner und Meinwald 1966; 6 Fotos aus *Farbe und Anpassung bei Meerestieren;* 7 nach Bristowe aus Wiehle; 8 nach National Geographic 128 (1965), Hinde 1902 und Animals 4 (1964); 9 nach einer Zeichnung von Joy Adamson; 10 nach Animals 4 (1964) und eigenen Vorlagen; 11 nach Blest 1957; 12 nach eigenen Vorlagen; 13 nach Proc. Zool. Soc. London 1899; 14 nach National Graphic 128 (1965); 15 und 16 nach Vorlagen von Dr. Curio und Dr. Longstaff; 17 nach Hall, Moreau und Galbraith 1966; 18 nach Heikertinger 1954 und Hesse-Doflein 1914; 19 nach Hesse-Doflein 1914 und Shelford 1902; 19a nach Eisner, Kafatos und Linsley 1962; 20 nach Brower 1969; 21 nach eigener Vorlage; 22 nach Kloft 1959; 23 nach verschiedenen Vorlagen; 24 nach Fotos von Mertens; 25 nach eigenen Vorlagen; 26 nach Vorlagen von Wickler; 27 nach Gertsch 1947; 28 aus Szidat 1932; 29 nach dem Film E 634; 30 nach Fotos von Welsh; 31 nach eigenen Vorlagen; 32 nach Cambridge Phil. Soc. Proc. 10 (1899); 33 und 34 nach verschiedenen botanischen Vorlagen; 35 nach Bristowe; 36, 37, 38 nach Filmen und Vorlagen von Wickler 1961, 1963; 38a nach eigenen Vorlagen; 39 nach Berndt-Meise sowie Ottow und Duve 1965; 40 und 41 nach eigenen Vorlagen; 42 nach Vorlagen von Dr. Nicolai; 43 ein Spektogramm von Nicolai; 44 nach Schwalb 1961; 45 ein Foto von Danesch; 46 nach verschiedenen Vorlagen und nach Animals 7 (1965); 47 nach Nelson 1964; 48, 49, 50 nach eigenen Filmen und Vorlagen 1962, 1965; 51 nach Kummer; 52 nach eigenen Vorlagen.

W. W.

Register

Kursiv gesetzte Seitenzahlen verweisen auf für das Stichwort wesentliche und ausführliche Textstellen oder Bildlegenden. Mit Sternchen versehene Ziffern geben die Seiten an, auf denen das Stichwort durch Abbildungen verdeutlicht wird.

7 — 1 — 5 — 2 — 1